スバラシク解けると評判の

初めから解ける数学Ⅲ問題集

馬場敬之

マセマ出版社

◆ はじめに ◆

みなさん，こんにちは。数学の**馬場敬之（ばばけいし）**です。これまで発刊した**「初めから始める数学」シリーズ**は偏差値40くらいの方でも無理なく数学を学べる参考書として，沢山の読者の皆様にご愛読頂き，また数え切れない程の感謝のお便りを頂いて参りました。

しかし，このシリーズで学習した後で，**さらにもっと問題練習をするための問題集を出して欲しい**とのご要望もマセマに多数寄せられて参りました。この読者の皆様の強いご要望にお応えするために，今回

「初めから解ける数学 III 問題集 改訂4」を発刊することになりました。

これは「初めから始める数学」シリーズの準拠問題集で，**「初めから始める数学 III Part 1」，「同数学 III Part 2」**で培(つちか)った実力を，着実に定着させ，さらに多少の応用力も身に付けることができるように配慮して作成しました。

もちろんマセマの問題集ですから，自作問も含め，**選りすぐりの131題の良問ばかり**を疑問の余地がないくらい，分かりやすく親切に解説しています。したがいまして，**「初めから始める数学」**シリーズで，まだあやふやだった知識や理解が不十分だったテーマも，この問題集ですべて解決することができると思います。

また，この問題集は，授業の補習や中間試験・期末試験，それに実力テストなどの対策に，十分威力を発揮するはずです。さらに，これで，まだ易しいレベルではありますが，大学入試問題も解けるようになりますから，**受験基礎力を身につける上でも最適な問題集**だと思います。

数学の実力を伸ばす一番の方法は，体系だった数学の**様々な解法パターン**をシッカリと身に付けることです。解法の流れが明解に分かるように工夫して作成していますので，問題集ではありますが，**物語を読むように楽しく**学習していけると思います。

この問題集は，数学 **III** の全範囲を網羅する **9** つの章から構成されており，それぞれの章はさらに**「公式＆解法パターン」**と**「問題・解答＆解説編」**に分かれています。

まず，各章の頭にある「公式＆解法パターン」で基本事項や公式，および基本的な考え方を確認しましょう。それから「問題・解答＆解説編」で実際に問題を解いてみましょう。「問題・解答＆解説編」では各問題毎に **3** つのチェック欄がついています。

慣れていない方は初めから解答＆解説を見てもかまいません。そしてある程度自信が付いたら，今度は解答＆解説の部分は隠して**自力で問題に挑戦して下さい。**チェック欄は **3** つ用意していますから，自力で解けたら"○"と所要時間を入れていくと，ご自身の成長過程が分かって良いと思います。**3** つのチェック欄にすべて"○"を入れられるように頑張りましょう！

本当に数学の実力を伸ばすためには，**「良問を繰り返し自力で解く」**ことに限ります。ですから，**3** つのチェック欄を用意したのは，最低でも **3** 回は解いてほしいということであって，何回も間違えた問題や納得のいかない問題は，その後何度でもご自身で納得がいくまで繰り返し解いてみることを勧めます。

そして，最終的には，この問題集で学んだことも忘れるくらい，最初から各問題の解法を自分で知っていたと思えるくらいになるまで練習するのが理想です。エッ，「そんなの教師に対する恩知らずじゃないかって！?」そんなことはありません！そこまで，読者の皆さんが実力を定着させ，本物の実力を身につけてくれることこそ，ボク達教師にとっての最高の恩返しと言えるのです。そんな頑張る読者の皆様を，ボクも含め，マセマ一同心より応援しています。

この**「初めから解ける数学 III 問題集 改訂 4」**が，これからの読者の皆様の数学人生の良きパートナーとして，お役に立てることを願っています。

マセマ代表　馬場 敬之（けいし）

この改訂 **4** では，補充問題として，面積と曲線の長さの応用問題を新たに加えました。

◆目　次◆

第 1 章
CHAPTER

1 複素数平面

▶ 複素数平面の基本

▶ 複素数の極形式, ド・モアブルの定理

▶ 複素数と平面図形

“複素数平面” を初めから解こう！ 公式＆解法パターン

1. 複素数は，実部と虚部からできている。

複素数 $\alpha = a + bi$ （a，b：実数，i：虚数単位 $(i^2 = -1)$）

（a を実部，b を虚部という。）

> $b = 0$ のとき，α は実数になるし，$b \neq 0$ のとき，α は虚数になる。そして，$a = 0$ かつ $b \neq 0$ のとき，α は純虚数になる。たとえば，$\alpha = 2$（実数），$\alpha = 2 + 3i$（虚数），$\alpha = 5i$（純虚数）だ。

2. 複素数 $a + bi$ は，複素数平面上の点を表す。

複素数 $\alpha = a + bi$ は，x 軸を実軸，y 軸を虚軸とする複素数平面上の点 $\mathrm{A}(a + bi)$ を表すんだね。

ここで，複素数 $\alpha = a + bi$ の絶対値 $|\alpha|$ は，

$|\alpha| = \sqrt{a^2 + b^2}$ となる。

（これは，原点 0 と点 α との間の距離と同じだ。）

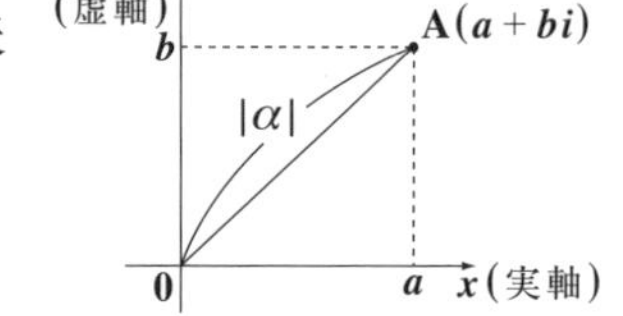

3. 複素数の重要公式を押さえよう。

複素数 $\alpha = a + bi$ の共役複素数 $\overline{\alpha}$ は，$\overline{\alpha} = a - bi$ で定義される。よって，$\alpha = a + bi$，$\overline{\alpha} = a - bi$，$-\overline{\alpha} = -a + bi$，$-\alpha = -a - bi$ の絶対値はみんな等しく，$|\alpha| = |\overline{\alpha}| = |-\overline{\alpha}| = |-\alpha| \left(= \sqrt{a^2 + b^2} \right)$ となるんだね。さらに，

$|\alpha|^2 = a^2 + b^2$，および $\alpha \cdot \overline{\alpha} = (a + bi) \cdot (a - bi) = a^2 - b^2 \underset{}{\boxed{i^2}}^{(-1)} = a^2 + b^2$ より，

$|\alpha|^2 = \alpha \cdot \overline{\alpha}$ 　も成り立つんだね。

4. 共役複素数と絶対値の公式もマスターしよう。

(1) 2 つの複素数 α，β について，次の公式が成り立つ。

（ⅰ）$\overline{\alpha + \beta} = \overline{\alpha} + \overline{\beta}$ 　　（ⅱ）$\overline{\alpha - \beta} = \overline{\alpha} - \overline{\beta}$

（ⅲ）$\overline{\alpha \cdot \beta} = \overline{\alpha} \cdot \overline{\beta}$ 　　（ⅳ）$\overline{\left(\dfrac{\alpha}{\beta} \right)} = \dfrac{\overline{\alpha}}{\overline{\beta}}$ 　$(\beta \neq 0)$

(2) α の実数条件と純虚数条件も覚えておこう。

（ⅰ）α が実数 $\iff \alpha = \overline{\alpha}$

（ⅱ）α が純虚数 $\iff \alpha + \overline{\alpha} = 0$ かつ $\alpha \neq 0$

(3) 絶対値の積・商の公式も押さえておこう。

(i) $|\alpha\beta| = |\alpha||\beta|$　　(ii) $\left|\dfrac{\alpha}{\beta}\right| = \dfrac{|\alpha|}{|\beta|}$　$(\beta \neq 0)$

(4) 複素数の相等（そうとう）も頭に入れよう。

$$a+bi=c+di \iff a=c \text{ かつ } b=d \quad (a,\ b,\ c,\ d：\text{実数},\ i=\sqrt{-1})$$

5. 複素数の実数倍，複素数の和・差は，ベクトルとソックリだ。

(1) 複素数 $\alpha = a+bi$ に実数 k をかけた $k\alpha$ について，$k=-1,\ \dfrac{1}{2},\ 1,\ 2$ のときの点を右図に示す。

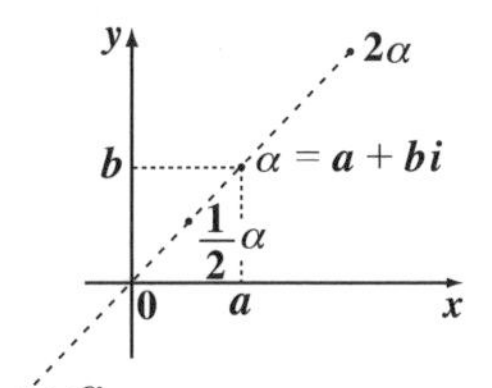

これは，$k\overrightarrow{OA}$ と同様だね。

(2) 2つの複素数 α と β の和と差について，

(i) $\gamma = \alpha + \beta$ ← $\overrightarrow{OC} = \overrightarrow{OA} + \overrightarrow{OB}$ と同様だね。

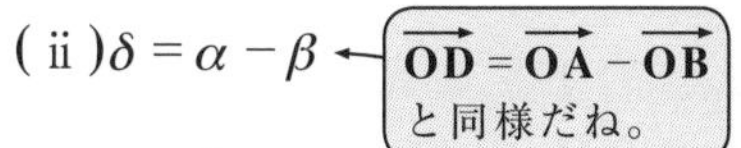

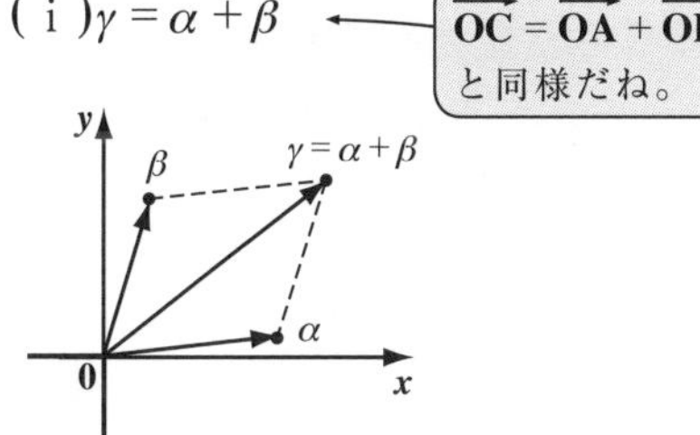

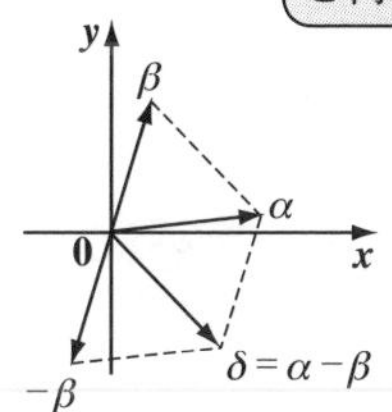

(3) 2 点 α，β 間の距離 $|\alpha-\beta|$ も押さえよう。

$\alpha = a+bi$，$\beta = c+di$ のとき，$|\alpha-\beta| = \sqrt{(a-c)^2+(b-d)^2}$ となる。

6. 複素数は極形式（きょくけいしき）で表せる。

一般に，複素数 $z=a+bi$ は，次の**極形式**で表すことができる。

$z = r(\cos\theta + i\sin\theta)$　(r：絶対値，θ：**偏角**)

$$z = a+bi = \underbrace{\sqrt{a^2+b^2}}_{r}\left(\underbrace{\frac{a}{\sqrt{a^2+b^2}}}_{\cos\theta} + \underbrace{\frac{b}{\sqrt{a^2+b^2}}}_{\sin\theta}\, i\right)$$

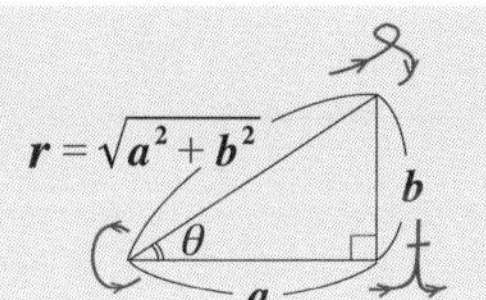

(ex) $z=\sqrt{3}+3i$ のとき，$r=\sqrt{(\sqrt{3})^2+3^2}=\sqrt{12}=2\sqrt{3}$ より，

$$z = 2\sqrt{3}\left(\frac{\sqrt{3}}{2\sqrt{3}} + \frac{3}{2\sqrt{3}}\, i\right) = 2\sqrt{3}\left(\frac{1}{2}+\frac{\sqrt{3}}{2}i\right)$$

$= 2\sqrt{3}\,(\cos 60^\circ + i\sin 60^\circ)$ と表せるんだね。

$2\sqrt{3}$　3　60°　$\sqrt{3}$

7. 極形式の複素数の公式をマスターしよう。

(1) 極形式の複素数の積・商の公式では，偏角に気をつけよう。

$z_1 = r_1(\cos\theta_1 + i\sin\theta_1)$，$z_2 = r_2(\cos\theta_2 + i\sin\theta_2)$ のとき，

(i) $z_1 \times z_2 = r_1 r_2\{\cos(\theta_1 + \theta_2) + i\sin(\theta_1 + \theta_2)\}$

(ii) $\dfrac{z_1}{z_2} = \dfrac{r_1}{r_2}\{\cos(\theta_1 - \theta_2) + i\sin(\theta_1 - \theta_2)\}$

極形式の複素数同士の(i)かけ算では，偏角はたし算になり，(ii)割り算では偏角は引き算になることに要注意だ！

(2) 原点 0 のまわりの回転と拡大（または縮小）

$w = r(\cos\theta + i\sin\theta)\cdot z \iff$ 点 w は，点 z を原点 0 のまわりに θ だけ回転して，r 倍に拡大（または縮小）したものである。

(3) **ド・モアブルの定理**では，n は負の整数でも構わない。

$(\cos\theta + i\sin\theta)^n = \cos n\theta + i\sin n\theta \quad \cdots(*1) \quad (n：整数)$

n は 0 でも負の整数でもいい

8. 複素数の内分・外分公式も，ベクトルとソックリだ。

(1) 内分点の公式を押さえよう。

複素数平面上の 2 点 $\alpha = x_1 + iy_1$ と $\beta = x_2 + iy_2$ を両端点にもつ線分 $\alpha\beta$ を $m:n$ に内分する点を z とおくと，z は次式で表される。

$$z = \frac{n\alpha + m\beta}{m+n}$$

これは，$\overrightarrow{OC} = \dfrac{n\overrightarrow{OA} + m\overrightarrow{OB}}{m+n}$ と同様だね。

α，β を両端点にもつ線分 $\alpha\beta$ を $t:1-t$ に内分する点を z とおくと，
$z = (1-t)\alpha + t\beta$ となる。$(0 < r < 1)$　これも，$\overrightarrow{OC} = (1-t)\overrightarrow{OA} + t\overrightarrow{OB}$ と同様だ。

(2) 外分点の公式も，ベクトルと同様だ。

複素数平面上の 2 点 $\alpha = x_1 + iy_1$ と $\beta = x_2 + iy_2$ を両端点にもつ線分 $\alpha\beta$ を $m:n$ に外分する点を w とおくと，w は次式で表される。

$$w = \frac{-n\alpha + m\beta}{m-n}$$

これは，$\overrightarrow{OD} = \dfrac{-n\overrightarrow{OA} + m\overrightarrow{OB}}{m-n}$ と同様なんだね。

9. 円の方程式もベクトル方程式と同様だ。

(1) 中心 α，半径 $r(>0)$ の円を描く動点 z の方程式は，

$|z-\alpha|=r$ となる。

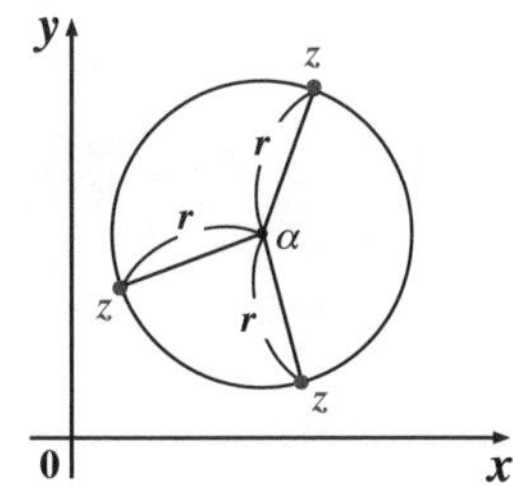

これも，円のベクトル方程式 $|\overrightarrow{OP}-\overrightarrow{OA}|=r$ と同様だね。

(2) 円の方程式は次のように表されることも覚えておこう。

$z\overline{z}-\overline{\alpha}z-\alpha\overline{z}+k=0$　(k：実数)

$(ex)\ z\overline{z}-iz+i\overline{z}=0$　を変形すると，　$z(\overline{z}-i)+i(\overline{z}-i)=-i^2$

（$-i$ は $-\overline{\alpha}$，i は $-\alpha$ のこと，$-i^2$ は $-(-1)=1$）

$(z+i)(\overline{z}-i)=1$　　$(z+i)(\overline{z+i})=1$　　$|z+i|^2=1$ より，

（$\overline{z}-i$ は $\overline{z+i}$）

$|z+i|=1$，つまり $|z-(-i)|=1$ より，これは中心 $-i$，半径 1 の円だね。

10. 回転と拡大（または縮小）の応用公式にもチャレンジしよう。

$$\frac{w-\alpha}{z-\alpha}=r(\cos\theta+i\sin\theta)\quad\cdots(*)$$

このとき，点 w は，点 z を点 α のまわりに θ だけ回転して，r 倍に拡大（または縮小）した点のことなんだね。$(*)$ の公式と右図のイメージをシッカリ頭に入れておこう。

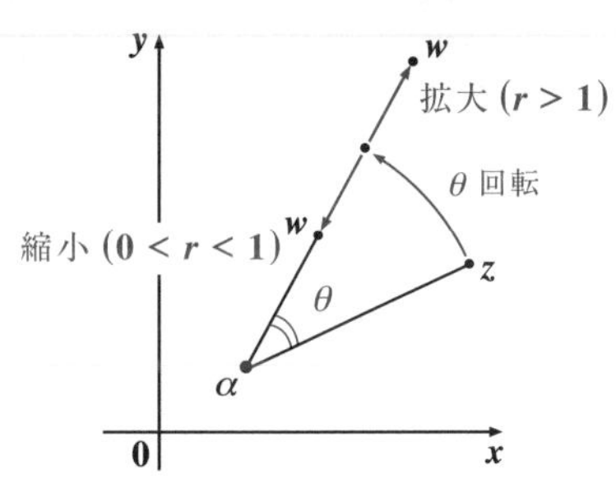

(ⅰ) $\theta=\pm\frac{\pi}{2}\ (=\pm 90^\circ)$ のとき，$(*)$ は

$\frac{w-\alpha}{z-\alpha}=ki$（純虚数）となり，

(ⅱ) $\theta=0,\ \pi$ のとき，$(*)$ は

$\frac{w-\alpha}{z-\alpha}=k$（実数）となることも，覚えておこう。$(k=\pm r)$

初めからトライ！問題 1　複素数の絶対値　CHECK 　CHECK 2　CHECK 3

次の各複素数を複素数平面上に図示し，またその絶対値を求めよ。

(1) $\alpha = 2 - 5i$　　(2) $\beta = -4 + 3i$　　(3) $\gamma = 5$　　(4) $\delta = -4i$

ヒント！ 一般に，複素数 $\alpha = a + bi$ は，xy 座標平面上の点 $A(a,\ b)$ を表すんだね。また，その絶対値は，0 と α の間の距離のことで，$|\alpha| = \sqrt{a^2 + b^2}$ で計算できる。

解答＆解説

(1) 点 $\alpha = 2 - 5i$ を右図に示す。

（xy 平面上の点 $A(2,\ -5)$ と同じこと）

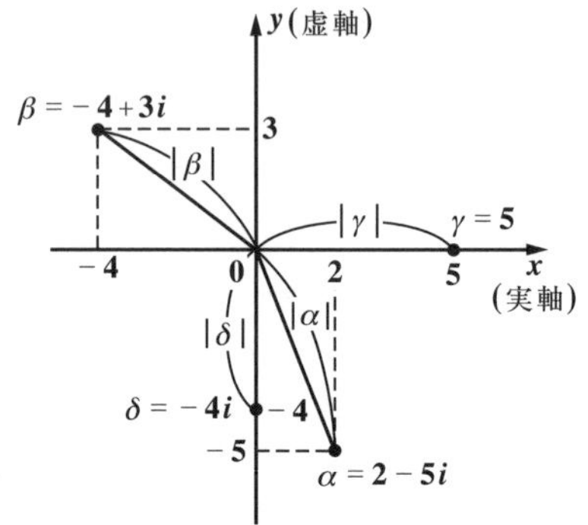

$|\alpha| = \sqrt{2^2 + (-5)^2} = \sqrt{4 + 25}$

$= \sqrt{29}$ ……………………(答)

(2) 点 $\beta = -4 + 3i$ を右図に示す。

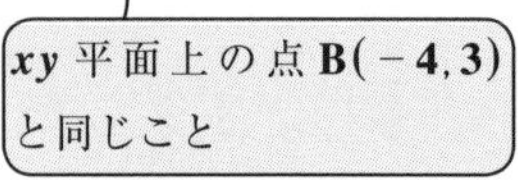
（xy 平面上の点 $B(-4, 3)$ と同じこと）

$|\beta| = \sqrt{(-4)^2 + 3^2} = \sqrt{16 + 9} = \sqrt{25} = 5$ ……………………(答)

(3) 点 $\gamma = 5$ を右上図に示す。

（$\gamma = 5 + 0i$ より，これは xy 平面上の点 $C(5,\ 0)$ と同じこと）

$|\gamma| = |5 + 0i| = \sqrt{5^2 + 0^2} = \sqrt{25} = 5$ ……………………(答)

(4) 点 $\delta = -4i$ を右上図に示す。

（$\delta = 0 - 4i$ より，これは xy 平面上の点 $D(0,\ -4)$ と同じこと）

$|\delta| = |0 - 4i| = \sqrt{0^2 + (-4)^2} = \sqrt{16} = 4$ ……………………(答)

初めからトライ！問題 2 複素数の計算 CHECK 1 CHECK 2 CHECK 3

次の各問いに答えよ。

(1) $\alpha = 2 + \sqrt{3}i$ のとき，$\alpha^2 - 4\alpha$ を求めよ。

(2) $\beta = 1 + \sqrt{3}i$ のとき，β^2 を求めよ。

(3) $\gamma(1 + \sqrt{3}i) = -1 + \sqrt{3}i$ のとき，γ を求めよ。

ヒント！ (1) $\alpha - 2 = \sqrt{3}i$ として，両辺を 2 乗するといいね。(2) 展開公式 $(a + b)^2 = a^2 + 2ab + b^2$ を利用しよう。(3) $\gamma = \dfrac{-1 + \sqrt{3}i}{1 + \sqrt{3}i}$ として，分母を実数化して求めよう。

解答＆解説

(1) $\alpha = 2 + \sqrt{3}i$ ……①とおくと，$\alpha - 2 = \sqrt{3}i$ ……①′ となる。

①′ の両辺を 2 乗して，

$$\underbrace{(\alpha - 2)^2}_{\alpha^2 - 2\cdot\alpha\cdot 2 + 2^2} = \underbrace{(\sqrt{3}i)^2}_{3i^2 = 3\cdot(-1) = -3} \qquad \alpha^2 - 4\alpha + 4 = -3 \qquad \therefore\ \alpha^2 - 4\alpha = -7 \text{…………（答）}$$

← $i^2 = -1$ だからね。

(2) $\beta = 1 + \sqrt{3}i$ ……②とおいて，②の両辺を 2 乗すると

$$\beta^2 = (1 + \sqrt{3}i)^2 = 1 + 2\sqrt{3}i + 3i^2 = -2 + 2\sqrt{3}i \text{ ……………（答）}$$

$(1 + \sqrt{3}i)^2 = 1^2 + 2\cdot 1\cdot\sqrt{3}i + (\sqrt{3}i)^2 = 1 + 2\sqrt{3}i + 3i^2 = 1 + 2\sqrt{3}i - 3$ （$i^2 = (-1)$）

公式：$(a + b)^2 = a^2 + 2ab + b^2$

(3) $\gamma(1 + \sqrt{3}i) = -1 + \sqrt{3}i$ ……③とおいて，③の両辺を $1 + \sqrt{3}i$ で割ると，

$$\gamma = \frac{-1 + \sqrt{3}i}{1 + \sqrt{3}i}$$

← 分子・分母に $\overline{1 + \sqrt{3}i} = 1 - \sqrt{3}i$ をかけて，分母を実数化しよう。

$$= \frac{(-1 + \sqrt{3}i)(1 - \sqrt{3}i)}{(1 + \sqrt{3}i)(1 - \sqrt{3}i)} = \frac{-(1 - 2\sqrt{3}i + 3i^2)}{4} = \frac{-(1 - 2\sqrt{3}i - 3)}{4}$$

分子：$-(1 - \sqrt{3}i)^2 = -(1^2 - 2\cdot 1\cdot\sqrt{3}i + (\sqrt{3}i)^2)$，$i^2 = -1$

分母：$1^2 - (\sqrt{3}i)^2 = 1 - 3\cdot i^2 = 1 - 3\cdot(-1) = 1 + 3 = 4$

$$= \frac{-1 + 2\sqrt{3}i + 3}{4} = \frac{2 + 2\sqrt{3}i}{4} = \frac{1}{2} + \frac{\sqrt{3}}{2}i \text{ ……………（答）}$$

初めからトライ！問題 3　複素数の計算　CHECK 1　CHECK 2　CHECK 3

$\alpha = 1+2i$ のとき，(i) $\alpha\overline{\alpha}+\alpha+\overline{\alpha}+1$ と (ii) $\dfrac{\alpha}{\overline{\alpha}}$ の値を求めよ。

ヒント！ (i) $\alpha = 1+2i$ と，$\overline{\alpha} = 1-2i$ を直接代入して求めてもいいけれど，これを変形して，$|\alpha+1|^2$ として計算してもいいよ。(ii) は，α と $\overline{\alpha}$ を直接代入して，分母を実数化しよう。

解答＆解説

$\alpha = 1+2i$ ……①とおくと，共役複素数 $\overline{\alpha} = \overline{1+2i} = 1-2i$ ……②となる。

(i) $\alpha\overline{\alpha}+\alpha+\overline{\alpha}+1$ に①，②を代入して，

$$\alpha\overline{\alpha}+\alpha+\overline{\alpha}+1 = (1+2i)(1-2i)+1+\cancel{2i}+1-\cancel{2i}+1$$

$1^2-(2i)^2 = 1-4\cdot i^2 = 1+4 = 5$ 　（$i^2 = (-1)$）

$$= 5+1+1+1 = 8$$ ……………………………………(答)

(i) の別解

$$\alpha\overline{\alpha}+\alpha+\overline{\alpha}+1 = \alpha(\overline{\alpha}+1)+1\cdot(\overline{\alpha}+1) = (\alpha+1)\cdot(\overline{\alpha}+1)$$

ここで，$\overline{1} = \overline{1+0i} = 1-0i = 1$ より，$\overline{\alpha}+1 = \overline{\alpha}+\overline{1} = \overline{\alpha+1}$ となる。

よって，$\alpha\overline{\alpha}+\alpha+\overline{\alpha}+1 = (\alpha+1)\cdot(\overline{\alpha+1}) = |\alpha+1|^2 = |2+2i|^2$ 　（$\alpha = 1+2i$，$\beta\cdot\overline{\beta} = |\beta|^2$）

$$= 2^2+2^2 = 8$$ 　（$\because |a+bi|^2 = a^2+b^2$ (a, b：実数)）

(ii) $\dfrac{\alpha}{\overline{\alpha}}$ に①，②を代入すると，

$$\frac{\alpha}{\overline{\alpha}} = \frac{1+2i}{1-2i} = \frac{(1+2i)^2}{(1+2i)(1-2i)}$$

分子・分母に $1+2i$ をかけて，分母を実数化する。

$(1+2i)^2 = 1^2+2\cdot1\cdot2i+(2i)^2$

$(1+2i)(1-2i) = 1^2-(2i)^2 = 1-4i^2 = 1+4 = 5$ 　（$i^2 = (-1)$）

$$= \frac{1+4i+4\cdot i^2}{5} = \frac{1+4i-4}{5} = -\frac{3}{5}+\frac{4}{5}i$$ ………………………………(答)

初めからトライ！問題 4　**2 点間の距離**　CHECK 1　CHECK 2　CHECK 3

複素数平面上に 3 点 $\alpha=1+2i$, $\beta=3+6i$, $\gamma=-3+4i$ がある。

(1) α と β の間の距離，β と γ の間の距離，γ と α の間の距離を求めよ。

(2) $\triangle\alpha\beta\gamma$ は，どのような三角形であるか，答えよ。

ヒント！ 一般に $\alpha=a+bi$, $\beta=c+di$ (a, b, c, d：実数) のとき，α と β の間の距離 $|\alpha-\beta|$ は，$|\alpha-\beta|=\sqrt{(a-c)^2+(b-d)^2}$ で計算できるんだね。

解答＆解説

(1) $\alpha=1+2i$, $\beta=3+6i$, $\gamma=-3+4i$ より，

・α と β の間の距離 $|\alpha-\beta|$ は，

$$|\alpha-\beta|=\sqrt{\underbrace{(1-3)^2}_{\text{実部同士の引き算の2乗}}+\underbrace{(2-6)^2}_{\text{虚部同士の引き算の2乗}}}=\sqrt{(-2)^2+(-4)^2}=\sqrt{4+16}$$

$$=\sqrt{\underbrace{20}_{2^2\times5}}=2\sqrt{5} \quad\cdots\cdots(\text{答})$$

・β と γ の間の距離 $|\beta-\gamma|$ は，

$$|\beta-\gamma|=\sqrt{\{3-(-3)\}^2+(6-4)^2}=\sqrt{6^2+2^2}=\sqrt{36+4}$$

$$=\sqrt{\underbrace{40}_{2^2\times10}}=2\sqrt{10} \quad\cdots\cdots(\text{答})$$

・γ と α の間の距離 $|\gamma-\alpha|$ は，

$$|\gamma-\alpha|=\sqrt{(-3-1)^2+(4-2)^2}=\sqrt{(-4)^2+2^2}=\sqrt{16+4}$$

$$=\sqrt{\underbrace{20}_{2^2\times5}}=2\sqrt{5} \quad\cdots\cdots(\text{答})$$

(2) $|\alpha-\beta|=2\sqrt{5}$, $|\beta-\gamma|=2\sqrt{5}\times\sqrt{2}$

$|\gamma-\alpha|=2\sqrt{5}$ より，$\triangle\alpha\beta\gamma$ は，3 辺の比が $\alpha\beta:\beta\gamma:\gamma\alpha=1:\sqrt{2}:1$ の，右図に示すような直角二等辺三角形である。……………………(答)

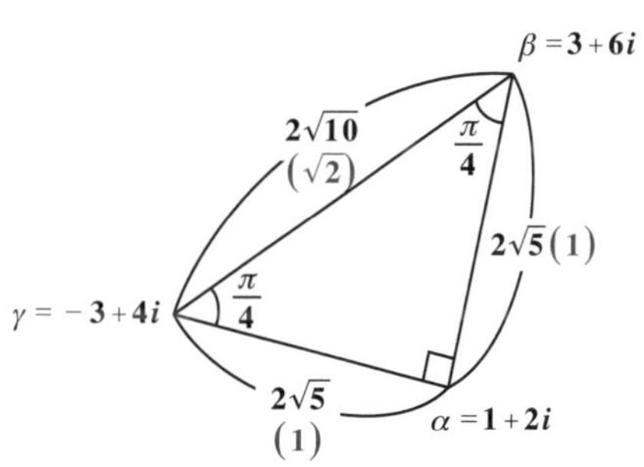

初めからトライ！問題 5	極形式	 CHECK 1	CHECK 2	CHECK 3

次の複素数を極形式で表せ。ただし，偏角 θ は，$0 \leqq \theta < 2\pi$ とする。

(1) $3+\sqrt{3}i$　　(2) $2-2i$　　(3) $-1+\sqrt{3}i$

ヒント！ 複素数 $z=a+bi$ は，次の要領で極形式に変形するんだね。

$$z=a+bi=\underbrace{\sqrt{a^2+b^2}}_{r}\left(\underbrace{\frac{a}{\sqrt{a^2+b^2}}}_{\cos\theta}+\underbrace{\frac{b}{\sqrt{a^2+b^2}}}_{\sin\theta}i\right)=r(\cos\theta+i\sin\theta)$$

解答＆解説

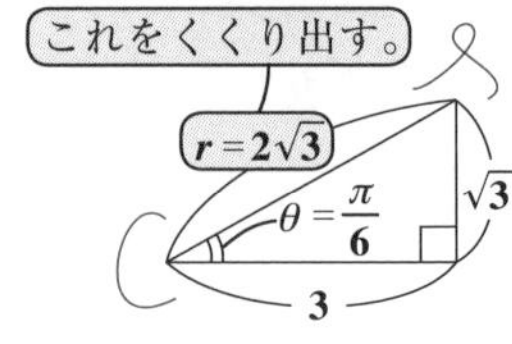

(1) $3+\sqrt{3}i=\underline{2\sqrt{3}}\left(\dfrac{3}{2\sqrt{3}}+\dfrac{\sqrt{3}}{2\sqrt{3}}i\right)$

$\sqrt{3^2+(\sqrt{3})^2}=\sqrt{9+3}=\sqrt{12}=2\sqrt{3}$ をくくり出す。

$$=2\sqrt{3}\left(\underbrace{\frac{\sqrt{3}}{2}}_{\cos\frac{\pi}{6}}+\underbrace{\frac{1}{2}}_{\sin\frac{\pi}{6}}i\right)=2\sqrt{3}\left(\cos\frac{\pi}{6}+i\sin\frac{\pi}{6}\right)$$ ……………………(答)

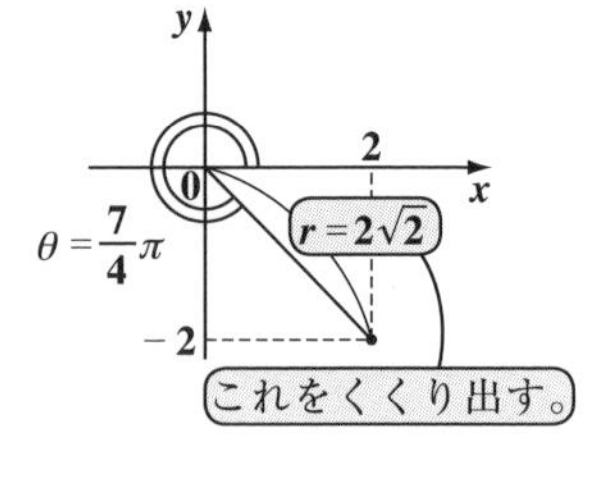

(2) $2+(-2)\cdot i=\underline{2\sqrt{2}}\left(\dfrac{2}{2\sqrt{2}}+\dfrac{-2}{2\sqrt{2}}i\right)$

$\sqrt{2^2+(-2)^2}=\sqrt{4+4}=\sqrt{8}=2\sqrt{2}$ をくくり出す。

$$=2\sqrt{2}\left\{\underbrace{\frac{1}{\sqrt{2}}}_{\cos\frac{7}{4}\pi}+\underbrace{\left(-\frac{1}{\sqrt{2}}\right)}_{\sin\frac{7}{4}\pi}i\right\}$$

$$=2\sqrt{2}\left(\cos\frac{7}{4}\pi+i\sin\frac{7}{4}\pi\right)$$ ……………………(答)

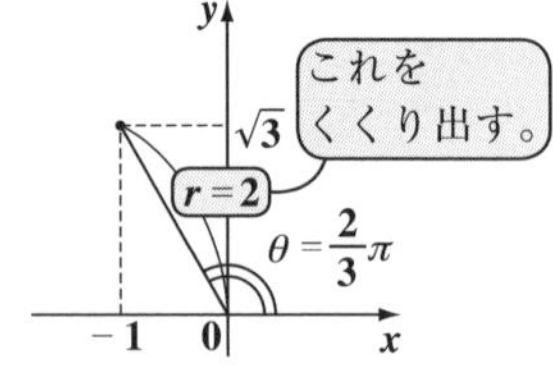

(3) $-1+\sqrt{3}i=\underline{2}\left(\underbrace{-\dfrac{1}{2}}_{\cos\frac{2}{3}\pi}+\underbrace{\dfrac{\sqrt{3}}{2}}_{\sin\frac{2}{3}\pi}i\right)$

$\sqrt{(-1)^2+(\sqrt{3})^2}=\sqrt{1+3}=\sqrt{4}=2$ をくくり出す。

$$=2\left(\cos\frac{2}{3}\pi+i\sin\frac{2}{3}\pi\right)$$ ……………………(答)

初めからトライ！問題 6　極形式の積・商　CHECK 1　CHECK 2　CHECK 3

2 つの複素数 $z_1 = 2(\cos 37.5^\circ + i\sin 37.5^\circ)$, $z_2 = \sqrt{2}(\cos 82.5^\circ + i\sin 82.5^\circ)$ について，(i) $z_1 \cdot z_2$ と (ii) $\dfrac{z_1}{z_2}$ の値を求めよ。

ヒント！ 一般に，$z_1 = r_1(\cos\theta_1 + i\sin\theta_1)$，$z_2 = r_2(\cos\theta_2 + i\sin\theta_2)$ のとき，

(i) 積 $z_1 \cdot z_2 = r_1 r_2\{\cos(\theta_1 + \theta_2) + i\sin(\theta_1 + \theta_2)\}$ となり，← 偏角は和になる!

(ii) 商 $\dfrac{z_1}{z_2} = \dfrac{r_1}{r_2}\{\cos(\theta_1 - \theta_2) + i\sin(\theta_1 - \theta_2)\}$ となるんだね。← 偏角は差になる!

解答＆解説

$z_1 = 2(\cos 37.5^\circ + i\sin 37.5^\circ)$, $z_2 = \sqrt{2}(\cos 82.5^\circ + i\sin 82.5^\circ)$ より，

(i) 積 $z_1 \cdot z_2 = 2(\cos 37.5^\circ + i\sin 37.5^\circ) \times \sqrt{2}(\cos 82.5^\circ + i\sin 82.5^\circ)$

$$= 2\sqrt{2}\{\cos(\underbrace{37.5^\circ + 82.5^\circ}_{120^\circ}) + i\sin(\underbrace{37.5^\circ + 82.5^\circ}_{120^\circ})\}$$

絶対値は積　偏角は和になる!

$$= 2\sqrt{2}(\cos 120^\circ + i\sin 120^\circ) \qquad \cos 120^\circ = -\frac{1}{2},\ \sin 120^\circ = \frac{\sqrt{3}}{2}$$

y，$\sqrt{3}$，2，120°，-1，0，x

$$= 2\sqrt{2}\left(-\frac{1}{2} + \frac{\sqrt{3}}{2}i\right) = -\sqrt{2} + \sqrt{6}i \quad \cdots\cdots（答）$$

(ii) 商 $\dfrac{z_1}{z_2} = \dfrac{2(\cos 37.5^\circ + i\sin 37.5^\circ)}{\sqrt{2}(\cos 82.5^\circ + i\sin 82.5^\circ)}$

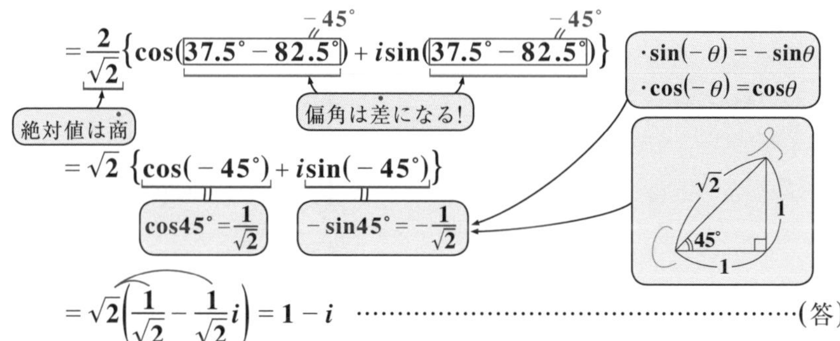

$$= \frac{2}{\sqrt{2}}\{\cos(\underbrace{37.5^\circ - 82.5^\circ}_{-45^\circ}) + i\sin(\underbrace{37.5^\circ - 82.5^\circ}_{-45^\circ})\}$$

絶対値は商　偏角は差になる!

・$\sin(-\theta) = -\sin\theta$
・$\cos(-\theta) = \cos\theta$

$$= \sqrt{2}\{\cos(-45^\circ) + i\sin(-45^\circ)\} \qquad \cos 45^\circ = \frac{1}{\sqrt{2}},\ -\sin 45^\circ = -\frac{1}{\sqrt{2}}$$

$$= \sqrt{2}\left(\frac{1}{\sqrt{2}} - \frac{1}{\sqrt{2}}i\right) = 1 - i \quad \cdots\cdots（答）$$

初めからトライ！問題 7	点の移動	CHECK 1	CHECK 2	CHECK 3

点 $z = 2 - 3i$ を，原点 0 のまわりに $120°$ 回転して，4 倍に拡大したものを点 w とする。複素数 (点) w を求めよ。

ヒント！ 点 z を原点 0 のまわりに θ だけ回転して，r 倍に拡大（または縮小）した点 w は，$w = r(\cos\theta + i\sin\theta)\cdot z$ と表されるんだね。今回は，$r = 4$，$\theta = 120°$ の問題だ。

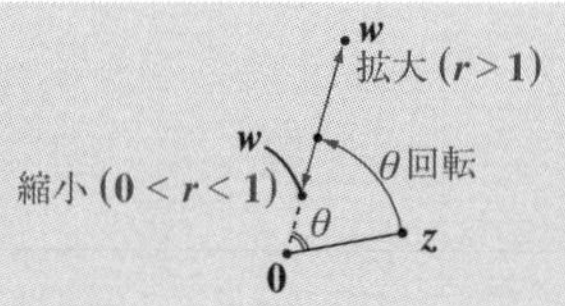

解答＆解説

点 $z = 2 - 3i$ を原点 0 のまわりに $120°$ 回転して，4 倍に拡大したものが点 w より，点 w は，

公式：
$w = r(\cos\theta + i\sin\theta)\cdot z$

$$w = 4(\underbrace{\cos 120°}_{-\frac{1}{2}} + i\underbrace{\sin 120°}_{\frac{\sqrt{3}}{2}})\cdot z$$

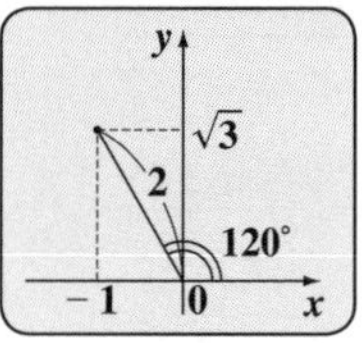

$$= 4\left(-\frac{1}{2} + \frac{\sqrt{3}}{2}i\right)\cdot(2 - 3i)$$

$$= (-2 + 2\sqrt{3}i)(2 - 3i)$$

$$= -4 + 6i + 4\sqrt{3}i - 6\sqrt{3}\underbrace{i^2}_{(-1)}$$

$$= 6\sqrt{3} - 4 + (4\sqrt{3} + 6)i$$

$$= 2(3\sqrt{3} - 2) + 2(2\sqrt{3} + 3)i$$

となる。……………………(答)

点 z と点 w の位置関係を図示すると右図のようになる。

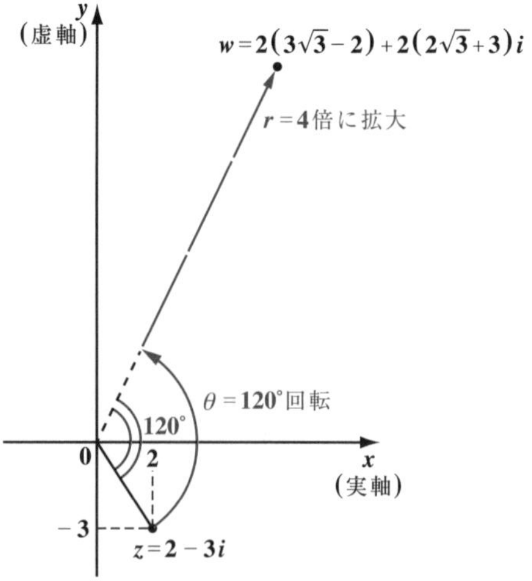

初めからトライ！問題 8　ド・モアブルの定理　CHECK 1　CHECK 2　CHECK 3

次の各問いに答えよ。

(1) $\alpha=\cos\frac{\pi}{12}+i\sin\frac{\pi}{12}$ のとき，α^6 と α^{-8} を求めよ。

(2) $z=1-i$ のとき，z^8 を求めよ。

ヒント！ (1), (2) 共に，ド・モアブルの定理 $(\cos\theta+i\sin\theta)^n=\cos n\theta+i\sin n\theta$ (n：整数) を利用すればいいんだね。頑張ろう！

解答＆解説

(1) $\alpha=\cos\frac{\pi}{12}+i\sin\frac{\pi}{12}$ より，ド・モアブルの定理を用いると，（$\frac{\pi}{12}=15°$ のことだ）

・$\alpha^6=\left(\cos\frac{\pi}{12}+i\sin\frac{\pi}{12}\right)^6=\cos\left(6\times\frac{\pi}{12}\right)+i\sin\left(6\times\frac{\pi}{12}\right)$

$=\cos\frac{\pi}{2}+i\sin\frac{\pi}{2}=i\cdot 1=i$ ……………………(答)

（$\cos 90°=0$）（$\sin 90°=1$）

・$\alpha^{-8}=\left(\cos\frac{\pi}{12}+i\sin\frac{\pi}{12}\right)^{-8}=\cos\left(-8\times\frac{\pi}{12}\right)+i\sin\left(-8\times\frac{\pi}{12}\right)$

$=\cos\left(-\frac{2}{3}\pi\right)+i\sin\left(-\frac{2}{3}\pi\right)=-\frac{1}{2}-\frac{\sqrt{3}}{2}i$ ……………………(答)

（$\cos\frac{2}{3}\pi=\cos 120°=-\frac{1}{2}$）（$-\sin\frac{2}{3}\pi=-\sin 120°=-\frac{\sqrt{3}}{2}$）

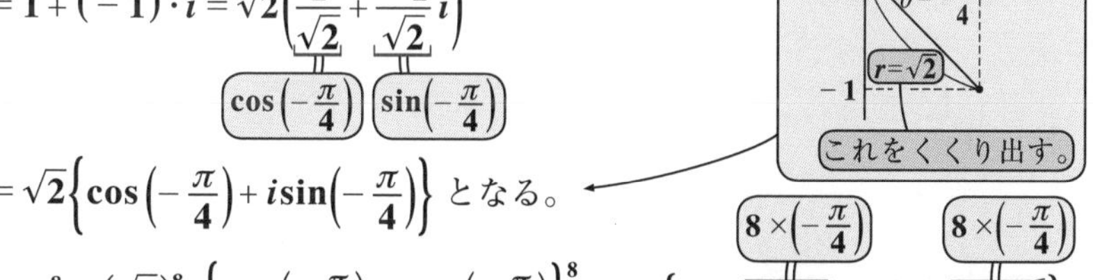

(2) $z=1+(-1)\cdot i=\sqrt{2}\left(\frac{1}{\sqrt{2}}+\frac{-1}{\sqrt{2}}i\right)$

（$\cos\left(-\frac{\pi}{4}\right)$）（$\sin\left(-\frac{\pi}{4}\right)$）

$=\sqrt{2}\left\{\cos\left(-\frac{\pi}{4}\right)+i\sin\left(-\frac{\pi}{4}\right)\right\}$ となる。

$\therefore z^8=(\sqrt{2})^8\cdot\left\{\cos\left(-\frac{\pi}{4}\right)+i\sin\left(-\frac{\pi}{4}\right)\right\}^8=16\{\cos(-2\pi)+i\sin(-2\pi)\}$

（$(2^{\frac{1}{2}})^8=2^4=16$）（$8\times\left(-\frac{\pi}{4}\right)$）（$8\times\left(-\frac{\pi}{4}\right)$）（$\cos 2\pi=1$）（$-\sin 2\pi=0$）

$=16$ となる。……………………(答)

初めからトライ！問題 9	−8 の 3 乗根	CHECK 1	CHECK 2	CHECK 3

z の 3 次方程式 $z^3=-8$ ……①をみたす z の値を求めよ。

ヒント！ $z=r(\cos\theta+i\sin\theta)$ とおき，$-8=8\cdot\{\cos(\pi+2n\pi)+i\sin(\pi+2n\pi)\}$ $(n=0,\ 1,\ 2)$ とおいて，これらを①に代入して，解けばいい。頑張ろう！

解答＆解説

方程式 $z^3=-8$……①について，

ド・モアブル $(\cos\theta+i\sin\theta)^n=\cos n\theta+i\sin n\theta$ を使った！

・$z=r(\cos\theta+i\sin\theta)$……②とおくと

$z^3=r^3(\cos\theta+i\sin\theta)^3=r^3(\cos3\theta+i\sin3\theta)$……③となる。

・次に，$-8=8\cdot(-1+0\cdot i)=8\{\cos(\pi+2n\pi)+i\sin(\pi+2n\pi)\}$……④

$\cos(\pi+2n\pi)$　$\sin(\pi+2n\pi)$　（ただし，$n=0,\ 1,\ 2$）

偏角は，π ではなく，一般角 $\pi+2n\pi$ の形で表すけれど，今回は 3 次方程式の問題なので，$n=0,\ 1,\ 2$ の 3 通りのみで十分なんだね。

以上③，④を①に代入すると，

$r^3\cdot(\cos3\theta+i\sin3\theta)=8\cdot\{\cos(\pi+2n\pi)+i\sin(\pi+2n\pi)\}$　$(n=0,\ 1,\ 2)$

この両辺の絶対値と偏角を比較して，

・$r^3=8=2^3$ より，$r=2\ (>0)$ であり，

・$3\theta=\pi+2n\pi\ (n=0,\ 1,\ 2)$ より，$3\theta=\pi,\ 3\pi,\ 5\pi$　（$n=0$　$n=1$　$n=2$ のとき）

$\therefore\ \theta=\dfrac{\pi}{3},\ \pi,\ \dfrac{5}{3}\pi$ である。

以上より，①の解 $z=r(\cos\theta+i\sin\theta)$……②は，

(i) $z_1=2\left(\cos\dfrac{\pi}{3}+i\sin\dfrac{\pi}{3}\right)=2\left(\dfrac{1}{2}+\dfrac{\sqrt{3}}{2}i\right)$

$=1+\sqrt{3}i$

(ii) $z_2=2(\cos\pi+i\sin\pi)=2\cdot(-1)=-2$

(iii) $z_3=2\left(\cos\dfrac{5}{3}\pi+i\sin\dfrac{5}{3}\pi\right)=2\left(\dfrac{1}{2}-\dfrac{\sqrt{3}}{2}i\right)$

$=1-\sqrt{3}i$ の 3 通りである。………(答)

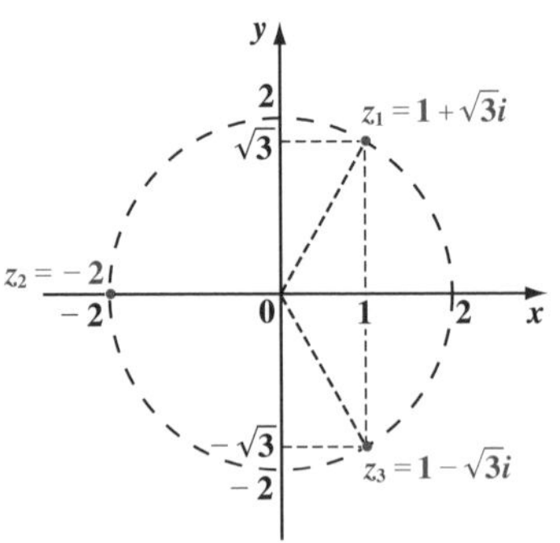

初めからトライ！問題 10	－4 の 4 乗根	CHECK 1	CHECK 2	CHECK 3

z の 4 次方程式 $z^4 = -4$ ……①をみたす z の値を求めよ。

ヒント！ $z = r(\cos\theta + i\sin\theta)$，$-4 = 4\cdot\{\cos(\pi + 2n\pi) + i\sin(\pi + 2n\pi)\}$ とおいて解こう。

解答＆解説

方程式 $z^4 = -4$ ……① について，

・$z = r(\cos\theta + i\sin\theta)$ ……② とおくと （ド・モアブルを使った！）

$z^4 = r^4(\cos\theta + i\sin\theta)^4 = r^4(\cos 4\theta + i\sin 4\theta)$ ……③ となる。

・次に，$-4 = 4\cdot(-1 + 0\cdot i) = 4\{\cos(\pi + 2n\pi) + i\sin(\pi + 2n\pi)\}$ ……④

（$-1 = \cos(\pi + 2n\pi)$，$0 = \sin(\pi + 2n\pi)$）　（ただし，$n = 0, 1, 2, 3$）

偏角は，一般角の形で表すが，今回は4次方程式なので，$n = 0, 1, 2, 3$ の4通りで十分だ。

以上③，④を①に代入すると，

$r^4(\cos 4\theta + i\sin 4\theta) = 4\cdot\{\cos(\pi + 2n\pi) + i\sin(\pi + 2n\pi)\}$　　$(n = 0, 1, 2, 3)$

この両辺の絶対値と偏角を比較して，

・$r^4 = 4 = (\sqrt{2})^4$ より，$r = \sqrt{2}\ (>0)$ であり，

・$4\theta = \pi + 2n\pi\ (n = 0, 1, 2, 3)$ より，$4\theta = \pi, 3\pi, 5\pi, 7\pi$ （$n = 0$，$n = 1$，$n = 2$，$n = 3$ のとき）

$\therefore\ \theta = \dfrac{\pi}{4}, \dfrac{3}{4}\pi, \dfrac{5}{4}\pi, \dfrac{7}{4}\pi$ である。

以上より，①の解 $z = r(\cos\theta + i\sin\theta)$ ……② は，

(i) $z_1 = \sqrt{2}\left(\cos\dfrac{\pi}{4} + i\sin\dfrac{\pi}{4}\right) = \sqrt{2}\left(\dfrac{1}{\sqrt{2}} + \dfrac{1}{\sqrt{2}}i\right)$

$= 1 + i$

(ii) $z_2 = \sqrt{2}\left(\cos\dfrac{3}{4}\pi + i\sin\dfrac{3}{4}\pi\right) = \sqrt{2}\left(-\dfrac{1}{\sqrt{2}} + \dfrac{1}{\sqrt{2}}i\right)$

$= -1 + i$

(iii) $z_3 = \sqrt{2}\left(\cos\dfrac{5}{4}\pi + i\sin\dfrac{5}{4}\pi\right) = \sqrt{2}\left(-\dfrac{1}{\sqrt{2}} - \dfrac{1}{\sqrt{2}}i\right)$

$= -1 - i$

(iv) $z_4 = \sqrt{2}\left(\cos\dfrac{7}{4}\pi + i\sin\dfrac{7}{4}\pi\right) = \sqrt{2}\left(\dfrac{1}{\sqrt{2}} - \dfrac{1}{\sqrt{2}}i\right)$

$= 1 - i$　の 4 通りである。……………(答)

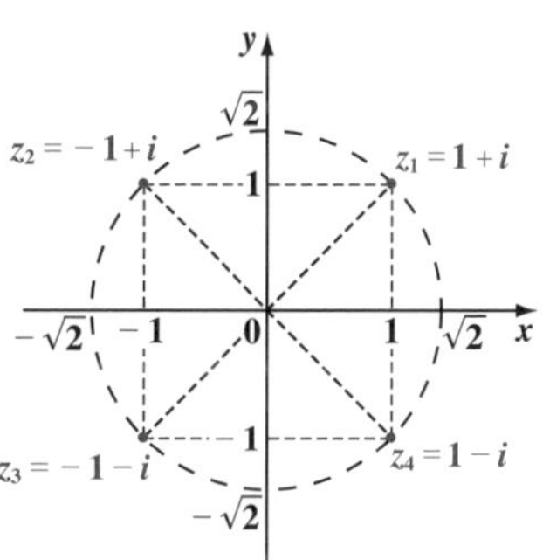

初めからトライ！問題 11　内分点・外分点の公式　CHECK 1　CHECK 2　CHECK 3

複素数平面上に 3 点 $\alpha = 4 - 3i$, $\beta = -2 + 4i$, $\gamma = 1 + 2i$ がある。

(1) 線分 $\alpha\beta$ を 2：1 に内分する点 z を求めよ。

(2) 線分 $\beta\gamma$ を 1：3 に外分する点 w を求めよ。

(3) $\triangle\alpha\beta\gamma$ の重心 g を求めよ。

ヒント！ (1) 内分点の公式 $z = \dfrac{n\alpha + m\beta}{m+n}$，(2) 外分点の公式 $w = \dfrac{-n\beta + m\gamma}{m-n}$，(3) 三角形の重心の公式 $g = \dfrac{\alpha+\beta+\gamma}{3}$ を用いて解けばいいんだね。

解答＆解説

$\alpha = 4 - 3i$, $\beta = -2 + 4i$, $\gamma = 1 + 2i$ より，

(1) 線分 $\alpha\beta$ を 2：1 に内分する点(複素数) z を求めると，

$$z = \frac{1\cdot\alpha + 2\cdot\beta}{2+1} = \frac{1}{3}\{\underbrace{4 - 3i}_{\alpha} + 2(\underbrace{-2+4i}_{\beta})\} = \frac{1}{3}(-3i + 8i) = \frac{5}{3}i \quad \cdots\cdots\cdots\text{(答)}$$

(2) 線分 $\beta\gamma$ を 1：3 に外分する点(複素数) w を求めると，

$$w = \frac{-3\cdot\beta + 1\cdot\gamma}{1-3} = -\frac{1}{2}\{-3(\underbrace{-2+4i}_{\beta}) + \underbrace{1+2i}_{\gamma}\} = -\frac{1}{2}(6 - 12i + 1 + 2i)$$

$$= -\frac{1}{2}(7 - 10i) = -\frac{7}{2} + 5i \quad \cdots\cdots\cdots\text{(答)}$$

(3) $\triangle\alpha\beta\gamma$ の重心(複素数) g は，

$$g = \frac{\alpha+\beta+\gamma}{3} = \frac{1}{3}\{\underbrace{4-3i}_{\alpha} + (\underbrace{-2+4i}_{\beta}) + \underbrace{1+2i}_{\gamma}\}$$

$$= \frac{1}{3}\{\underbrace{4-2+1}_{3} + (\underbrace{-3+4+2}_{3})i\} = \frac{1}{3}(3+3i) = 1 + i \quad \cdots\cdots\cdots\text{(答)}$$

初めからトライ！問題 12 アポロニウスの円 CHECK 1 CHECK 2 CHECK 3

$\alpha = -i$, $\beta = \sqrt{3}$ のとき，$|z-\alpha|:|z-\beta| = 1:\sqrt{2}$ をみたす点 $z = x + yi$ $(x,\ y：実数)$ の軌跡の方程式を，x と y の式で表せ。

ヒント！ $\alpha = -i$ からの距離と，$\beta = \sqrt{3}$ からの距離の比が $1:\sqrt{2}$ となるような動点 z の描く軌跡は円（アポロニウスの円）になるんだね。$z = x + yi$ とおいて，x と y の関係を求めよう。

解答＆解説

$\alpha = -i$, $\beta = \sqrt{3}$ より，$|z-\alpha|:|z-\beta| = 1:\sqrt{2}$ は，

$\sqrt{2}|z-(-i)| = |z-\sqrt{3}|$　　$\sqrt{2}|z+i| = |z-\sqrt{3}|$ ……①となる。（$z = x+yi$）

ここで，$z = x + yi$ $(x,\ y：実数，i：虚数単位)$ を①に代入して，

$\sqrt{2}|x+(y+1)i| = |(x-\sqrt{3})+yi|$　この両辺を 2 乗すると，

$\left(\sqrt{x^2+(y+1)^2}\right)$　$\left(\sqrt{(x-\sqrt{3})^2+y^2}\right)$ ← 公式：$|a+bi| = \sqrt{a^2+b^2}$ を使った。

$2\{x^2+(y+1)^2\} = (x-\sqrt{3})^2+y^2$　　$2(x^2+y^2+2y+1) = x^2-2\sqrt{3}x+3+y^2$

$2x^2+2y^2+4y-x^2+2\sqrt{3}x-y^2 = 3-2$

$x^2+2\sqrt{3}x+y^2+4y = 1$　　$(x^2+2\sqrt{3}x+3)+(y^2+4y+4) = 1+3+4$

（2で割って 2 乗）（2で割って 2 乗）

$(x+\sqrt{3})^2+(y+2)^2 = 8$ となる。

……(答)

点 $z = x + yi$ の描く軌跡は

xy 平面上で，点 $(-\sqrt{3},\ -2)$

（複素数で表すと $-\sqrt{3}-2i$ のこと）

を中心とする半径 $\sqrt{8} = 2\sqrt{2}$

の円である。

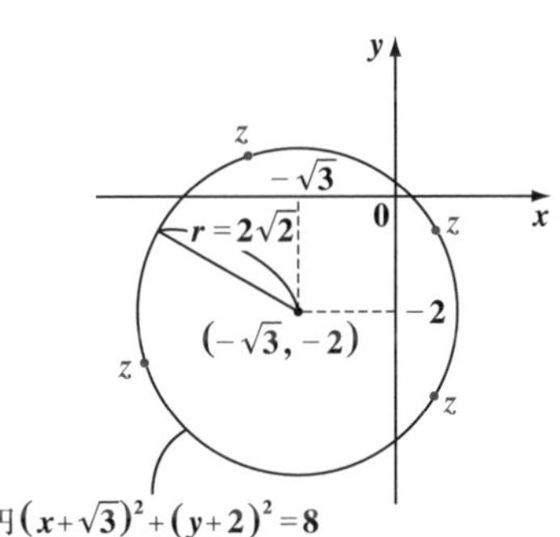

初めからトライ！問題 13　円の方程式　CHECK 1　CHECK 2　CHECK 3

(1) 複素数平面上で $z\overline{z}-2iz+2i\overline{z}=0$ ……①をみたす複素数 z が描く図形を調べよ。

(2) 複素数平面上で $z\overline{z}-(2-i)z-(2+i)\overline{z}+4=0$ ……②をみたす複素数 z が描く図形を調べよ。

ヒント！ 中心 α，半径 r の円の方程式 $|z-\alpha|=r$ ……㋐は，$z\overline{z}-\overline{\alpha}z-\alpha\overline{z}+k=0$ ……㋑（k：実数）の形で表せる。今回は，㋑の形の式を変形して㋐の形の方程式にもち込む問題なんだね。

解答＆解説

(1) $z\overline{z}-\underbrace{2i}_{\overline{\alpha}=\overline{0-2i}=0+2i}\cdot z-(\underbrace{-2i}_{\alpha=0-2i})\overline{z}=0$ ……①について，

$0-2i=\alpha$ とおくと，$0+2i=\overline{\alpha}$ となるので，これらを①に代入して

$z\overline{z}-\overline{\alpha}z-\alpha\overline{z}=0$　　この両辺に $\alpha\overline{\alpha}$ を加えて変形すると，

$\underbrace{z\overline{z}-\overline{\alpha}z}_{z(\overline{z}-\overline{\alpha})}\underbrace{-\alpha\overline{z}+\alpha\overline{\alpha}}_{-\alpha(\overline{z}-\overline{\alpha})}=\underbrace{\alpha\overline{\alpha}}_{|\alpha|^2}$　　$z(\overline{z}-\overline{\alpha})-\alpha(\overline{z}-\overline{\alpha})=|\alpha|^2$

$(z-\alpha)(\overline{z}-\overline{\alpha})=|\alpha|^2$　　$(z-\alpha)(\overline{z-\alpha})=|\alpha|^2$ より，

$|z-\underbrace{\alpha}_{(-2i)}|^2=\underbrace{|\alpha|^2}_{|0+(-2)i|^2=0^2+(-2)^2=4}$　　$\therefore |z-(\underbrace{-2i}_{\alpha})|=\underbrace{2}_{r}$ が導ける。

よって，点 z は，中心 $-2i$，半径 $r=2$ の円を描く。……………………（答）

(2) $z\overline{z}-(\underbrace{2-i}_{\overline{\alpha}})z-(\underbrace{2+i}_{\alpha})\overline{z}+4=0$ ……②について，

$2+i=\alpha$ とおくと，$2-i=\overline{\alpha}$ となるので，これらを②に代入して

$z\overline{z}-\overline{\alpha}z-\alpha\overline{z}+4=0$　　この両辺に $\alpha\overline{\alpha}$ を加えて変形すると，

$\underbrace{z\overline{z}-\overline{\alpha}z}_{z(\overline{z}-\overline{\alpha})}\underbrace{-\alpha\overline{z}+\alpha\overline{\alpha}}_{-\alpha(\overline{z}-\overline{\alpha})}=\alpha\overline{\alpha}-4$　　$z(\overline{z}-\overline{\alpha})-\alpha(\overline{z}-\overline{\alpha})=|\alpha|^2-4$

$(z-\alpha)(\overline{z}-\overline{\alpha})=|\alpha|^2-4$　　$(z-\alpha)(\overline{z-\alpha})=|\alpha|^2-4$

$|z-\underbrace{\alpha}_{(2+i)}|^2=\underbrace{|\alpha|^2}_{|2+1\cdot i|^2=2^2+1^2=5}-4$　　$\therefore |z-(\underbrace{2+i}_{\alpha})|=\underbrace{1}_{r}$ が導ける。

よって，点 z は，中心 $2+i$，半径 $r=1$ の円を描く。……………………（答）

初めからトライ！問題 14 回転変換 CHECK 1 CHECK 2 CHECK 3

複素数平面上に 3 点 $\alpha = 1+i$, $\beta = 2+4i$, γ がある。
$\triangle\alpha\beta\gamma$ が正三角形であるとき，点 γ を求めよ。

ヒント！ 一般に，点 w が点 z を点 α のまわりに θ だけ回転して，r 倍に拡大（または縮小）した点であるとき，$\dfrac{w-\alpha}{z-\alpha} = r(\cos\theta + i\sin\theta)$ となる。これを利用しよう。

解答＆解説

$\alpha = 1+i$, $\beta = 2+4i$, γ について，$\triangle\alpha\beta\gamma$ が正三角形となるとき，点 γ は，点 β を点 α のまわりに $60°$（または $-60°$）回転したものである。よって，

y, x, 0, 1, 2, 4, 60°回転, $\beta = 2+4i$, $-60°$回転, γ_1, γ_2, $60°$, $-60°$, $\alpha = 1+i$

$$\frac{\gamma-\alpha}{\beta-\alpha} = 1\cdot\{\cos(\pm 60°) + i\sin(\pm 60°)\} \text{ より，}$$

$\cos 60° = \dfrac{1}{2}$　$\pm\sin 60° = \pm\dfrac{\sqrt{3}}{2}$

今回は，回転だけで，拡大（縮小）はしないので，$r=1$ だ。

$$\gamma = \left(\frac{1}{2} \pm \frac{\sqrt{3}}{2}i\right)(\beta-\alpha) + \alpha = \left(\frac{1}{2} \pm \frac{\sqrt{3}}{2}i\right)(1+3i) + 1 + i$$

$2+4i-(1+i) = 1+3i$　$1+i$

$$= \frac{1}{2} + \frac{3}{2}i \pm \frac{\sqrt{3}}{2}i \pm \frac{3\sqrt{3}}{2}i^2 + 1 + i$$

$i^2 = (-1)$

$$= \frac{1}{2} \mp \frac{3\sqrt{3}}{2} + 1 + \left(\frac{3}{2} \pm \frac{\sqrt{3}}{2} + 1\right)i$$

$$= \frac{3 \mp 3\sqrt{3}}{2} + \frac{5 \pm \sqrt{3}}{2}i \quad \text{（複号同順）}$$

以上より，求める点 γ は，

$$\gamma = \frac{3-3\sqrt{3}}{2} + \frac{5+\sqrt{3}}{2}i, \text{ または } \frac{3+3\sqrt{3}}{2} + \frac{5-\sqrt{3}}{2}i \text{ である。}$$ ……………（答）

図では，これを γ_1　　これを γ_2 として，示した。

初めからトライ！問題 15	回転と拡大（縮小）の合成変換	CHECK 1	CHECK 2	CHECK 3

複素数平面上に 3 点 $\alpha = 2+i$, $\beta = 4+3i$, γ がある。
$\triangle\alpha\beta\gamma$ が直角二等辺三角形となるとき，点 γ を求めよ。

ヒント！ これは，回転と拡大（縮小）の合成変換の問題だね。$\triangle\alpha\beta\gamma$ が直角二等辺三角形となるような点 γ は，**6** 通りあることに気を付けよう。

解答＆解説

$\alpha = 2+i$, $\beta = 4+3i$, γ について，$\triangle\alpha\beta\gamma$ が直角二等辺三角形，すなわち 3 辺の比が $1:1:\sqrt{2}$ の三角形となるときの点 γ を求める。

(i) 図 1 に示すように，$\triangle\alpha\beta\gamma$ の 3 辺の比が $\alpha\beta:\beta\gamma:\gamma\alpha = 1:\sqrt{2}:1$ の直角二等辺三角形となるとき，点 γ は，点 β を点 α のまわりに $\pm 90°$ だけ回転した点であるので

図 1

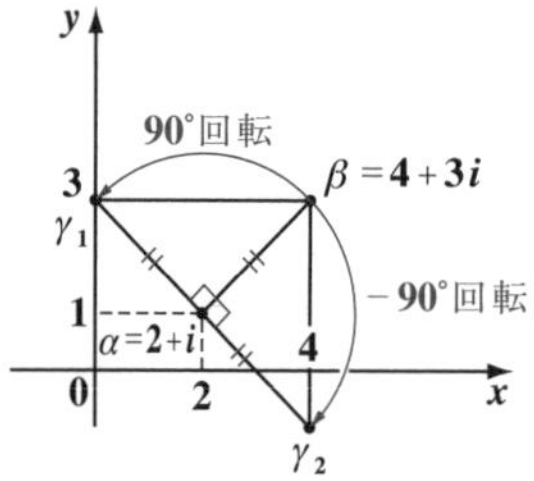

$$\frac{\gamma-\alpha}{\beta-\alpha} = 1\cdot\{\underbrace{\cos(\pm 90°)}_{\cos 90°=0} + i\underbrace{\sin(\pm 90°)}_{\pm\sin 90°=\pm 1}\}$$

（拡大・縮小はないので，$r=1$）

よって，$\dfrac{\gamma-\alpha}{\beta-\alpha} = \pm i$ より

$$\gamma = \pm i(\underbrace{\beta-\alpha}_{4+3i-(2+i)=2+2i}) + \underbrace{\alpha}_{2+i} = \pm i(2+2i)+2+i = \pm 2i \pm 2\cdot\underbrace{i^2}_{(-1)} + 2+i = \pm 2i \mp 2+2+i$$

$$= \underline{(2\mp 2)+(1\pm 2)i} = \underline{3i \text{ または } 4-i}$$

（これは $(2-2)+(1+2)i$ か，または $(2+2)+(1-2)i$ のこと）

(ii) 図 2 に示すように，$\triangle\alpha\beta\gamma$ の 3 辺の比が $\alpha\beta:\beta\gamma:\gamma\alpha = 1:1:\sqrt{2}$ の直角二等辺三角形となるとき，点 γ は，点 α を点 β のまわりに $\pm 90°$ だけ回転した点であるので

図 2

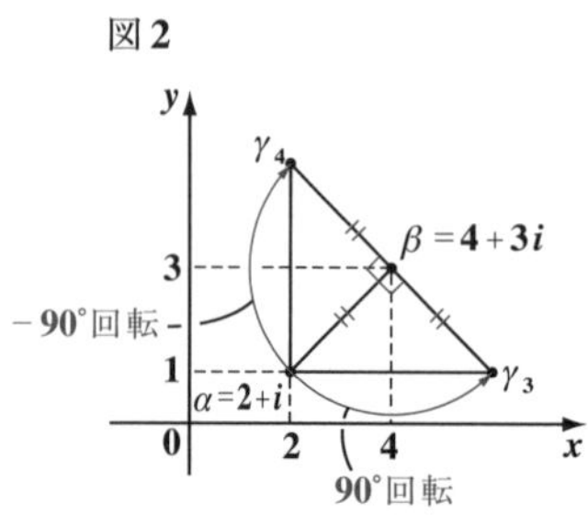

$$\frac{\gamma-\beta}{\alpha-\beta}=1\cdot\{\underbrace{\cos(\pm 90^\circ)}_{0}+i\underbrace{\sin(\pm 90^\circ)}_{\pm 1}\}$$ よって, $\frac{\gamma-\beta}{\alpha-\beta}=\pm i$ より

$$\gamma=\pm i(\underbrace{\alpha-\beta}_{2+i-(4+3i)=-2-2i})+\underbrace{\beta}_{4+3i}=\pm i(-2-2i)+4+3i=\mp 2i\mp 2\cdot\underbrace{i^2}_{(-1)}+4+3i$$

$$=\mp 2i\pm 2+4+3i=(4\pm 2)+(3\mp 2)i=6+i \text{ または } 2+5i$$

これは $(4+2)+(3-2)i$ か, または $(4-2)+(3+2)i$ のこと

(iii)図 3 に示すように, $\triangle\alpha\beta\gamma$ の 3 辺の比が $\alpha\beta:\beta\gamma:\gamma\alpha=\sqrt{2}:1:1$ の直角二等辺三角形となるとき, 点 γ は, 点 β を点 α のまわりに $\pm 45^\circ$ だけ回転して $\frac{1}{\sqrt{2}}$ 倍に縮小した点であるので

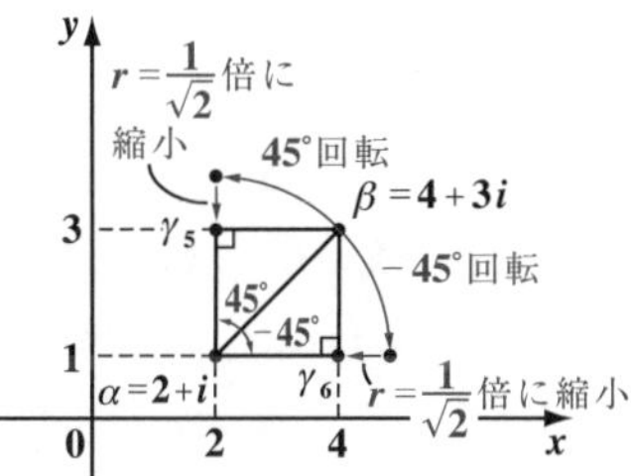

$$\frac{\gamma-\alpha}{\beta-\alpha}=\frac{1}{\sqrt{2}}\{\underbrace{\cos(\pm 45^\circ)}_{\cos 45^\circ=\frac{1}{\sqrt{2}}}+i\underbrace{\sin(\pm 45^\circ)}_{\pm\sin 45^\circ=\pm\frac{1}{\sqrt{2}}}\}$$

よって, $\frac{\gamma-\alpha}{\beta-\alpha}=\frac{1}{\sqrt{2}}\left(\frac{1}{\sqrt{2}}\pm\frac{1}{\sqrt{2}}i\right)=\frac{1}{2}\pm\frac{1}{2}i$ より

$$\gamma=\left(\frac{1}{2}\pm\frac{1}{2}i\right)(\underbrace{\beta-\alpha}_{2+2i})+\underbrace{\alpha}_{2+i}=\left(\frac{1}{2}\pm\frac{1}{2}i\right)(2+2i)+2+i$$

$$=1+i\pm i\pm\underbrace{i^2}_{(-1)}+2+i=1+i\pm i\mp 1+2+i$$

$$=(3\mp 1)+(2\pm 1)i=2+3i \text{ または } 4+i$$

これは $(3-1)+(2+1)i$ か, または $(3+1)+(2-1)i$ のこと

以上 (i)(ii)(iii) より, 求める点 (複素数) γ は,

$\gamma=3i,\ 4-i,\ 6+i,\ 2+5i,\ 2+3i,\ 4+i$ の 6 通りである。 ………………(答)

第 1 章 ● 複素数平面の公式を復習しよう！

1.　絶対値 $|\alpha|$

$\alpha = a + bi$ のとき，$|\alpha| = \sqrt{a^2 + b^2}$ ← これは，原点 $\mathbf{0}$ と点 α との間の距離を表す。

2.　共役複素数と絶対値の公式

(1) $\overline{\alpha \pm \beta} = \overline{\alpha} \pm \overline{\beta}$　　(2) $\overline{\alpha \times \beta} = \overline{\alpha} \times \overline{\beta}$　　(3) $\overline{\left(\dfrac{\alpha}{\beta}\right)} = \dfrac{\overline{\alpha}}{\overline{\beta}}$

(4) $|\alpha| = |\overline{\alpha}| = |-\alpha| = |-\overline{\alpha}|$　　(5) $|\alpha|^2 = \alpha\overline{\alpha}$

3.　実数条件と純虚数条件

(ⅰ) α が実数 $\Longleftrightarrow \alpha = \overline{\alpha}$　(ⅱ) α が純虚数 $\Longleftrightarrow \alpha + \overline{\alpha} = 0$ かつ $\alpha \neq 0$

4.　2 点間の距離

$\alpha = a + bi$, $\beta = c + di$ のとき，2 点 α, β 間の距離 $|\alpha - \beta|$ は，

$|\alpha - \beta| = \sqrt{(a-c)^2 + (b-d)^2}$

5.　複素数の積と商

$z_1 = r_1(\cos\theta_1 + i\sin\theta_1)$，$z_2 = r_2(\cos\theta_2 + i\sin\theta_2)$ のとき，

(1) $z_1 \times z_2 = r_1 r_2\{\cos(\theta_1 + \theta_2) + i\sin(\theta_1 + \theta_2)\}$

(2) $\dfrac{z_1}{z_2} = \dfrac{r_1}{r_2}\{\cos(\theta_1 - \theta_2) + i\sin(\theta_1 - \theta_2)\}$

6.　絶対値の積と商

(1) $|\alpha\beta| = |\alpha||\beta|$　　(2) $\left|\dfrac{\alpha}{\beta}\right| = \dfrac{|\alpha|}{|\beta|}$

7.　ド・モアブルの定理

$(\cos\theta + i\sin\theta)^n = \cos n\theta + i\sin n\theta$　(n：整数)

8.　内分点，外分点，三角形の重心の公式，および円の方程式は，平面ベクトルと同様である。

9.　線分の垂直二等分線とアポロニウスの円

$|z - \alpha| = k|z - \beta|$ をみたす動点 z の軌跡は，

(ⅰ) $k = 1$ のとき，線分 $\alpha\beta$ の垂直二等分線。

(ⅱ) $k \neq 1$ のとき，アポロニウスの円。

10.　回転と拡大（縮小）の合成変換

$\dfrac{w - \alpha}{z - \alpha} = r(\cos\theta + i\sin\theta)$　$(z \neq \alpha)$

$\Longleftrightarrow$ 点 w は，点 z を点 α のまわりに θ だけ回転し，さらに r 倍に拡大（または縮小）した点である。

第 2 章
CHAPTER

2 式と曲線

▶ 放物線，だ円，双曲線の基本

▶ 2 次曲線の応用

▶ 媒介変数表示された曲線

▶ 極座標と極方程式

"式と曲線" を初めから解こう！ 公式&解法パターン

1. まず，放物線，だ円，双曲線をマスターしよう。

(1) 放物線では，**焦点**（しょうてん）と**準線**（じゅんせん）を押さえよう。

(i) $x^2 = 4py$ $(p \neq 0)$ ←たての放物線

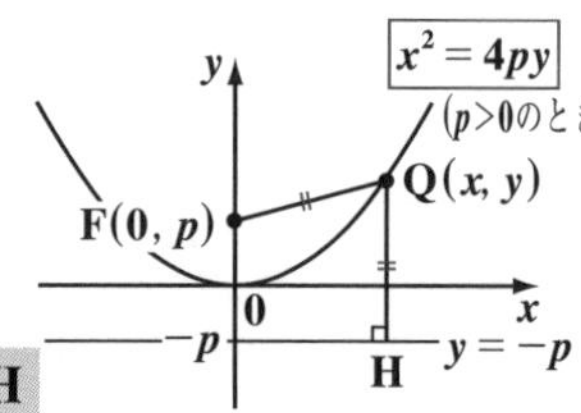

・頂点：原点$(0,\ 0)$ ・対称軸：$x = 0$

・焦点$F(0,\ p)$ ・準線$y = -p$

・曲線上の点をQとおくと $QF = QH$

(ii) $y^2 = 4px$ $(p \neq 0)$ ←横の放物線

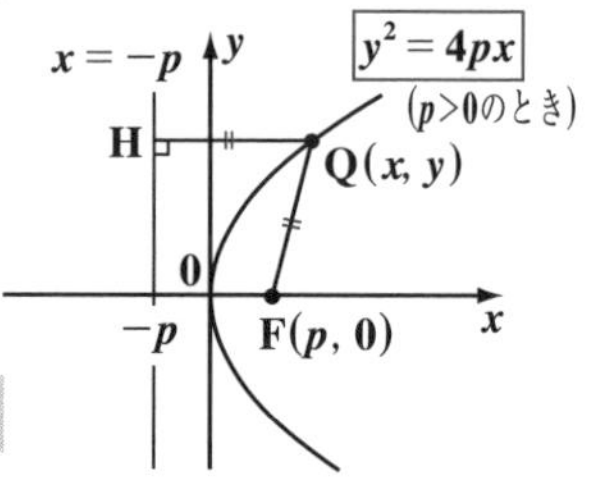

・頂点：原点$(0,\ 0)$ ・対称軸：$y = 0$

・焦点$F(p,\ 0)$ ・準線$x = -p$

・曲線上の点をQとおくと $QF = QH$

(2) だ円には，横長とたて長の**2**種類がある。

だ円：$\dfrac{x^2}{a^2} + \dfrac{y^2}{b^2} = 1$ $(a > 0,\ b > 0)$

(i) $a > b$ のとき，横長だ円

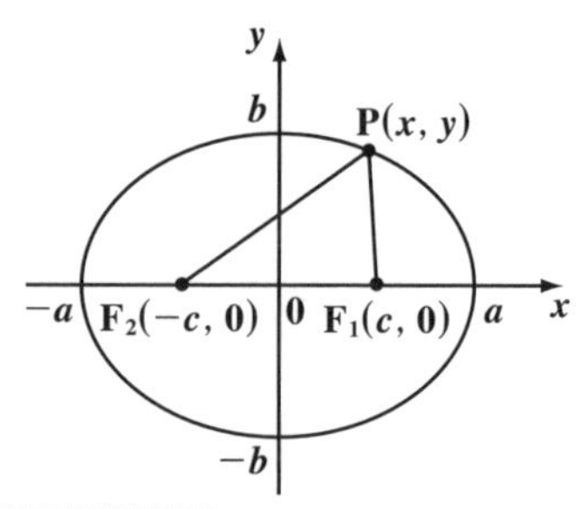

・中心：原点$(0,\ 0)$

・長軸の長さ$2a$，短軸の長さ$2b$

・焦点$F_1(c,\ 0)$，$F_2(-c,\ 0)$

（ただし，$c = \sqrt{a^2 - b^2}$）

・曲線上の点をPとおくと，$PF_1 + PF_2 = 2a$ となる。

(ii) $b > a$ のとき，たて長だ円

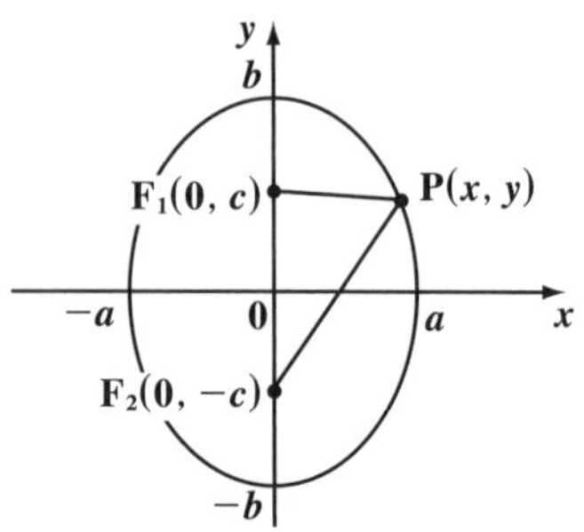

・中心：原点$(0,\ 0)$

・長軸の長さ$2b$，短軸の長さ$2a$

・焦点$F_1(0,\ c)$，$F_2(0,\ -c)$

（ただし，$c = \sqrt{b^2 - a^2}$）

・曲線上の点をPとおくと，

$PF_1 + PF_2 = 2b$ となる。

（だ円 $\dfrac{x^2}{a^2}+\dfrac{y^2}{b^2}=1$ は，単位円 $x^2+y^2=1$ を，x 軸方向に a 倍，y 軸方向に b 倍だけ拡大（または縮小）したものなんだね。）

(3) 双曲線にも，左右と上下の **2** 種類があるんだね。

（i）左右対称な双曲線

$$\frac{x^2}{a^2}-\frac{y^2}{b^2}=1 \quad (a>0,\ b>0)$$

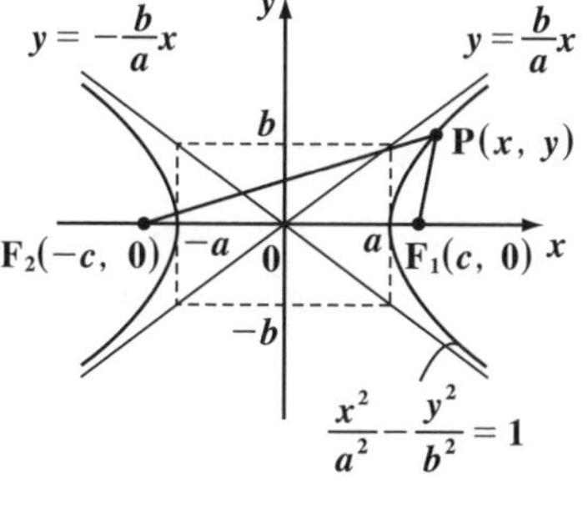

・中心：原点 $(0,\ 0)$

・頂点 $(a,\ 0)$，$(-a,\ 0)$

・焦点 $F_1(c,\ 0)$，$F_2(-c,\ 0)$
　$(c=\sqrt{a^2+b^2})$

・漸近線：$y=\pm\dfrac{b}{a}x$

・曲線上の点を P とおくと，$|PF_1-PF_2|=2a$

（ii）上下対称な双曲線

$$\frac{x^2}{a^2}-\frac{y^2}{b^2}=-1 \quad (a>0,\ b>0)$$

・中心：原点 $(0,\ 0)$

・頂点 $(0,\ b)$，$(0,\ -b)$

・焦点 $F_1(0,\ c)$，$F_2(0,\ -c)$
　$(c=\sqrt{a^2+b^2})$

・漸近線：$y=\pm\dfrac{b}{a}x$

・曲線上の点を P とおくと，$|PF_1-PF_2|=2b$

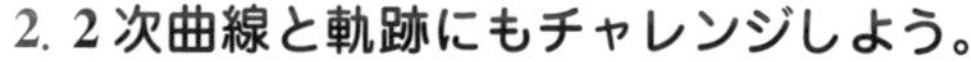

2. 2次曲線と軌跡にもチャレンジしよう。

動点 $P(x,\ y)$ に与えられた条件から，x と y の関係式を導けば，それが動点 P の軌跡の方程式になるんだね。ここでは，この軌跡の方程式が，**2** 次曲線（放物線，だ円，双曲線）になる問題もよく出題される。

3. 2次曲線と直線の位置関係も押さえよう。

2次曲線 $\left(\text{たとえば，} y^2 = 4px,\ \frac{x^2}{a^2} + \frac{y^2}{b^2} = 1,\ \frac{x^2}{a^2} - \frac{y^2}{b^2} = \pm 1\right)$ と，直線 $y = mx + n$ との位置関係は，たとえば y を消去して，x の2次方程式を導き，その判別式を D とおくと，これから次のことが分かるんだね。

(ⅰ) $D > 0$ のとき，異なる2点で交わる。

(ⅱ) $D = 0$ のとき，接する。

(ⅲ) $D < 0$ のとき，共有点をもたない。

4. 円とだ円の媒介変数表示にも慣れよう。

(1) 円：$x^2 + y^2 = r^2$ (r：半径) を媒介変数 θ を使って表すと，

$$\begin{cases} x = r\cos\theta \\ y = r\sin\theta \end{cases}$$ (θ：媒介変数) となる。

(2) だ円 $\frac{x^2}{a^2} + \frac{y^2}{b^2} = 1$ ($a > 0$，$b > 0$) を媒介変数 θ を使って表すと，

$$\begin{cases} x = a\cos\theta \\ y = b\sin\theta \end{cases}$$ (θ：媒介変数) となる。

(ex) だ円 $\frac{x^2}{9} + \frac{y^2}{4} = 1$ の媒介変数表示は，$x = 3\cos\theta$，$y = 2\sin\theta$ になるんだね。

(ex) だ円 $\frac{(x-1)^2}{9} + \frac{(y-2)^2}{4} = 1$ の媒介変数表示は，$x = 3\cos\theta + 1$，$y = 2\sin\theta + 2$ となる。

(要は，$x = 3\cos\theta + 1$ と，$y = 2\sin\theta + 2$ をだ円の式に代入して，公式：$\cos^2\theta + \sin^2\theta = 1$ が導ければいいんだね。)

5. サイクロイド曲線もマスターしよう。

サイクロイド曲線は，媒介変数 θ を用いて次のように表せる。

$$\begin{cases} x = a(\theta - \sin\theta) \\ y = a(1 - \cos\theta) \end{cases}$$ (θ：媒介変数，a：正の定数)

円の半径のこと

(サイクロイド曲線は，初め原点で接していた半径 a の円の接点を P とおき，この円をスリップさせることなく，x 軸に沿って回転させるとき，点 P が描くカマボコ型の曲線のことなんだね。)

6. 極座標（きょくざひょう）表示も押さえよう。

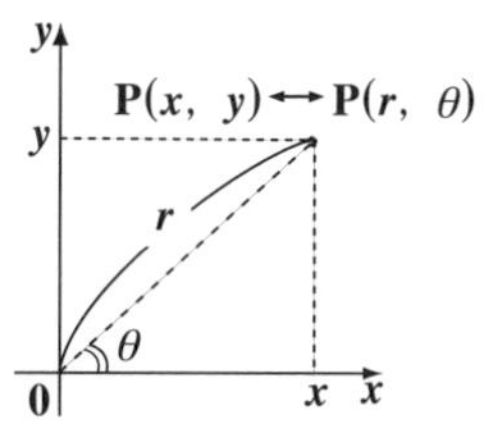

xy座標上の点$\mathbf{P}(x,\ y)$は，動径$\mathbf{OP}$の長さrと偏角θを用いた極座標により$\mathbf{P}(r,\ \theta)$と表すことができる。一般に，rは負にもなり得るし，偏角θも一般角で表すと，$\mathbf{P}(x,\ y)$から$\mathbf{P}(r,\ \theta)$への変換は一意ではなくなるんだけれど，ここで，$r>0$，$0\leqq\theta<2\pi$のように指定することにより，

$\mathbf{P}(x,\ y) \longrightarrow \mathbf{P}(r,\ \theta)$への変換は一意(一通り)に定まる。(原点を除く)

$$\begin{cases} r^2 = x^2+y^2 \\ \tan\theta = \dfrac{y}{x} \end{cases}$$

xy 座標 $\mathbf{P}(x,\ y)$ $\longrightarrow$ 極座標 $\mathbf{P}(r,\ \theta)$

xy 座標 $\mathbf{P}(x,\ y)$ $\longleftarrow$ 極座標 $\mathbf{P}(r,\ \theta)$

$$\begin{cases} x = r\cos\theta \\ y = r\sin\theta \end{cases}$$

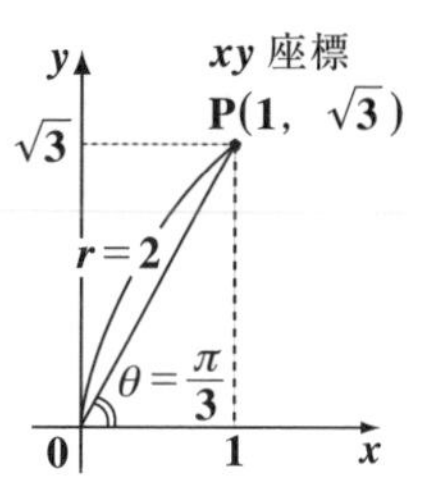

(ex) xy 座標 $\mathbf{P}\left(1,\ \sqrt{3}\right)$ は，$r^2 = 1^2+\left(\sqrt{3}\right)^2 = 4$，

$\tan\theta = \dfrac{\sqrt{3}}{1} = \sqrt{3}$ より，$r>0$，$0\leqq\theta<2\pi$

とおくと，$r = 2$，$\theta = \dfrac{\pi}{3}$　これより，

極座標 $\mathbf{P}\left(2,\ \dfrac{\pi}{3}\right)$ に変換される。

7. 極方程式は，r と θ の関係式で表される。

一般に，xy座標での方程式（xとyの関係式）と，極座標での方程式（rとθの関係式）も，同様に，次のように変換できる。

$$\begin{cases} r^2 = x^2+y^2 \\ \tan\theta = \dfrac{y}{x} \end{cases}$$

xy 座標での方程式 (x と y の関係式) $\longrightarrow$ 極方程式 (極座標での方程式) (r と θ の関係式)

xy 座標での方程式 (x と y の関係式) $\longleftarrow$ 極方程式 (極座標での方程式) (r と θ の関係式)

$$\begin{cases} x = r\cos\theta \\ y = r\sin\theta \end{cases}$$

(ex) 円 $x^2+y^2=4$ は，$r^2 = x^2+y^2$ を代入して，$r^2 = 4$

ここで，$r>0$ とすると，極方程式 $r = 2$ が導けるんだね。

初めからトライ！問題 16	放物線	CHECK 1	CHECK 2	CHECK 3

$y^2-4y-8x-4=0$ ……① で表される放物線の焦点の座標と準線の方程式を求め，この放物線のグラフの概形を描け。

ヒント！ $y^2=4px$ は焦点 $F(p,\ 0)$，準線 $x=-p$ の放物線なんだね。①式はこれを平行移動したものになっていることに気を付けよう。

解答&解説

$y^2-4y-8x-4=0$ ……① を変形すると，

$y^2-4y+4=8x+4+4$ （2 で割って 2 乗）　　$(y-2)^2=8(x+1)$

$(y-2)^2=4\cdot 2(x+1)$ ……①′

（x 軸方向に -1，y 軸方向に 2 だけ平行移動の意味）

よって，①′は，$y^2=4\cdot 2x$ …②を $(-1,2)$ だけ平行移動したものである。（2 は p のこと）

②は，焦点 $F'(2,\ 0)$，準線 $x=-2$ をもつ横の放物線である。

以上より，①，すなわち①′の放物線の焦点 F は，

焦点 $F(1,\ 2)$ であり，また準線 $x=-3$ である。 ……………………………(答)

$F'(2,\ 0)\xrightarrow[\text{平行移動}]{(-1,\ 2)}F(2-1,\ 0+2)$

$x=-2$ を，x 軸方向に -1 だけ平行移動したので，$x=-2-1=-3$ となる。これについては，y 軸方向の平行移動は影響しない。

以上より，①，すなわち①′の放物線のグラフの概形を右に示す。…………………(答)

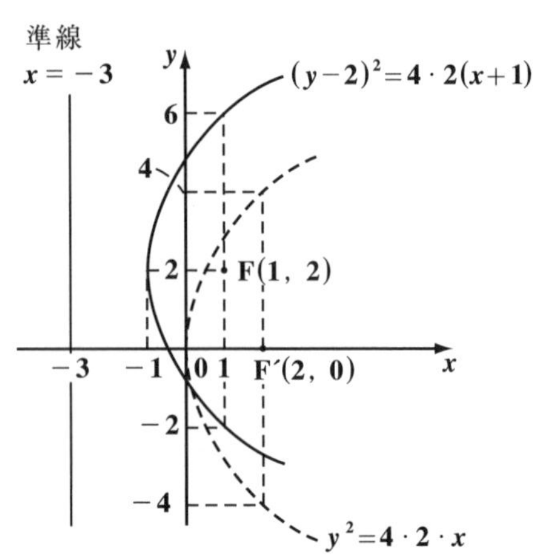

初めからトライ！問題 17　だ円　CHECK 1　CHECK 2　CHECK 3

$4x^2+9y^2+16x-18y-11=0$ ……① で表されるだ円の焦点の座標を求め，このだ円のグラフの概形を描け。

ヒント！ 横長のだ円 $\frac{x^2}{a^2}+\frac{y^2}{b^2}=1\ (a>b>0)$ の2つの焦点 F_1', F_2' は, $F_1'(c,\ 0)$, $F_2'(-c,\ 0)\ (c=\sqrt{a^2-b^2})$ となるんだね。今回は, これに平行移動の要素が加わっているんだね。

解答＆解説

$4x^2+9y^2+16x-18y-11=0$ ……① を変形して，

$4(x^2+4x+4)+9(y^2-2y+1)=11+16+9$

（2で割って2乗）（2で割って2乗）

$4(x+2)^2+9(y-1)^2=36$　　両辺を36で割って，

$\frac{(x+2)^2}{9}+\frac{(y-1)^2}{4}=1$ ……①′

よって, ①′は, 横長のだ円 $\frac{x^2}{3^2}+\frac{y^2}{2^2}=1$ …② を $(-2,\ 1)$ だけ平行移動したものである。

②の焦点を F_1', F_2' とおくと, $F_1'(\sqrt{5},\ 0)$, $F_2'(-\sqrt{5},\ 0)$ となるので,

（$\sqrt{5}=\sqrt{3^2-2^2}$, $-\sqrt{5}=-\sqrt{3^2-2^2}$）

①, すなわち①′のだ円の焦点を F_1, F_2 とおくと, $F_1(\sqrt{5}-2,\ 1)$, $F_2(-\sqrt{5}-2,\ 1)$

（$F_1'(\sqrt{5},0)\xrightarrow[\text{平行移動}]{(-2,\,1)}F_1(\sqrt{5}-2,\ 0+1)$）（$F_2$も同様）

である。 ……………………………………………………………(答)

以上より, ①, すなわち①′のだ円のグラフの概形を右に示す。……………(答)

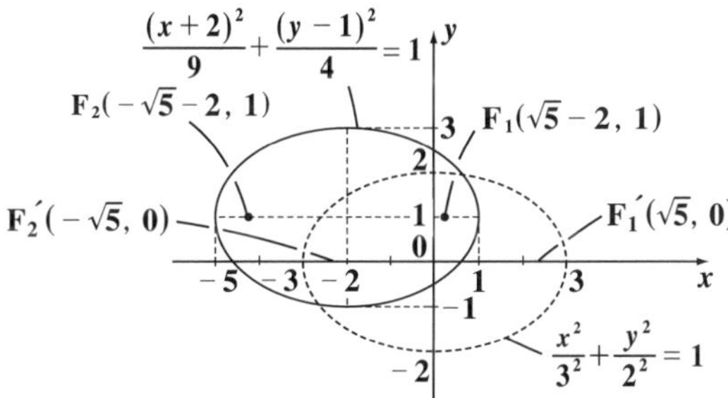

初めからトライ！問題 18　双曲線　CHECK 1　CHECK 2　CHECK 3

$3x^2 - y^2 - 6x + 4y + 2 = 0$ ……① で表される双曲線の焦点の座標を求め，この双曲線のグラフの概形を描け。

ヒント！ 上下の双曲線 $\frac{x^2}{a^2} - \frac{y^2}{b^2} = -1$ の2つの焦点 F_1'，F_2' は，$F_1'(0, c)$，$F_2'(0, -c)$ $(c = \sqrt{a^2 + b^2})$ となるんだね。今回は，これに平行移動の要素が加わっているんだね。

解答＆解説

$3x^2 - y^2 - 6x + 4y + 2 = 0$ ……① を変形して，

$3(x^2 - 2x + 1) - (y^2 - 4y + 4) = -2 + 3 - 4$

（2で割って2乗）（2で割って2乗）

$3(x-1)^2 - (y-2)^2 = -3$　　両辺を3で割って，

$(x-1)^2 - \frac{(y-2)^2}{3} = -1$ ……①´

よって，①´は，上下の双曲線 $\frac{x^2}{1^2} - \frac{y^2}{(\sqrt{3})^2} = -1$ …② を $(1,\ 2)$ だけ平行移動したものである。②の焦点を F_1'，F_2' とおくと，$F_1'(0,\ 2)$，$F_2'(0,\ -2)$ となる

（$\sqrt{1^2 + (\sqrt{3})^2} = \sqrt{4} = 2$）（$-\sqrt{1^2 + (\sqrt{3})^2} = -\sqrt{4} = -2$）

ので，①，すなわち①´の双曲線の焦点を F_1，F_2 とおくと，$F_1(1,\ 4)$，$F_2(1,\ 0)$

（$F_1'(0,\ 2) \xrightarrow[\text{平行移動}]{(1,\ 2)} F_1(0+1,\ 2+2)$）（$F_2$ も同様）

である。 ……………………………………………………………(答)

以上より，①，すなわち①´の双曲線のグラフの概形を右に示す。 ………………(答)

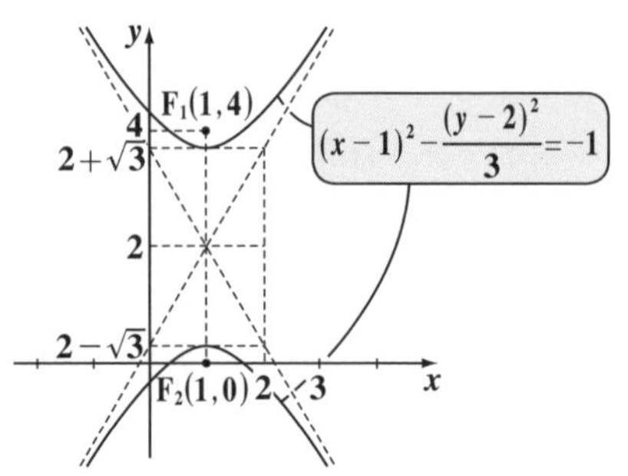

初めからトライ！問題 19	円とだ円の関係	CHECK 1	CHECK 2	CHECK 3

円 $x^2+y^2=4$ を，x 軸方向に $\frac{1}{2}$ 倍に縮小し，y 軸方向に $\frac{3}{2}$ 倍に拡大して得られる曲線の方程式を求め，その概形を描け。

ヒント！ 原点 0 を中心とする半径 2 の円 $x^2+y^2=4$ 上の点 $P(x,\ y)$ について，x に $\frac{1}{2}$ をかけたものを x'，y に $\frac{3}{2}$ をかけたものを y' として，x' と y' の方程式（関係式）を求めればいいんだね。

解答＆解説

円：$x^2+y^2=4$ ……① の周上の点 $P(x,\ y)$

（原点 0 中心，半径 2 の円）

について，x 軸方向に $\frac{1}{2}$ 倍に縮小し，

y 軸方向に $\frac{3}{2}$ 倍に拡大した点を $Q(x',\ y')$

とおくと，

$x'=\frac{1}{2}x$ ……②，　$y'=\frac{3}{2}y$ ……③　となる。

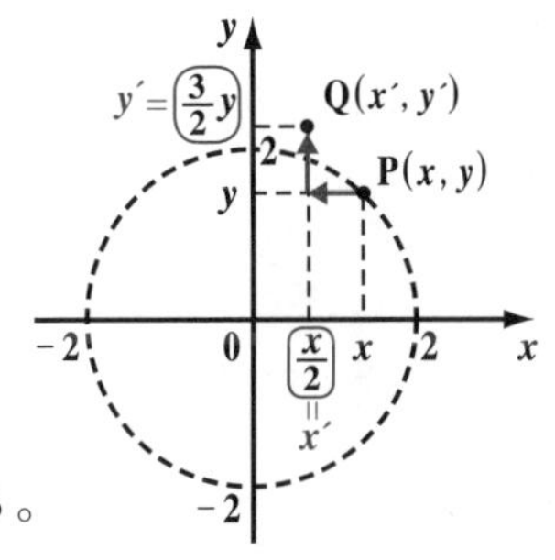

①，②，③を使って，x' と y' の関係式，すなわち点 $Q(x',\ y')$ の描く曲線の方程式を求めればいいんだね。

②，③より，$x=2x'$ ……②'，　$y=\frac{2}{3}y'$ ……③'　となる。

②'，③' を①に代入して，

$$(2x')^2+\left(\frac{2}{3}y'\right)^2=4$$

$4x'^2+\frac{4}{9}y'^2=4$　　両辺を 4 で割って，

$\frac{x'^2}{1^2}+\frac{y'^2}{3^2}=1$　となるので，点 $Q(x',\ y')$ の描く曲線の方程式は

$\frac{x^2}{1^2}+\frac{y^2}{3^2}=1$ ……④ となる。…………（答）

④のだ円の概形を右に示す。…………（答）

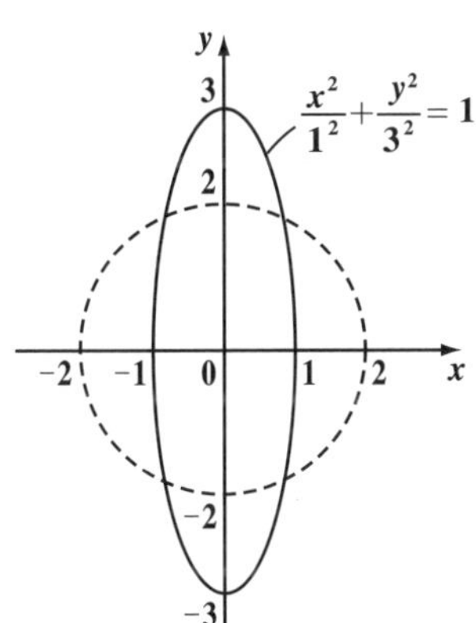

初めからトライ！問題 20	軌跡とだ円	CHECK 1	CHECK 2	CHECK 3

長さ **3** の線分 **AB** の端点 **A** は x 軸上を，また端点 **B** は y 軸上を動くとする。このとき，線分 **AB** を **1：4** に外分する点 **P** の軌跡の方程式を求めよ。

ヒント！ **A** は x 軸上の点より $\mathbf{A}(s,\ 0)$，また **B** は y 軸上の点より $\mathbf{B}(0,\ t)$ とおける。そして，$\mathbf{AB}^2=9$ より $s^2+t^2=9$ が成り立つんだね。

解答＆解説

点 **A** は x 軸上の点より，$\mathbf{A}(s,\ 0)$，
点 **B** は y 軸上の点より，$\mathbf{B}(0,\ t)$
とおける。また，線分 **AB** の長さが **3** より

$$\mathbf{AB}=\sqrt{s^2+t^2}=3$$

$\therefore\ s^2+t^2=9$ ……① となる。

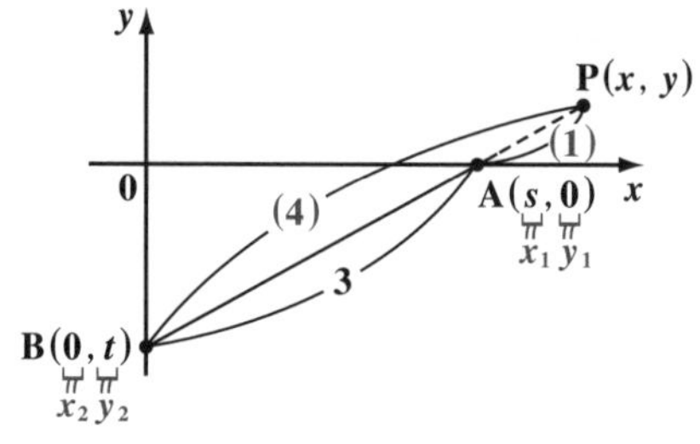

ここで，点 $\mathbf{P}(x,\ y)$ は線分 **AB** を **1：4** に外分するので，外分点の公式より

$$x=\frac{-4\cdot s+1\cdot 0}{1-4}=\frac{4}{3}s\ \cdots\cdots②\qquad y=\frac{-4\cdot 0+1\cdot t}{1-4}=-\frac{1}{3}t\ \cdots\cdots③$$

$$\left(x=\frac{-4x_1+1\cdot x_2}{1-4}\right)\qquad \left(y=\frac{-4y_1+1\cdot y_2}{1-4}\right)$$

②，③より，$s=\dfrac{3}{4}x$ ……②′，　$t=-3y$ ……③′ となる。

よって，②′と③′を①に代入して，x と y の関係式，すなわち動点 $\mathbf{P}(x,\ y)$ の軌跡の方程式を求めると，

$$\left(\frac{3}{4}x\right)^2+(-3y)^2=9$$

$$\frac{9x^2}{16}+9y^2=9$$

両辺を **9** で割ると，

$$\frac{x^2}{4^2}+\frac{y^2}{1^2}=1$$ となる。…(答)

これは，右図に示すように横長のだ円である。

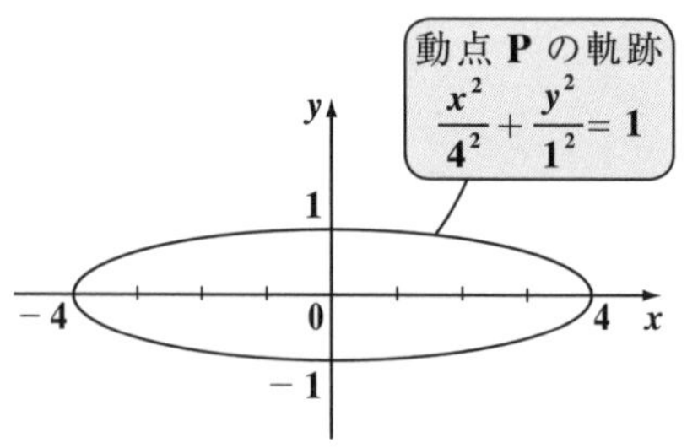

初めからトライ！問題 21　軌跡と放物線　CHECK 1　CHECK 2　CHECK 3

動点 $\mathbf{P}(x,\ y)$ は，P と原点 O との間の距離が，P と直線 $x=4$ との間の距離と等しいように動くものとする。このとき，動点 P の軌跡の方程式と，そのグラフの概形を描け。

ヒント！ 条件より，図を描いて，$\sqrt{x^2+y^2}=|x-4|$ となることを導けばいいんだね。

解答＆解説

右図に示すように，$\mathbf{P}(x,\ y)$ から直線 $x=4$ に下ろした垂線の足を H とおくと，題意より

$\mathbf{OP}=\mathbf{PH}$ ……① となる。

ここで，$\mathbf{OP}=\sqrt{x^2+y^2}$ ……②，また

$\mathbf{PH}=|x-4|$ ……③ となる。

$x \leqq 4$ のとき，$\mathbf{PH}=4-x$ となり，また $x>4$ のとき $\mathbf{PH}=x-4$ となるので，x と 4 の大小関係に関わらず，絶対値を使って $\mathbf{PH}=|x-4|$ と表せるんだね。ただし，本問では，常に $x<4$ の場合となるけどね。

よって，②，③を①に代入して，

$\sqrt{x^2+y^2}=|x-4|$ ……④　　④の両辺を 2 乗して，x と y の関係式を求めると，それが動点 $\mathbf{P}(x,\ y)$ の軌跡の方程式になるので

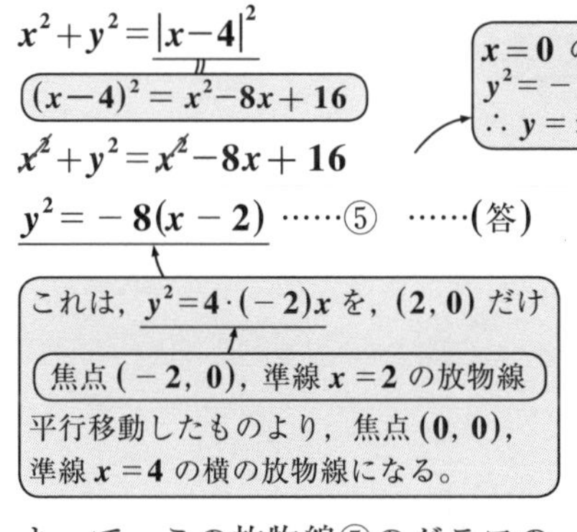

$x^2+y^2=|x-4|^2$

$|x-4|^2=(x-4)^2=x^2-8x+16$

$x^2+y^2=x^2-8x+16$

$y^2=-8(x-2)$ ……⑤　……(答)

これは，$y^2=4\cdot(-2)x$ を，$(2,\ 0)$ だけ平行移動したものより，焦点 $(0,\ 0)$，準線 $x=4$ の横の放物線になる。

（$y^2=4\cdot(-2)x$：焦点 $(-2,\ 0)$，準線 $x=2$ の放物線）

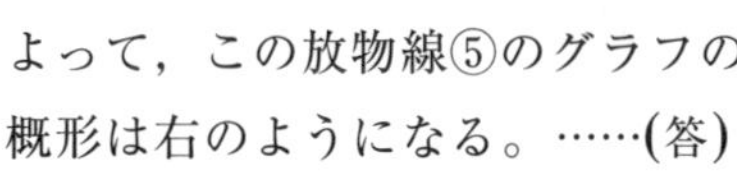

$x=0$ のとき，⑤より
$y^2=-8\times(-2)=16$
$\therefore\ y=\pm 4$

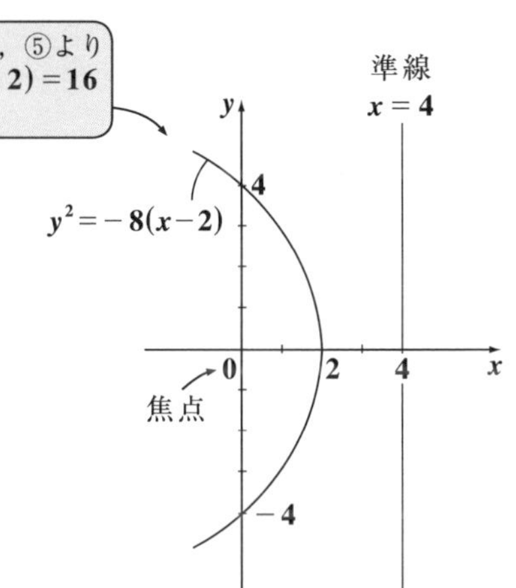

よって，この放物線⑤のグラフの概形は右のようになる。……(答)

初めからトライ！問題 22	軌跡と双曲線	CHECK 1	CHECK 2	CHECK 3

動点 $\mathbf{P}(x,\ y)$ は，$\mathbf{P}$ と原点 $\mathbf{O}$ との間の距離が，$\mathbf{P}$ と直線 $x=1$ との間の距離の $\sqrt{2}$ 倍となるように動くものとする。このとき，動点 $\mathbf{P}$ の軌跡の方程式と，そのグラフの概形を描け。

ヒント！ 条件より，図を使って，$\sqrt{x^2+y^2}=\sqrt{2}\,|x-1|$ を導いて，変形すればいいんだね。

解答＆解説

右図に示すように，$\mathbf{P}(x,\ y)$ から直線 $x=1$ に下ろした垂線の足を $\mathbf{H}$ とおくと，題意より

$\mathbf{OP}=\sqrt{2}\mathbf{PH}$ ……① となる。

ここで，$\mathbf{OP}=\sqrt{x^2+y^2}$ ……②，また

$\mathbf{PH}=|x-1|$ ……③ となる。

$x\leqq 1$ のとき，$\mathbf{PH}=1-x$，$x>1$ のとき $\mathbf{PH}=x-1$ となるので，x と 1 との大小関係に関わらず，絶対値を使って $\mathbf{PH}=|x-1|$ と表せるんだね。

よって，②，③を①に代入して，

$\sqrt{x^2+y^2}=\sqrt{2}|x-1|$ ……④　④の両辺を 2 乗して，x と y の関係式，すなわち動点 $\mathbf{P}(x,\ y)$ の軌跡の方程式を求めると，

$x^2+y^2=2|x-1|^2$　　$x^2+y^2=2(x^2-2x+1)$　　$x^2-4x-y^2=-2$

$(x-1)^2=x^2-2x+1$

$(x^2-4x+4)-y^2=-2+4$

2 で割って 2 乗

$(x-2)^2-y^2=2$

$\therefore \dfrac{(x-2)^2}{2}-\dfrac{y^2}{2}=1$ ……⑤ ……(答)

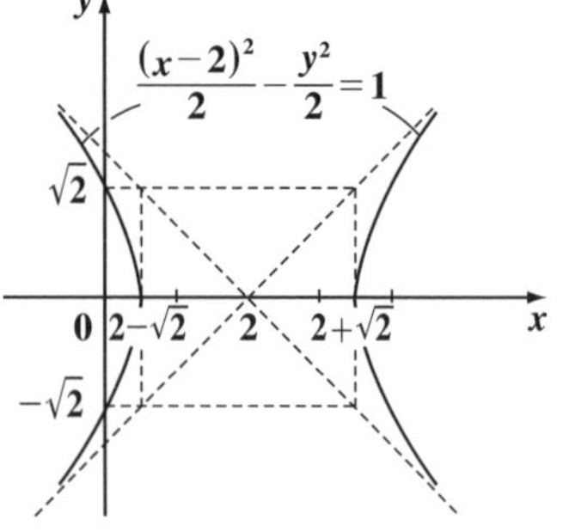

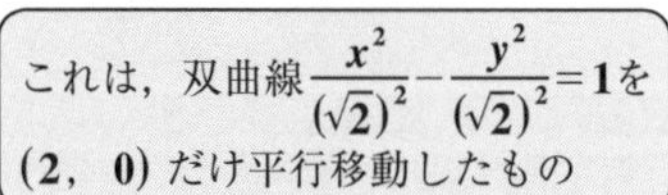
これは，双曲線 $\dfrac{x^2}{(\sqrt{2})^2}-\dfrac{y^2}{(\sqrt{2})^2}=1$ を $(2,\ 0)$ だけ平行移動したもの

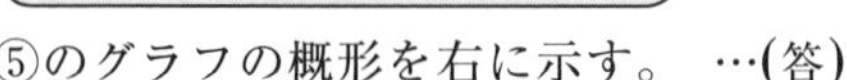
⑤のグラフの概形を右に示す。…(答)

初めからトライ！問題 23	だ円と直線の位置関係	CHECK 1	CHECK 2	CHECK 3

だ円 $\frac{x^2}{4}+\frac{y^2}{3}=1$ ……① と直線 $y=-x+k$ ……② との共有点の個数を，実数 k の値により分類せよ。

ヒント！ ①，②より y を消去して x の 2 次方程式を作り，その判別式 D を利用すればいい。

解答＆解説

①の両辺に 12 をかけて $3x^2+4y^2=12$ …①′　①′と $y=-x+k$ …②より

y を消去すると，$3x^2+4(-x+k)^2=12$　　$3x^2+4(x^2-2kx+k^2)=12$

$\underset{a}{7}x^2\underset{2b'}{-8k}x+\underset{c}{4k^2-12}=0$ ………③　　③の x の 2 次方程式の判別式を

D とおくと，$\frac{D}{4}=(-4k)^2-7(4k^2-12)=-12k^2+84=12(7-k^2)$　（$\frac{D}{4}=b'^2-ac$）（$16k^2-28k^2+84$）（$84=7\times12$）

①と②の共有点の個数は，(i) $\frac{D}{4}>0$ のとき 2 個，(ii) $\frac{D}{4}=0$ のとき 1 個，(iii) $\frac{D}{4}<0$ のとき 0 個となる。

(i) $\frac{D}{4}=12(7-k^2)>0$ のとき，　$k^2-7<0$（両辺を -12 で割った）　$(k+\sqrt{7})(k-\sqrt{7})<0$

$\therefore -\sqrt{7}<k<\sqrt{7}$ のとき，共有点は 2 個である。

(ii) $\frac{D}{4}=12(7-k^2)=0$ のとき，

$k^2-7=0$　　$k^2=7$

$\therefore k=\pm\sqrt{7}$ のとき，共有点は 1 個である。

(iii) $\frac{D}{4}=12(7-k^2)<0$ のとき，

$k^2-7>0$　$(k+\sqrt{7})(k-\sqrt{7})>0$

$\therefore k<-\sqrt{7},\ \sqrt{7}<k$ のとき，共有点は 0 個である。

…………………(答)

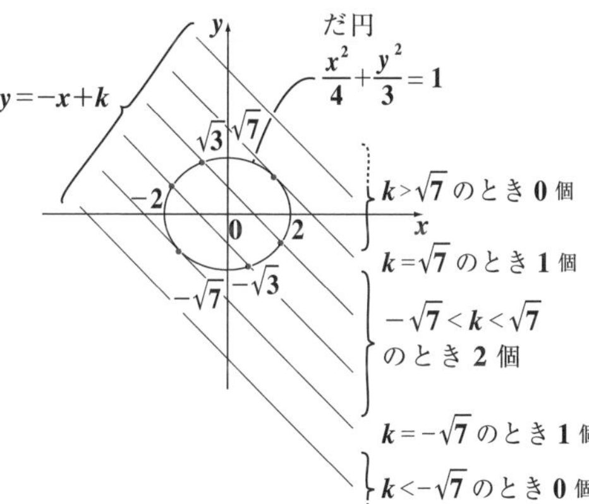

初めからトライ！問題 24	放物線と直線の位置関係	CHECK 1	CHECK 2	CHECK 3

放物線 $y^2 = 4x + 8$ ……① と直線 $y = -2x + k$ ……② との共有点の個数を，実数 k の値により分類せよ。

ヒント！ ①，②より x を消去して y の 2 次方程式を作り，その判別式で考えよう。

解答＆解説

①より，$y^2 = 2\cdot 2x + 8$ ……①′　②より，$2x = -y + k$ ……②′

②′を①′に代入して x を消去すると，

$y^2 = 2(-y + k) + 8$　　$\underset{a}{1}\cdot y^2 + \underset{2b'}{2}y \underset{c}{-2k-8} = 0$ ……③

③の y の 2 次方程式の判別式を D とおくと，

$\frac{D}{4} = 1^2 - 1\cdot(-2k-8) = 1 + 2k + 8 = 2k + 9$ ← $\frac{D}{4} = b'^2 - ac$

①と②の共有点の個数は，(ⅰ) $\frac{D}{4} > 0$ のとき 2 個，(ⅱ) $\frac{D}{4} = 0$ のとき 1 個，(ⅲ) $\frac{D}{4} < 0$ のとき 0 個となる。

(ⅰ) $\frac{D}{4} = 2k + 9 > 0$ のとき，$2k > -9$

$\therefore k > -\frac{9}{2}$ のとき，共有点は 2 個である。

(ⅱ) $\frac{D}{4} = 2k + 9 = 0$ のとき，すなわち $k = -\frac{9}{2}$ のとき，共有点は 1 個である。

(ⅲ) $\frac{D}{4} = 2k + 9 < 0$ のとき，すなわち $k < -\frac{9}{2}$ のとき，共有点は 0 個である。

……………………………(答)

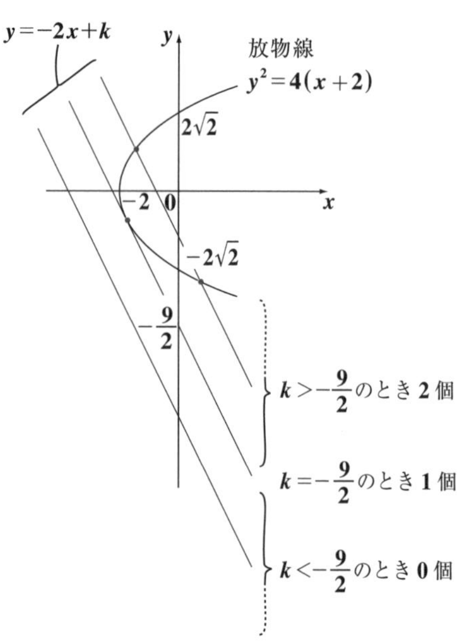

初めからトライ！問題 25	円の媒介変数表示	CHECK 1	CHECK 2	CHECK 3

次の円の方程式を媒介変数 θ $(0 \leqq \theta < 2\pi)$ を使って表示せよ。

(1) $x^2 + y^2 = 3$　　(2) $(x-1)^2 + y^2 = 4$　　(3) $(x+2)^2 + (y-3)^2 = 2$

ヒント！ 一般に，円 $x^2+y^2=r^2$ $(r>0)$ は媒介変数 θ を使って，$x = r\cos\theta$，$y = r\sin\theta$ と表せる。そして，これを元の円の方程式に代入すると，$r^2\cos^2\theta + r^2\sin^2\theta = r^2$ となるので，両辺を $r^2(>0)$ で割ると，三角関数の基本公式 $\cos^2\theta + \sin^2\theta = 1$ に帰着するんだね。平行移動項のある円の方程式についても，同様に，この基本公式が導けるように考えていけばいいんだね。頑張ろう！

解答＆解説

(1) $x^2 + y^2 = 3$ は，原点 0 を中心とする半径 $r = \sqrt{3}$ の円より，これを媒介変数 θ を使って表示すると，

$$\begin{cases} x = \sqrt{3}\cos\theta \\ y = \sqrt{3}\sin\theta \end{cases} \quad (0 \leqq \theta < 2\pi)$$ となる。……（答）

（0°）（360° のこと）

(2) $(x-1)^2 + y^2 = 4$ は，中心 $(1, 0)$，半径 $r = 2$ の円より，これを媒介変数 θ を使って表示すると，

$$\begin{cases} x = 2\cos\theta + 1 \\ y = 2\sin\theta \end{cases} \quad (0 \leqq \theta < 2\pi)$$ となる。……（答）

これを元の円の方程式 $(x-1)^2 + y^2 = 4$ に代入すると，
$(2\cos\theta + 1 - 1)^2 + (2\sin\theta)^2 = 4$，$4\cos^2\theta + 4\sin^2\theta = 4$，$\cos^2\theta + \sin^2\theta = 1$ の基本公式が導けるから，OK！なんだね。

(3) $(x+2)^2 + (y-3)^2 = 2$ は，中心 $(-2, 3)$，半径 $r = \sqrt{2}$ の円より，これを媒介変数 θ を使って表示すると，

$$\begin{cases} x = \sqrt{2}\cos\theta - 2 \\ y = \sqrt{2}\sin\theta + 3 \end{cases} \quad (0 \leqq \theta < 2\pi)$$ となる。……（答）

これを元の円の方程式 $(x+2)^2 + (y-3)^2 = 2$ に代入すると，
$(\sqrt{2}\cos\theta - 2 + 2)^2 + (\sqrt{2}\sin\theta + 3 - 3)^2 = 2$，　$2\cos^2\theta + 2\sin^2\theta = 2$，よって $\cos^2\theta + \sin^2\theta = 1$ が導けるから，これも OK！なんだね。

初めからトライ！問題 26	だ円の媒介変数表示	CHECK 1	CHECK 2	CHECK 3

次のだ円の方程式を媒介変数 θ $(0 \leqq \theta < 2\pi)$ を使って表示せよ。

(1) $\dfrac{x^2}{9}+\dfrac{y^2}{4}=1$　　　(2) $\dfrac{(x-2)^2}{4}+\dfrac{(y+3)^2}{2}=1$

ヒント！ 一般に，だ円 $\dfrac{x^2}{a^2}+\dfrac{y^2}{b^2}=1$ $(a>0,\ b>0)$ は，媒介変数 θ を用いて，$x=a\cos\theta$，$y=b\sin\theta$ と表せる。これを元のだ円の方程式に代入すると，$\dfrac{a^2\cos^2\theta}{a^2}+\dfrac{b^2\sin^2\theta}{b^2}=1$ となるので，三角関数の基本公式 $\cos^2\theta+\sin^2\theta=1$ に帰着するからだね。平行移動項のあるだ円の媒介変数表示においても，同様にこの基本公式に帰着するように考えていけばいいんだね。

解答＆解説

(1) だ円 $\dfrac{x^2}{3^2}+\dfrac{y^2}{2^2}=1$ を媒介変数 θ $(0 \leqq \theta < 2\pi)$ を使って表すと，

$$\begin{cases} x=3\cos\theta \\ y=2\sin\theta \end{cases} \quad (0 \leqq \theta < 2\pi)$$

となる。……………………………………(答)

(2) だ円 $\dfrac{(x-2)^2}{2^2}+\dfrac{(y+3)^2}{(\sqrt{2})^2}=1$ を媒介変数 θ $(0 \leqq \theta < 2\pi)$ を使って表すと，

$$\begin{cases} x=2\cos\theta+2 \\ y=\sqrt{2}\sin\theta-3 \end{cases} \quad (0 \leqq \theta < 2\pi)$$

となる。……………………………………(答)

これを元のだ円の方程式 $\dfrac{(x-2)^2}{2^2}+\dfrac{(y+3)^2}{(\sqrt{2})^2}=1$ に代入すると，

$\dfrac{(2\cos\theta+2-2)^2}{2^2}+\dfrac{(\sqrt{2}\sin\theta-3+3)^2}{(\sqrt{2})^2}=1$

$\dfrac{2^2\cos^2\theta}{2^2}+\dfrac{(\sqrt{2})^2\sin^2\theta}{(\sqrt{2})^2}=1$ より，基本公式 $\cos^2\theta+\sin^2\theta=1$ に帰着するので，これでいいんだね。納得いった？

初めからトライ！問題 27 だ円の媒介変数表示の応用 CHECK 1 CHECK 2 CHECK 3

$\dfrac{x^2}{4}+\dfrac{y^2}{2}=1\ (y \geqq 0)$ で表される上半だ円周上の点 $P(x,\ y)$ に対して，xy の最大値と最小値を求めよ。

ヒント！ $\dfrac{x^2}{4}+\dfrac{y^2}{2}=1$ を媒介変数表示すると，$x=2\cos\theta$，$y=\sqrt{2}\sin\theta$ となる。ここで，$y \geqq 0$ より，θ の取り得る値の範囲は $0 \leqq \theta \leqq \pi$ となるんだね。$Z=xy$ とでもおいて，Z の最大値，最小値を求めればいいんだね。

解答＆解説

上半だ円 $\dfrac{x^2}{2^2}+\dfrac{y^2}{(\sqrt{2})^2}=1\quad(y \geqq 0)$
周上の点を $P(x,\ y)$ とおくと，
これは媒介変数 θ を用いて，

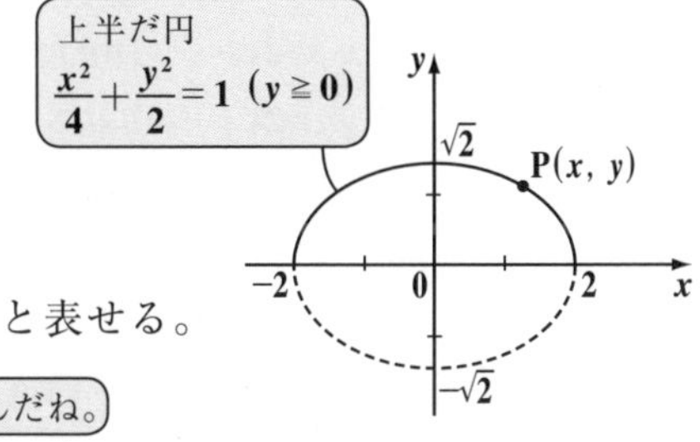

$\begin{cases} x=2\cos\theta & \cdots\cdots① \\ y=\sqrt{2}\sin\theta & \cdots\cdots② \end{cases}$ $(0 \leqq \theta \leqq \pi)$ と表せる。

（$y \geqq 0$ より，θ の範囲はこうなるんだね。）

ここで，$Z=xy$ ……③とおいて，Z の最大値と最小値を求める。

③に①，②を代入して，

$Z=2\cos\theta\cdot\sqrt{2}\sin\theta=\sqrt{2}\cdot 2\sin\theta\cdot\cos\theta$（$=\sin 2\theta$）

（2倍角の公式 $\sin 2\theta=2\sin\theta\cos\theta$）

$\therefore\ Z=\sqrt{2}\sin 2\theta$ ……④となる。

ここで，$0 \leqq \theta \leqq \pi$ より，$0 \leqq 2\theta \leqq 2\pi$　よって，$-1 \leqq \sin 2\theta \leqq 1$（最小値，最大値）

$\therefore$ (i) $2\theta=\dfrac{\pi}{2}$，つまり $\theta=\dfrac{\pi}{4}$ のとき，

④より最大値 $Z=\sqrt{2}\times 1=\sqrt{2}$ …………(答)

(ii) $2\theta=\dfrac{3}{2}\pi$，つまり $\theta=\dfrac{3}{4}\pi$ のとき，

④より最小値 $Z=\sqrt{2}\times(-1)=-\sqrt{2}$ …(答)

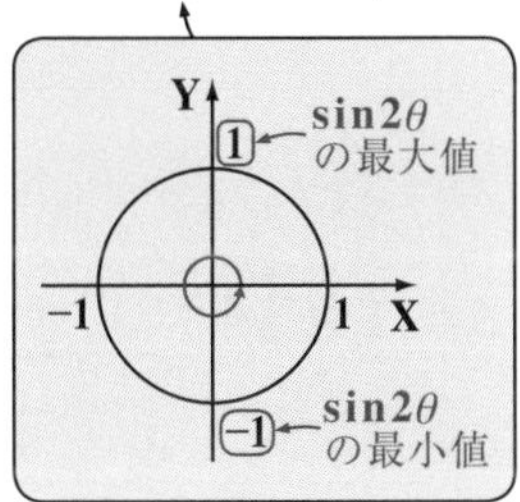

初めからトライ！問題 28	サイクロイド曲線	CHECK 1	CHECK 2	CHECK 3

サイクロイド曲線 $\begin{cases} x = 2(\theta - \sin\theta) \\ y = 2(1 - \cos\theta) \ (0 \leqq \theta \leqq 2\pi) \end{cases}$

上の点で，$y = 3$ となる 2 つの点の x 座標 x_1 と x_2 $(x_1 < x_2)$ を求めよ。

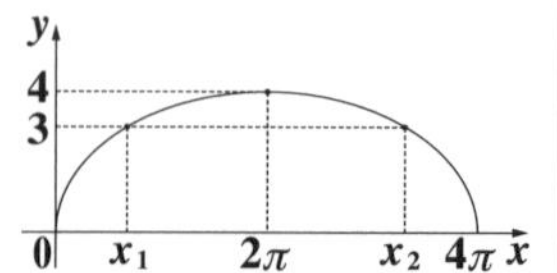

ヒント！ $y = 2(1-\cos\theta) = 3$ とおいて，媒介変数 θ の値を求め，それを $x = 2(\theta - \sin\theta)$ に代入すればいいんだね。図より，$y = 3$ となる点が 2 つ存在することは明らかだね。

解答＆解説

サイクロイド曲線 $\begin{cases} x = 2(\theta - \sin\theta) & \cdots\cdots① \\ y = 2(1 - \cos\theta) & \cdots\cdots② \end{cases}$ $(0 \leqq \theta \leqq 2\pi)$ とおく。

（この範囲の θ で，1 つのカマボコ型曲線になる）

$y = 3$ を②に代入すると，$2(1-\cos\theta) = 3$ より，

$1 - \cos\theta = \dfrac{3}{2}$　　$\cos\theta = 1 - \dfrac{3}{2} = -\dfrac{1}{2}$ ……③となる。

$0 \leqq \theta \leqq 2\pi$ より，③をみたす θ は，$\theta = \dfrac{2}{3}\pi$，$\theta = \dfrac{4}{3}\pi$ である。

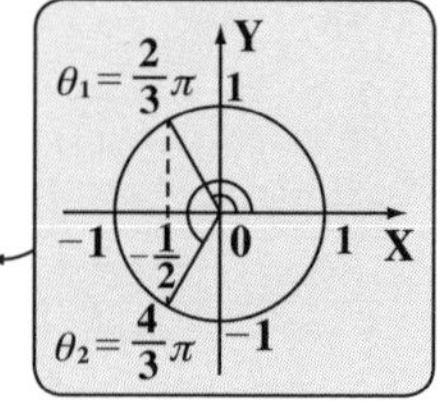

よって，これらの値を①に代入することにより，サイクロイド曲線上の点で y 座標が 3 となる 2 点の x 座標 x_1, x_2 $(x_1 < x_2)$ が求まる。

(i) $\theta = \dfrac{2}{3}\pi$ を①に代入して，

$$x_1 = 2\left(\frac{2}{3}\pi - \underbrace{\sin\frac{2}{3}\pi}_{\frac{\sqrt{3}}{2}}\right) = 2\left(\frac{2}{3}\pi - \frac{\sqrt{3}}{2}\right) = \frac{4}{3}\pi - \sqrt{3} \quad \cdots\cdots(\text{答})$$

(ii) $\theta = \dfrac{4}{3}\pi$ を①に代入して，

$$x_2 = 2\left(\frac{4}{3}\pi - \underbrace{\sin\frac{4}{3}\pi}_{\left(-\frac{\sqrt{3}}{2}\right)}\right) = 2\left(\frac{4}{3}\pi + \frac{\sqrt{3}}{2}\right) = \frac{8}{3}\pi + \sqrt{3} \quad \cdots\cdots(\text{答})$$

初めからトライ！問題 29　$(r, \theta) \to (x, y)$ への変換　CHECK 1　CHECK 2　CHECK 3

次の極座標で表された点を，xy 座標に変換せよ。

(1) $A\left(6,\ \frac{2}{3}\pi\right)$　(2) $B\left(3\sqrt{2},\ \frac{5}{4}\pi\right)$　(3) $C\left(4,\ -\frac{\pi}{6}\right)$

ヒント！ 極座標 $(r, \theta) \to xy$ 座標 (x, y) への変換公式は，$x = r\cos\theta$ と $y = r\sin\theta$ だね。

解答＆解説

(1) 点 A の極座標 $A\left(\underset{r}{6},\ \underset{\theta}{\frac{2}{3}\pi}\right)$ より，点 A の xy 座標を

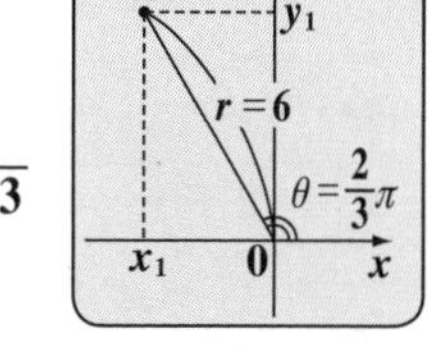

$A(x_1,\ y_1)$ とおくと，変換公式より，

$x_1 = 6\cdot\cos\frac{2}{3}\pi = 6\cdot\left(-\frac{1}{2}\right) = -3$，$y_1 = 6\cdot\sin\frac{2}{3}\pi = 6\cdot\frac{\sqrt{3}}{2} = 3\sqrt{3}$

$[x_1 = r\cos\theta\ ]$　$[y_1 = r\sin\theta\ ]$

∴点 A の xy 座標は，$A(-3,\ 3\sqrt{3})$ である。 ……………………………(答)

(2) 点 B の極座標 $B\left(\underset{r}{3\sqrt{2}},\ \underset{\theta}{\frac{5}{4}\pi}\right)$ より，点 B の xy 座標を

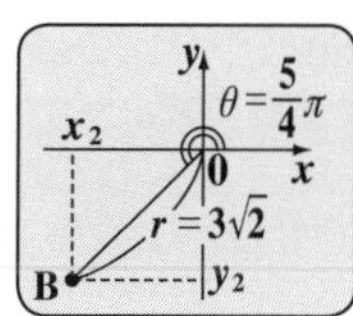

$B(x_2,\ y_2)$ とおくと，変換公式より，

$x_2 = 3\sqrt{2}\cdot\cos\frac{5}{4}\pi = 3\sqrt{2}\cdot\left(-\frac{1}{\sqrt{2}}\right) = -3$，$y_2 = 3\sqrt{2}\cdot\sin\frac{5}{4}\pi = 3\sqrt{2}\cdot\left(-\frac{1}{\sqrt{2}}\right) = -3$

$[x_2 = \ r\cos\theta\ ]$　$[y_2 = \ r\sin\theta\ ]$

∴点 B の xy 座標は，$B(-3,\ -3)$ である。 ……………………………(答)

(3) 点 C の極座標 $C\left(\underset{r}{4},\ \underset{\theta}{-\frac{\pi}{6}}\right)$ より，点 C の xy 座標を

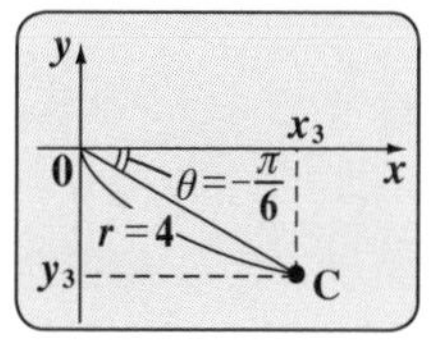

$C(x_3,\ y_3)$ とおくと，変換公式より，

$x_3 = 4\cdot\cos\left(-\frac{\pi}{6}\right) = 4\cdot\frac{\sqrt{3}}{2} = 2\sqrt{3}$，$y_3 = 4\cdot\sin\left(-\frac{\pi}{6}\right) = 4\cdot\left(-\frac{1}{2}\right) = -2$

$[x_3 = r\cos\theta\ ]$　$[y_3 = r\sin\theta\ ]$

∴点 C の xy 座標は，$C(2\sqrt{3},\ -2)$ である。 ……………………………(答)

初めからトライ！問題 30 $(x, y) \to (r, \theta)$ への変換　CHECK 1　CHECK 2　CHECK 3

次の xy 座標で表された点を，極座標に変換せよ。ただし，$r>0$，$0 \leqq \theta < 2\pi$ とする。

(1) $\mathrm{A}(0, -4)$　　(2) $\mathrm{B}(-2\sqrt{3}, 2)$　　(3) $\mathrm{C}(-2, -2)$

ヒント！ $(x, y) \to (r, \theta)$ への変換公式は，$r=\sqrt{x^2+y^2}$，$\tan\theta=\dfrac{y}{x}$ だけれど，θ は図形的にスグ分かるはずだ。

解答＆解説

(1) 点 A の xy 座標 $\mathrm{A}(0, -4)$ より，点 A の極座標を $\mathrm{A}(r_1, \theta_1)$ とおくと，変換公式より，

$r_1=\sqrt{0^2+(-4)^2}=\sqrt{16}=4$，　$\theta_1=\dfrac{3}{2}\pi$ ← $x=0$ なので，tan は定義できないけれど θ_1 は図からスグに分かるね。

∴点 A の極座標は，

$\mathrm{A}\left(4, \dfrac{3}{2}\pi\right)$ である。……………………(答)

(2) 点 B の xy 座標 $\mathrm{B}(-2\sqrt{3}, 2)$ より，点 B の極座標を $\mathrm{B}(r_2, \theta_2)$ とおくと，変換公式より，

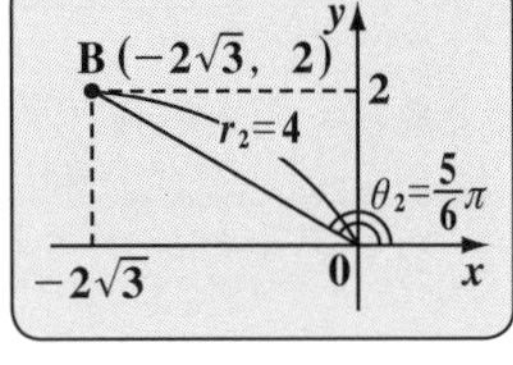

$r_2=\sqrt{(-2\sqrt{3})^2+2^2}=\sqrt{12+4}=\sqrt{16}=4$

$\tan\theta_2=\dfrac{2}{-2\sqrt{3}}=-\dfrac{1}{\sqrt{3}}$ より，$\theta_2=\dfrac{5}{6}\pi$ ← 第 2 象限の角

∴点 B の極座標は，$\mathrm{B}\left(4, \dfrac{5}{6}\pi\right)$ である。……………………(答)

(3) 点 C の xy 座標 $\mathrm{C}(-2, -2)$ より，点 C の極座標を $\mathrm{C}(r_3, \theta_3)$ とおくと，変換公式より，

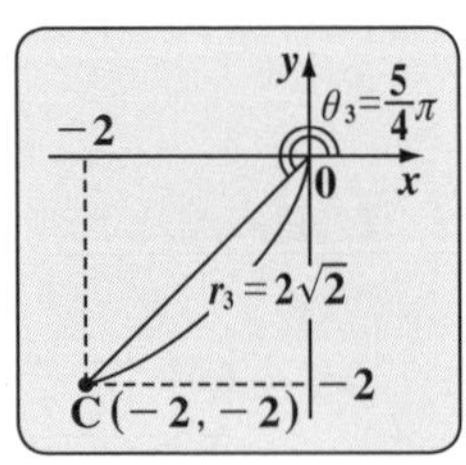

$r_3=\sqrt{(-2)^2+(-2)^2}=\sqrt{4+4}=\sqrt{8}=2\sqrt{2}$

$\tan\theta_3=\dfrac{-2}{-2}=1$ より，$\theta_3=\dfrac{5}{4}\pi$ ← 第 3 象限の角

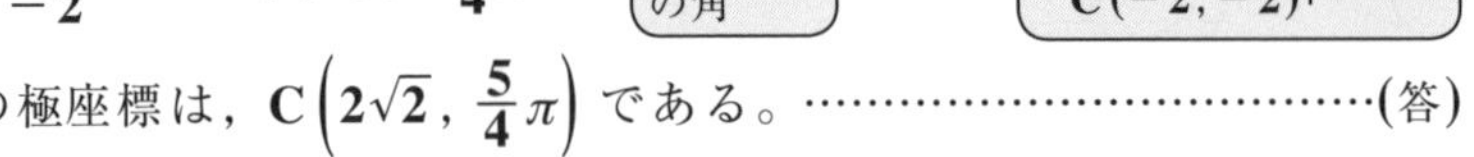
∴点 C の極座標は，$\mathrm{C}\left(2\sqrt{2}, \dfrac{5}{4}\pi\right)$ である。……………………(答)

初めからトライ！問題 31　x と y の方程式→極方程式　CHECK 1　CHECK 2　CHECK 3

次の x と y の方程式を極方程式で表せ。

(1) $(x-2)^2+y^2=4$　　(2) $x+\sqrt{3}y=2$

ヒント！ x と y の方程式から，極方程式に書き変えるための変換公式は，$x=r\cos\theta$，$y=r\sin\theta$，$r^2=x^2+y^2$，$\tan\theta=\dfrac{y}{x}$ なんだね。これらから必要なものを使っていこう！

解答＆解説

(1) $(x-2)^2+y^2=4$ ……①を極方程式で表す。①を変形して，

$x^2-4x+\cancel{4}+y^2=\cancel{4}$　　$\underbrace{x^2+y^2}_{r^2}=4\underbrace{x}_{r\cos\theta}$

ここで，$x^2+y^2=r^2$，$x=r\cos\theta$ を代入して，$r^2=4r\cos\theta$

（rとθで表された極方程式の形になった！）

$r\neq0$ として，両辺を r で割ると

極方程式 $r=4\cos\theta\left(-\dfrac{\pi}{2}\leqq\theta<\dfrac{\pi}{2}\right)$ となる。…………………………(答)

(2) $\underbrace{x}_{r\cos\theta}+\sqrt{3}\underbrace{y}_{r\sin\theta}=2$ ……②を極方程式で表す。

②に $x=r\cos\theta$，$y=r\sin\theta$ を代入して，$r\cos\theta+\sqrt{3}r\sin\theta=2$

$r(\sqrt{3}\sin\theta+1\cdot\cos\theta)=2$　　$r\cdot\cancel{2}\sin\left(\theta+\dfrac{\pi}{6}\right)=\cancel{2}^{1}$

これを，三角関数の合成を使って簡単にしておこう。

$$\sqrt{3}\cdot\sin\theta+1\cdot\cos\theta=2\left(\underbrace{\frac{\sqrt{3}}{2}}_{\cos\frac{\pi}{6}}\sin\theta+\underbrace{\frac{1}{2}}_{\sin\frac{\pi}{6}}\cos\theta\right)$$

（これをくくり出す！）

（これを，くくり出す！　斜辺 2，辺 $\sqrt{3}$，1，角 $\dfrac{\pi}{6}$ の直角三角形）

$$=2\left(\sin\theta\cdot\cos\frac{\pi}{6}+\cos\theta\cdot\sin\frac{\pi}{6}\right)$$

$$=2\sin\left(\theta+\frac{\pi}{6}\right)$$ と変形できる。

（$\sin\alpha\cos\beta+\cos\alpha\sin\beta=\sin(\alpha+\beta)$）

以上より，極方程式 $r\sin\left(\theta+\dfrac{\pi}{6}\right)=1\left(-\dfrac{\pi}{6}<\theta<\dfrac{5}{6}\pi\right)$ となる。……(答)

初めからトライ！問題 32	極方程式→xとyの方程式	CHECK 1	CHECK 2	CHECK 3

次の極方程式を x と y の方程式で表せ。

(1) $r=2\cos\theta+2\sin\theta$　　(2) $r=\dfrac{6}{2-\cos\theta}$

(3) $r=\dfrac{3}{1+2\cos\theta}$　$\left(\text{ただし，}\cos\theta\neq-\dfrac{1}{2}\right)$

ヒント！ 極方程式から，x と y の方程式に変換するときも，$r\cos\theta=x$，$r\sin\theta=y$，$r^2=x^2+y^2$，$\tan\theta=\dfrac{y}{x}$ を必要に応じて使っていけばいいんだね。頑張ろう！

解答＆解説

(1) $r=2\cos\theta+2\sin\theta$ ……①を x と y の方程式で表す。

①の両辺に r をかけると，$r^2=x^2+y^2$，$r\cos\theta=x$，$r\sin\theta=y$ の公式が使える！

①の両辺に r をかけて，　$r^2=r(2\cos\theta+2\sin\theta)$

$\underbrace{r^2}_{x^2+y^2}=2\underbrace{r\cos\theta}_{x}+2\underbrace{r\sin\theta}_{y}$ ……①′

ここで，変換公式 $r^2=x^2+y^2$，$r\cos\theta=x$，

$r\sin\theta=y$ を①′に代入して，

$x^2+y^2=2x+2y$ より，

$(x^2-2x+1)+(y^2-2y+1)=1+1$

2で割って2乗　2で割って2乗

$\therefore\ (x-1)^2+(y-1)^2=2$ となる。……(答)

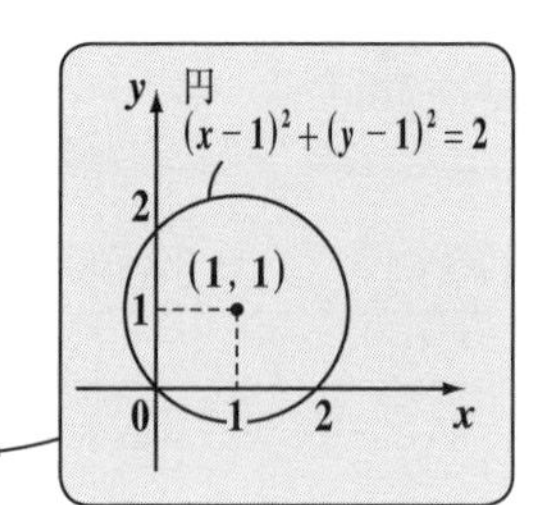

(2) $r=\dfrac{6}{2-\cos\theta}$ ……②を x と y の方程式で表す。

②の両辺に $2-\cos\theta$ をかけて，　$r(2-\cos\theta)=6$

$2r-\underbrace{r\cos\theta}_{x}=6$　　ここで，$r\cos\theta=x$ を代入すると，

$2r=x+6$　　この両辺を 2 乗して，

$4\underbrace{r^2}_{x^2+y^2}=\underbrace{(x+6)^2}_{x^2+12x+36}$　　ここで，$r^2=x^2+y^2$ を代入してまとめると，

$4(x^2+y^2)=x^2+12x+36$　　$3x^2-12x+4y^2=36$

$3(x^2-4x+4)+4y^2=36+12$

(2で割って2乗)

$3(x-2)^2+4y^2=48$

両辺を 48 で割って，

$\dfrac{(x-2)^2}{16}+\dfrac{y^2}{12}=1$ となる。……(答)

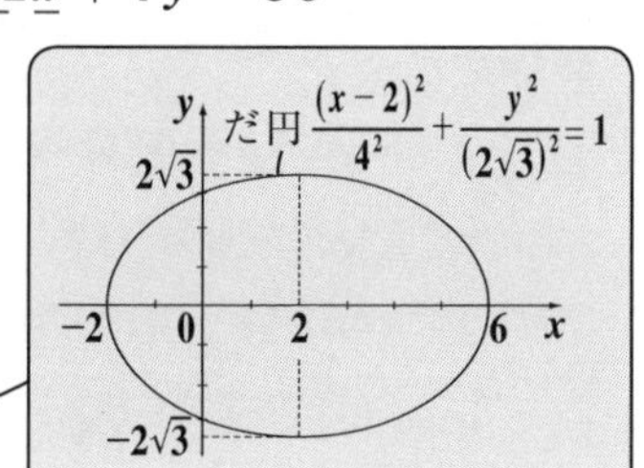

(3) $r=\dfrac{3}{1+2\cos\theta}$ ……③を x と y の方程式で表す。

③の両辺に $1+2\cos\theta$ をかけて，　$r(1+2\cos\theta)=3$

$r+2r\cos\theta=3$　　ここで，$r\cos\theta=x$ を代入すると，

$r=-2x+3$　　この両辺を 2 乗して，

$r^2=(-2x+3)^2$　　ここで，$r^2=x^2+y^2$ を代入してまとめると，

($r^2 = x^2+y^2$，$(-2x+3)^2 = 4x^2-12x+9$)

$x^2+y^2=4x^2-12x+9$　　$3x^2-12x-y^2=-9$

$3(x^2-4x+4)-y^2=-9+12$

(2で割って2乗)

$3(x-2)^2-y^2=3$

両辺を 3 で割って，

$(x-2)^2-\dfrac{y^2}{3}=1$ となる。 ……(答)

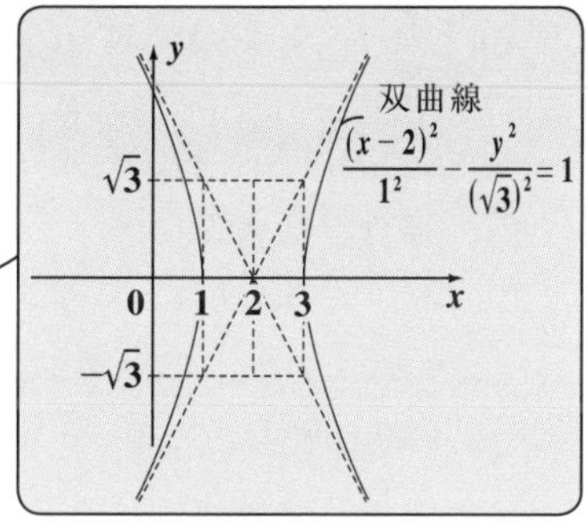

第2章 ● 式と曲線の公式を復習しよう！

1. 放物線の公式

(ⅰ) $x^2=4py\ (p\neq 0)$ の場合，(ア) 焦点 $F(0,\ p)$ (イ) 準線：$y=-p$

(ウ) $QF=QH$ (Q：曲線上の点，QH：Q と準線との距離)

(ⅱ) $y^2=4px\ (p\neq 0)$ の場合，(ア) 焦点 $F(p,\ 0)$ (イ) 準線：$x=-p$

(ウ) $QF=QH$ (Q：曲線上の点，QH：Q と準線との距離)

2. だ円：$\dfrac{x^2}{a^2}+\dfrac{y^2}{b^2}=1$ の公式 $(a>0,\ b>0)$

(ⅰ) $a>b$ の場合，(ア) 焦点 $F_1(c,\ 0)$，$F_2(-c,\ 0)$ $(c=\sqrt{a^2-b^2})$

(イ) $PF_1+PF_2=2a$ (P：曲線上の点)

(ⅱ) $b>a$ の場合，(ア) 焦点 $F_1(0,\ c)$，$F_2(0,\ -c)$ $(c=\sqrt{b^2-a^2})$

(イ) $PF_1+PF_2=2b$ (P：曲線上の点)

3. 双曲線の公式

(ⅰ) $\dfrac{x^2}{a^2}-\dfrac{y^2}{b^2}=1$ の場合，(ア) 焦点 $F_1(c,\ 0)$，$F_2(-c,\ 0)$ $(c=\sqrt{a^2+b^2})$

(イ) 漸近線：$y=\pm\dfrac{b}{a}x$ (ウ) $|PF_1-PF_2|=2a$ (P：曲線上の点)

(ⅱ) $\dfrac{x^2}{a^2}-\dfrac{y^2}{b^2}=-1$ の場合，(ア) 焦点 $F_1(0,\ c)$，$F_2(0,\ -c)$ $(c=\sqrt{a^2+b^2})$

(イ) 漸近線：$y=\pm\dfrac{b}{a}x$ (ウ) $|PF_1-PF_2|=2b$ (P：曲線上の点)

4. 円の媒介変数表示

円：$x^2+y^2=r^2$ (r：半径) を媒介変数 θ を使って表すと，

$$\begin{cases} x=r\cos\theta \\ y=r\sin\theta \end{cases}$$
となる。

5. だ円の媒介変数表示

だ円 $\dfrac{x^2}{a^2}+\dfrac{y^2}{b^2}=1$ $(a>0,\ b>0)$ を媒介変数 θ を使って表すと，

$$\begin{cases} x=a\cos\theta \\ y=b\sin\theta \end{cases}$$
となる。

6. xy 座標と極座標の変換公式

(1) $\begin{cases} x=r\cos\theta \\ y=r\sin\theta \end{cases}$　(2) $\begin{cases} r^2=x^2+y^2 \\ \tan\theta=\dfrac{y}{x} \quad (x\neq 0) \end{cases}$

第３章
CHAPTER

3 関数

▶ 分数関数と無理関数の基本

▶ 逆関数，合成関数

1. まず分数関数と無理関数の基本形をマスターしよう。

(1) 分数関数は，k の正・負により **2** 通りある。

分数関数 $y=\dfrac{k}{x}$　($x \fallingdotseq 0$，k：0 でない定数) のグラフ

(ⅰ) $k>0$ のとき　　　(ⅱ) $k<0$ のとき

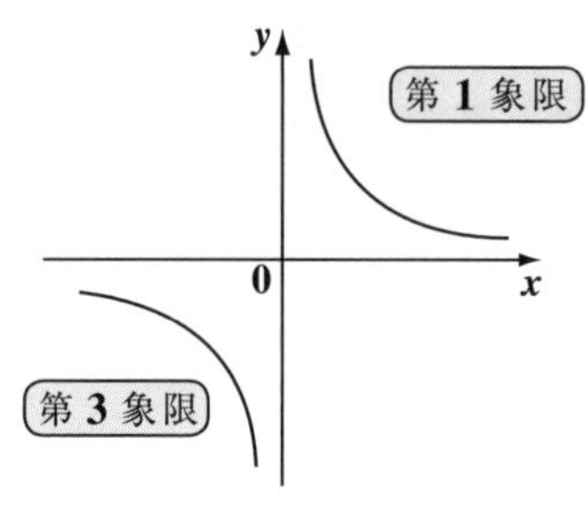

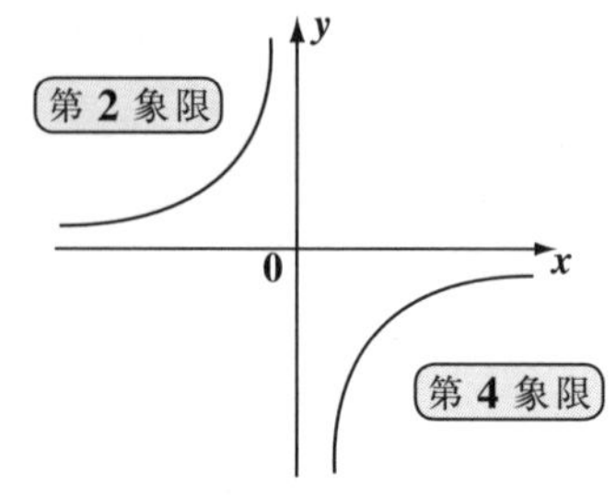

(2) 無理関数も，a の正・負により **2** 通りある。

無理関数 $y=\sqrt{ax}$　(a：0 でない定数) のグラフ

(ⅰ) $a>0$ のとき

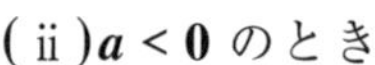
(ⅱ) $a<0$ のとき

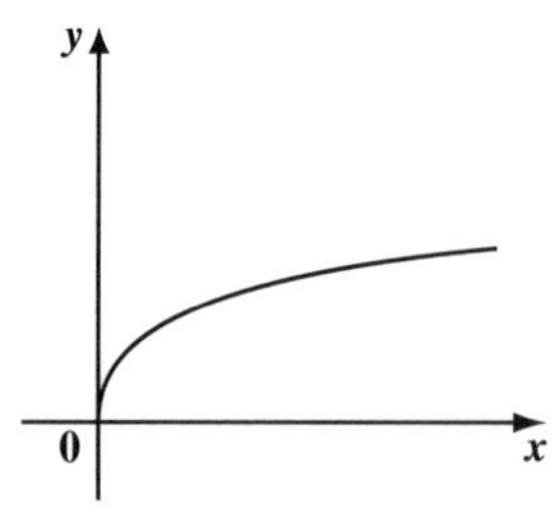

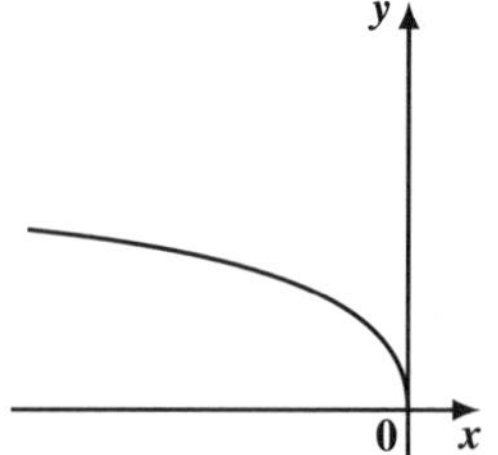

2. 関数の移動も押さえよう。

(1) $y=f(x)$ を $(p,\ q)$ だけ**平行移動**すると，$y-q=f(x-p)$ となる。

(x 軸方向に p，y 軸方向に q という意味)

これを模式図で示すと，次のようになるんだね。

$$y=f(x) \xrightarrow[\text{平行移動}]{(p,\ q)\text{ だけ}} y-q=f(x-p)$$

$$\begin{cases} x \longrightarrow x-p \\ y \longrightarrow y-q \end{cases} \quad \therefore\ y=f(x-p)+q \text{ となる。}$$

(2) 関数 $y=f(x)$ の**対称移動**の仕方も頭に入れよう。一般に関数 $y=f(x)$ を

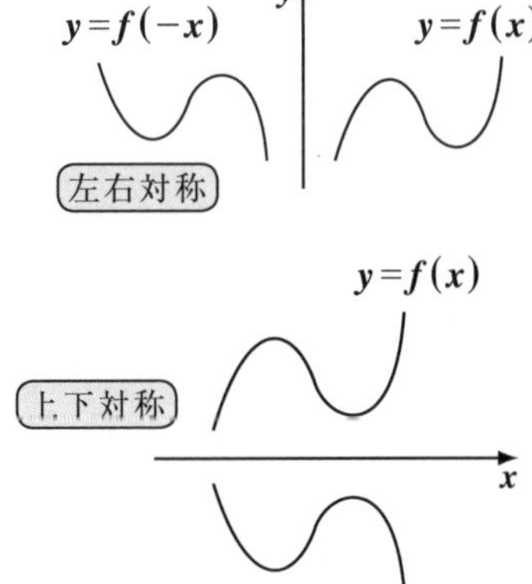

(ⅰ) y 軸に関して対称移動したかったら，x の代わりに $-x$ を代入して，$y=f(-x)$ とすればいい。

(ⅱ) x 軸に関して対称移動したかったら，y の代わりに $-y$ を代入して，$-y=f(x)$ とすればいい。

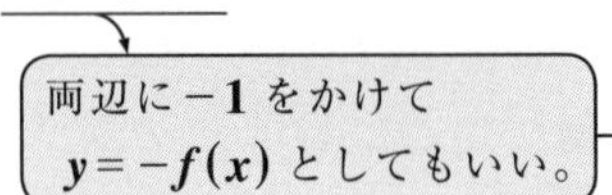

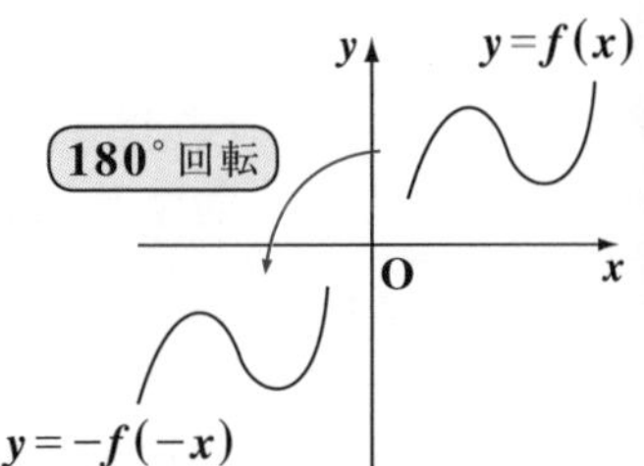

(ⅲ) 原点に関して対称移動したかったら，x の代わりに $-x$ を，y の代わりに $-y$ を代入して，$-y=f(-x)$ とすればいい。

両辺に -1 をかけて $y=-f(-x)$ としてもいい。

y　$y=f(x)$
$180°$ 回転
O　x
$y=-f(-x)$

原点 O に関する対称移動とは，元の $y=f(x)$ を原点 O のまわりに，クルリと $180°$ 回転することだよ。

(ex) 分数関数 $y=\frac{2}{x}$ を $(-2,\ 3)$ だけ平行移動させるためには，x の代わりに $x-(-2)=x+2$ を，また，y の代わりに $y-3$ を代入すればいいので，　$y-3=\frac{2}{x+2}$　より，　$y=\frac{2}{x+2}+3$　となるんだね。

(ex) 無理関数 $y=\sqrt{2x}$ を，

(ⅰ) y 軸に関して対称移動させるためには，x の代わりに $-x$ を代入すればいいので，$y=\sqrt{2(-x)}=\sqrt{-2x}$ となる。また，

(ⅱ) x 軸に関して対称移動させるためには，y の代わりに $-y$ を代入すればいいので，$-y=\sqrt{2x}$　この両辺に -1 をかけて，$y=-\sqrt{2x}$ となるんだね。要領を覚えた？

3. 偶関数と奇関数もマスターしよう。

関数 $y=f(x)$ が

(i) $f(-x)=f(x)$ をみたすとき，$y=f(x)$ を**偶関数**と呼び，

そのグラフは，y 軸に関して対称なグラフになる。

(ii) $f(-x)=-f(x)$ をみたすとき，$y=f(x)$ を**奇関数**と呼び，

そのグラフは，原点に関して対称なグラフになる。

(ex) $f(x)=x^4+3x^2$ は，$f(-x)=\underbrace{(-x)^4}_{x^4}+3\cdot\underbrace{(-x)^2}_{x^2}=x^4+3x^2=f(x)$ と

なるので，これは偶関数であり，y 軸に関して対称なグラフになる。

(ex) $g(x)=4x^3-2x$ は，$g(-x)=4\cdot\underbrace{(-x)^3}_{-x^3}-2\cdot(-x)=-4x^3+2x$

$=-(4x^3-2x)=-g(x)$ となるので，これは奇関数であり，原点に関して対称なグラフになる。

(ex) $h(x)=\sin x\cdot\cos x$ は，$h(-x)=\underbrace{\sin(-x)}_{-\sin x}\cdot\underbrace{\cos(-x)}_{\cos x}=-\sin x\cdot\cos x$

$=-h(x)$ となるので，これは奇関数であり，原点に関して対称なグラフになることが分かるんだね。

4. 関数 $f(x)$ の逆関数も求めよう。

$y=f(x)$ が **1 対 1 対応**の関数のとき，

$y=f(x)$ ←逆関数→ $x=f(y)$ ← (i) x と y を入れ替える

$y=f^{-1}(x)$ ← (ii) これを $y=(x$ の式$)$ の形に書き変える。

これが，$y=f(x)$ の逆関数だ！

(1対1対応の関数とは，1つの y の値に対して，1つの x の値が対応する関数のことだ。)

(ex) $y=f(x)=\sqrt{2x}$ $(x\geqq 0,\ y\geqq 0)$ は，1つの y の値 y_1 に対して，1つの x の値 x_1 が対応するので，1対1対応の関数だね。よって，この逆関数を求めてみよう。

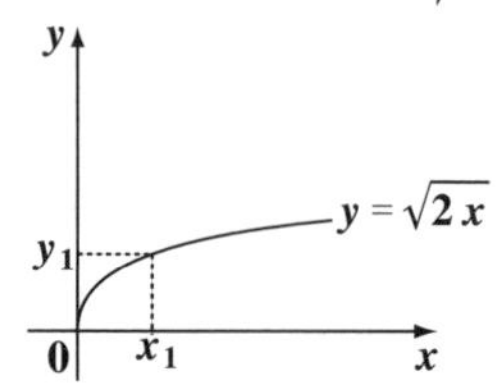

まず，x と y を入れ替えて，

$x=\sqrt{2y}$　$(x \geqq 0,\ y \geqq 0)$

この両辺を 2 乗して，$y=$(x の式)の形にまとめると，

$x^2=2y$　　$y=\dfrac{1}{2}x^2$　$(x \geqq 0,\ y \geqq 0)$

よって，$y=f(x)=\sqrt{2x}$ の逆関数 $y=f^{-1}(x)$ は，

"エフインバースエックス" と読む

$y=f^{-1}(x)=\dfrac{1}{2}x^2$　$(x \geqq 0)$ となる。

右上図に示すように，$y=f(x)=\sqrt{2x}$ と，$y=f^{-1}(x)=\dfrac{1}{2}x^2$　$(x \geqq 0)$ は，直線 $y=x$ に関して線対称なグラフになる。

5. 合成関数(ごうせいかんすう)では，関数の作用する順序に気を付けよう。

2 つの関数 $y=f(x)$ と $y=g(x)$ について，次の異なる合成関数が定義できる。

経由地の t は一般には現れない

(ⅰ) $g \circ f(x)=g(f(x))$　　$\left[\ x \xrightarrow{f} t \xrightarrow{g} y\ \right]$ ($g \circ f(x)$)

(ⅱ) $f \circ g(x)=f(g(x))$　　$\left[\ x \xrightarrow{g} t \xrightarrow{f} y\ \right]$ ($f \circ g(x)$)

(ex) $f(x)=\sin x$，$g(x)=2x+1$ のとき，

(ⅰ) $g \circ f(x)=g(f(x))=g(\sin x)=2\sin x+1$ となり，

g が後　f が先に x に作用する

(ⅱ) $f \circ g(x)=f(g(x))=f(2x+1)=\sin(2x+1)$ となるんだね。

f が後　g が先に x に作用する

この違いを正確に理解しよう。

初めからトライ！問題 33	分数関数	CHECK 1	CHECK 2	CHECK 3

分数関数 $y=f(x)=\dfrac{2x-3}{x-1}$ について，次の問いに答えよ。

(1) 分数関数 $y=f(x)$ は，$y=\dfrac{k}{x}$ を x 軸方向に p，y 軸方向に q だけ平行移動したものである。このとき，k，p，q の値を求めよ。

(2) 分数関数 $y=f(x)$ のグラフの概形を描け。

ヒント！ (1) $y=\dfrac{k}{x}$ を $(p,\ q)$ だけ平行移動したものは，$y=\dfrac{k}{x-p}+q$ となるので，$y=f(x)$ をこの形に変形すればいいんだね。(2) は，(1) の結果を使ってグラフを描こう！

解答＆解説

(1) $y=f(x)=\dfrac{2x-3}{x-1}=\dfrac{2(x-1)-1}{x-1}=2-\dfrac{1}{x-1}=\dfrac{-1}{x-1}+2$

よって，$y=\dfrac{\overset{k}{\boxed{-1}}}{x}$ $\xrightarrow[\text{平行移動}]{(1,\ 2)}$ $y-2=\dfrac{-1}{x-1}$，すなわち $y=\dfrac{-1}{x-\underset{p}{\boxed{1}}}+\underset{q}{\boxed{2}}$ より，

$k=-1$，$p=1$，$q=2$ である。……………………………………(答)

(2) $y=f(x)$ は，$y=\dfrac{-1}{x}$ を (1, 2) だけ平行移動した曲線なので，このグラフの概形は右図のようになる。

（第 2 象限と第 4 象限に現れる曲線）

………(答)

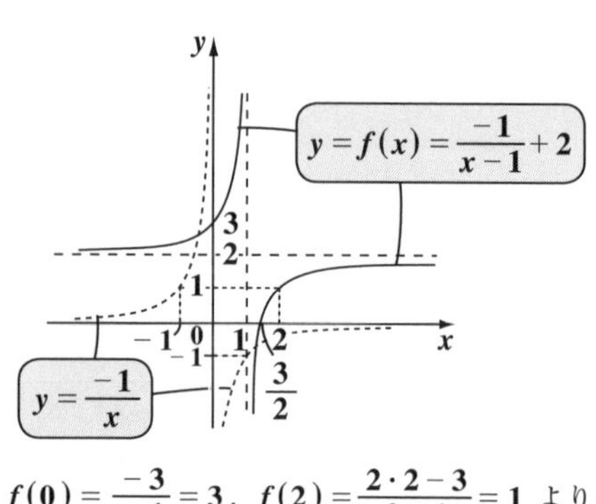

$\left(\begin{array}{l} f(0)=\dfrac{-3}{-1}=3,\ f(2)=\dfrac{2\cdot2-3}{2-1}=1 \text{ より，} \\ y=f(x) \text{ は，点}(0,\ 3)\text{ と }(2,\ 1)\text{ を通る。} \end{array}\right)$

初めからトライ！問題 34　無理関数　CHECK 1　CHECK 2　CHECK 3

無理関数 $y=g(x)=\sqrt{4-2x}+1$ について，次の問いに答えよ。

(1) 無理関数 $y=g(x)$ は，$y=\sqrt{ax}$ を x 軸方向に p，y 軸方向に q だけ平行移動したものである。このとき，a，p，q の値を求めよ。

(2) 無理関数 $y=g(x)$ のグラフの概形を描け。

ヒント！ (1) $y=\sqrt{ax}$ を，$(p,\ q)$ だけ平行移動したものは，$y=\sqrt{a(x-p)}+q$ となるので，$y=g(x)$ をこの形に変形すればいいんだね。(2) は，(1) の結果から $y=g(x)$ のグラフが描ける。

解答＆解説

(1) $y=g(x)=\sqrt{4-2x}+1=\sqrt{-2(x-2)}+1$

よって，$y=\sqrt{\underset{a}{\boxed{-2}}\,x}$ $\xrightarrow[\text{平行移動}]{(2,\ 1)}$ $\underset{q}{}y-\boxed{1}=\sqrt{-2(x-\underset{p}{\boxed{2}})}$，すなわち

$\begin{cases} x\to x-2 \\ y\to y-2 \end{cases}$

$y=\sqrt{4-2x}+1$ より，

$a=-2$，$p=2$，$q=1$ である。 ……………………………………………(答)

(2) $y=g(x)$ は，$y=\sqrt{-2x}$ を，（第 2 象限に現れる曲線）$(2,\ 1)$ だけ平行移動した曲線なので，このグラフの概形は右図のようになる。 ………(答)

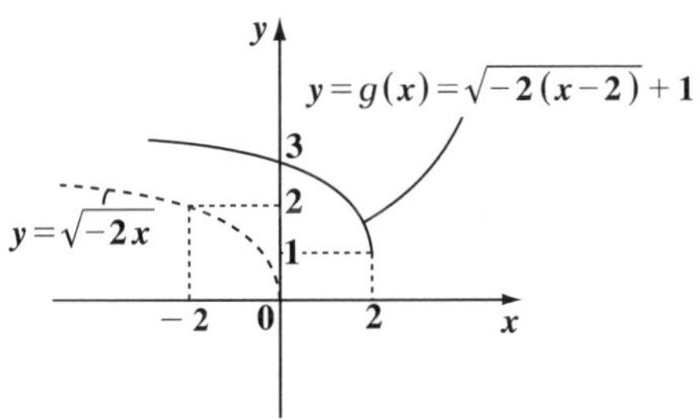

$\left(\begin{array}{l} g(0)=\sqrt{4-2\cdot 0}+1=\sqrt{4}+1=2+1=3 \\ \text{より，} y=g(x) \text{ は点} (0,\ 3) \text{ を通る。} \end{array}\right)$

初めからトライ！問題 35	偶関数・奇関数	CHECK 1	CHECK 2	CHECK 3

次の関数が，偶関数か奇関数か，またはそのいずれでもないか調べよ。

(1) $y = 3x^3 - 2x$　　(2) $y = \dfrac{x^2}{1+x^4}$

(3) $y = \dfrac{x}{1+x+x^2}$　　(4) $y = \cos 2x + x$

(5) $y = 2x \cdot \sin x$　　(6) $y = \dfrac{\tan x}{1+x^2}$

ヒント！ 各関数を，たとえば $f(x)$ とおいたときに，(i) $f(-x) = f(x)$ をみたせば偶関数だし，(ii) $f(-x) = -f(x)$ となれば，奇関数なんだね。(i)，(ii) のいずれでもなければ，偶関数でも奇関数でもないと言える。頑張ろう！

解答＆解説

(1) $y = f(x) = 3x^3 - 2x$ とおいて，x に $-x$ を代入すると，

$$f(-x) = 3\cdot\underbrace{(-x)^3}_{(-x^3)} \underbrace{-2\cdot(-x)}_{+2x} = -3x^3 + 2x = -(3x^3 - 2x) = -f(x)$$

となる。よって，$f(-x) = -f(x)$ をみたすので，

$f(x) = 3x^3 - 2x$ は奇関数である。 ……………………(答)

$y = f(x)$ は，原点対称なグラフになる。

(2) $y = g(x) = \dfrac{x^2}{1+x^4}$ とおいて，x に $-x$ を代入すると，

$$g(-x) = \frac{(-x)^2}{1+(-x)^4} = \frac{x^2}{1+x^4} = g(x) \quad \text{となる。}$$

（$(-x)^2 = x^2$，$(-x)^4 = x^4$）

$y = g(x)$ は，y 軸対称なグラフになる。

よって，$g(-x) = g(x)$ をみたすので，$g(x)$ は偶関数である。…………(答)

(3) $y = h(x) = \dfrac{x}{1+x+x^2}$ とおいて，x に $-x$ を代入すると，

$$h(-x) = \frac{-x}{1+(-x)+(-x)^2} = -\frac{x}{1-x+x^2} \quad \text{となって，}$$

（$(-x)^2 = x^2$）

これは，$h(x)$ ではない。

$h(-x)=h(x)$ にも，$h(-x)=-h(x)$ にもならない。

よって，$h(x)$ は偶関数でも奇関数でもない。 ……………………(答)

公式：$\cos(-\theta)=\cos\theta$ を使った！

(4) $y=f(x)=\cos 2x+x$ とおいて，x に $-x$ を代入すると，

$f(-x)=\cos\{2\cdot(-x)\}+(-x)=\cos 2x-x$ となって，

$\cos(-2x)=\cos 2x$　$-x$　これは，$f(x)$ でも $-f(x)$ でもない。

$f(-x)=f(x)$ にも $f(-x)=-f(x)$ にもならない。

よって，$f(x)$ は偶関数でも奇関数でもない。 ……………………(答)

$f(x)=\cos 2x+x=$(偶関数)+(奇関数) は，偶関数でも奇関数でもない！
（$\cos 2x$：偶関数，x：奇関数）

(5) $y=g(x)=2x\cdot\sin x$ とおいて，x に $-x$ を代入すると，

$g(-x)=2\cdot(-x)\cdot\sin(-x)=-2x\cdot(-\sin x)=2x\cdot\sin x=g(x)$ となる。

$2\cdot(-x)=-2x$　$\sin(-x)=(-\sin x)$ ← 公式：$\sin(-\theta)=-\sin\theta$ を使った！

よって，$g(-x)=g(x)$ をみたすので，$g(x)$ は偶関数である。 ………(答)

$g(x)=2x\cdot\sin x=$(奇関数)×(奇関数) は，偶関数になる。
（$2x$：奇関数，$\sin x$：奇関数）

(6) $y=h(x)=\dfrac{\tan x}{1+x^2}$ とおいて，x に $-x$ を代入すると，

公式：$\tan(-\theta)=-\tan\theta$ を使った。

$$h(-x)=\frac{\tan(-x)}{1+(-x)^2}=-\frac{\tan x}{1+x^2}=-h(x)\text{ となる。}$$

（$\tan(-x)=-\tan x$，$(-x)^2=x^2$）

よって，$h(-x)=-h(x)$ をみたすので，$h(x)$ は奇関数である。 ……(答)

$h(x)=\dfrac{\tan x}{1+x^2}=\dfrac{(\text{奇関数})}{(\text{偶関数})}$ は，奇関数になるんだね。

初めからトライ！問題 36	分数関数と直線の交点	CHECK 1	CHECK 2	CHECK 3

分数関数 $y=\dfrac{2x-4}{x-1}$ ……① と，直線 $y=-x+2$ ……② との交点の座標を求めよ。

ヒント！ ①，②から y を消去して，x の 2 次方程式を作り，これを解けば①と②の交点の x 座標が求まるんだね。

解答＆解説

$y=\dfrac{2x-4}{x-1}$ ……①と，$y=-x+2$ ……②より y を消去すると，

$\dfrac{2x-4}{x-1}=-x+2$ 　　$2x-4=(x-1)(-x+2)$

$(x-1)(-x+2) = -x^2+3x-2$

$2x-4=-x^2+3x-2$ 　　$x^2-x-2=0$

$(x+1)(x-2)=0$ 　$\therefore x=-1,\ 2$ ← これで，①と②の交点の x 座標が求まった！

(ⅰ) $x=-1$ のとき，

これを②に代入して，

$y=-(-1)+2=1+2=3$

(ⅱ) $x=2$ のとき，

これを②に代入して，

$y=-2+2=0$

以上(ⅰ)(ⅱ)より，分数関数①と直線②との交点の座標は

$(-1,\ 3)$ と $(2,\ 0)$ である。……………………………………(答)

(グラフを右図に示す。)

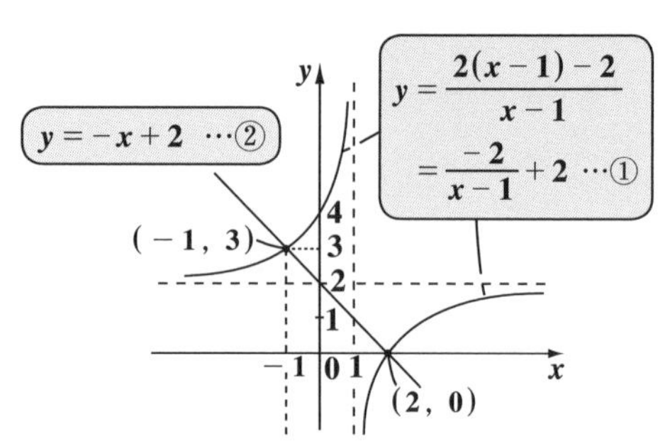

初めからトライ！問題 37 分数関数と直線の共有点 CHECK 1 CHECK 2 CHECK 3

分数関数 $y = \dfrac{2x+1}{x}$ ……① と，直線 $y = -x + k$ ……② との共有点の個数を，実数 k の値の範囲により分類せよ。

ヒント！ ①，②より y を消去して，x の 2 次方程式を作り，この判別式を D とおくと，共有点の個数は (ⅰ) $D > 0$ のとき 2 個，(ⅱ) $D = 0$ のとき 1 個，そして (ⅲ) $D < 0$ のとき 0 個になるんだね。

解答＆解説

$y = \dfrac{2x+1}{x}$ ……①と，$y = -x+k$ ……②から y を消去して，$\dfrac{2x+1}{x} = -x + k$

$2x + 1 = x(-x + k)$　　　$2x + 1 = -x^2 + kx$

よって，2 次方程式 $\underset{a}{\underline{1}}\cdot x^2 + \underset{b}{\underline{(2-k)}}x + \underset{c}{\underline{1}} = 0$ ……③ が導ける。

③の判別式を D とおくと，

$D = (2-k)^2 - 4\cdot 1\cdot 1 = \cancel{4} - 4k + k^2 - \cancel{4} = k(k-4)$ となる。

$[D = \ b^2 \ - \ 4ac\ ]$

よって，①と②の共有点の個数は，

(ⅰ) $D = k(k-4) > 0$，すなわち

$k < 0$ または $4 < k$ のとき，

2 個である。

(ⅱ) $D = k(k-4) = 0$，すなわち

$k = 0$ または 4 のとき，

1 個である。

(ⅲ) $D = k(k-4) < 0$，すなわち

$0 < k < 4$ のとき，

0 個である。

……………………(答)

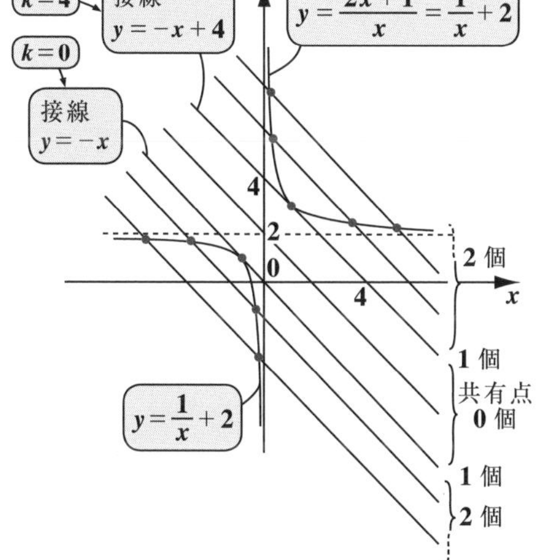

初めからトライ！問題 38	無理関数と直線	CHECK 1	CHECK 2	CHECK 3

次の問いに答えよ。

(1) 無理関数 $y=\sqrt{x-1}$ ……① と，直線 $y=x+k$ ……② との共有点の個数を，実数 k の値の範囲により分類せよ。

(2) 不等式 $\sqrt{x-1} \geqq x-3$ ……③ の解を求めよ。

ヒント！ **(1)** 無理関数と直線の共有点については，初めからグラフのイメージを利用して解いた方がうまくいくんだね。**(2)** の無理不等式も，**2** つの関数 $y=\sqrt{x-1}$ と $y=x-3$ に分解して，グラフから考えていくといいよ。

解答＆解説

(1) 右図から明らかに，

$y=\sqrt{x-1}$ ……① と $y=x+k$ ……②

（①：$y=\sqrt{x}$ を $(1,\ 0)$ 平行移動したもの）

が接するときの k の値を k_1 とおくと，①と②の共有点の個数は，

(ⅰ) $k_1 < k$ のとき，**0** 個

(ⅱ) $k=k_1$，$k<-1$ のとき，**1** 個

(ⅲ) $-1 \leqq k < k_1$ のとき，**2** 個となる。

ここで，k_1 を求める。①と②より y を消去して，

$\sqrt{x-1}=x+k$　　両辺を **2** 乗して，

$x-1=(x+k)^2$　　$x-1=x^2+2kx+k^2$　　$\underset{a}{1}\cdot x^2+\underset{b}{(2k-1)}x+\underset{c}{k^2+1}=0$

この判別式を D とおくと，$D=(2k-1)^2-4\cdot 1\cdot(k^2+1)=-4k-3$

（$\cancel{4k^2}-4k+1-\cancel{4k^2}-4$）

①と②が接するとき，$D=-4k-3=0$ より，$4k=-3$　　$\therefore k=-\dfrac{3}{4}$（これが，求める k_1 の値だ）

以上より，①と②の共有点の個数は，

(i) $-\frac{3}{4}<k$ のとき，**0** 個　(ii) $k=-\frac{3}{4}$，または $k<-1$ のとき，**1** 個

(iii) $-1 \leqq k < -\frac{3}{4}$ のとき，**2** 個である。 ……………………………(答)

(2) $\sqrt{x-1} \geqq x-3$ …③ $(x \geqq 1)$ について，

$\sqrt{\ }$ 内は **0** 以上でないといけないので，$x-1 \geqq 0$ ∴ $x \geqq 1$ の条件が予めつくんだね。

$$\begin{cases} y=\sqrt{x-1} & \cdots④ \\ y=x-3 & \cdots⑤ \end{cases}$$

と分解して，グラフで考える。④と⑤の交点の x 座標を x_1 とおくと，③の不等式の解は，図から明らかに，$1 \leqq x \leqq x_1$ である。

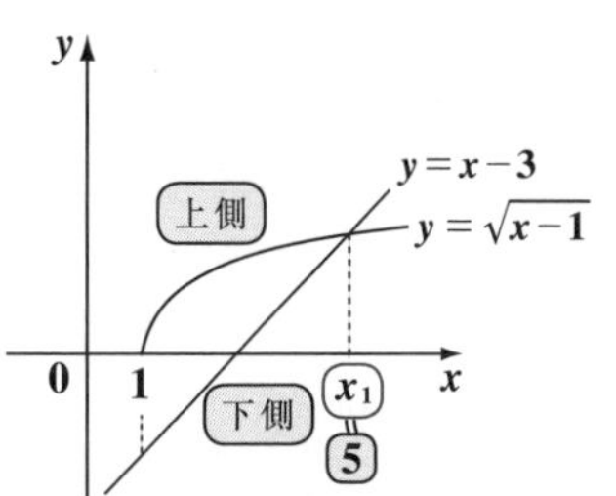

よって，x_1 の値を求める。④と⑤から y を消去して，$\sqrt{x-1}=x-3$ ……⑥

$y=\sqrt{x-1}$ が，$y=x-3$ 以上となるのは，$1 \leqq x \leqq x_1$ のときだね。

⑥の両辺を **2** 乗して，この方程式を解くと，

$x-1=(x-3)^2$　　$x-1=x^2-6x+9$

$x^2-7x+10=0$　　$(x-2)(x-5)=0$

∴ $x=2$，または **5**　　ただし，$x=2$ は解ではないので，$x_1=5$ となる。

実際に，$x=2$ を⑥に代入すると，$\sqrt{1}=-1$

つまり，$1=-1$ となって，矛盾するからだね。

これでも，両辺を **2** 乗すれば $1=1$ となって成り立つ

これは，⑥の両辺を **2** 乗することによって，本来解でないものが現れたんだね。

右図のグラフでは，点線で示した曲線 $y=-\sqrt{x-1}$ と $y=x-3$ とのまぼろしの交点の x 座標 **2** が現れたんだね。

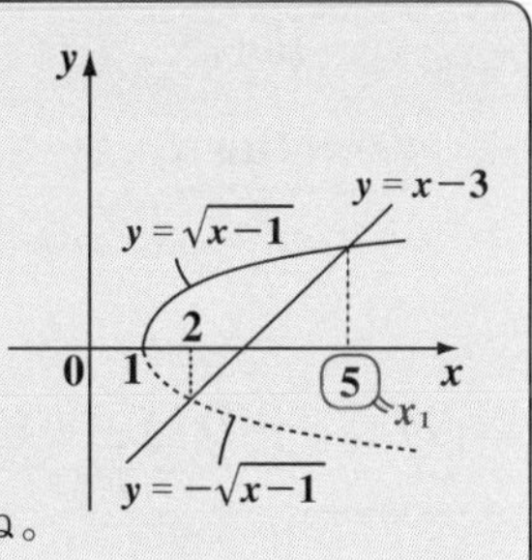

以上より，③の不等式の解は，$1 \leqq x \leqq 5$ である。 ……………………(答)

x_1 のこと

初めからトライ！問題 39	逆関数	CHECK 1	CHECK 2	CHECK 3

指数関数 $y = 3^{-x}$ の逆関数を求め，そのグラフの概形を描け。

ヒント！ まず，$y = f(x) = 3^{-x}$ が1対1対応の関数であることを確かめた後で，x と y を入れ替えて，$y = f^{-1}(x) = (x$ の式$)$ の形に変形すればいいんだね。$y = f(x)$ と $y = f^{-1}(x)$ のグラフは，直線 $y = x$ に関して線対称なグラフになることにも気を付けよう。

解答＆解説

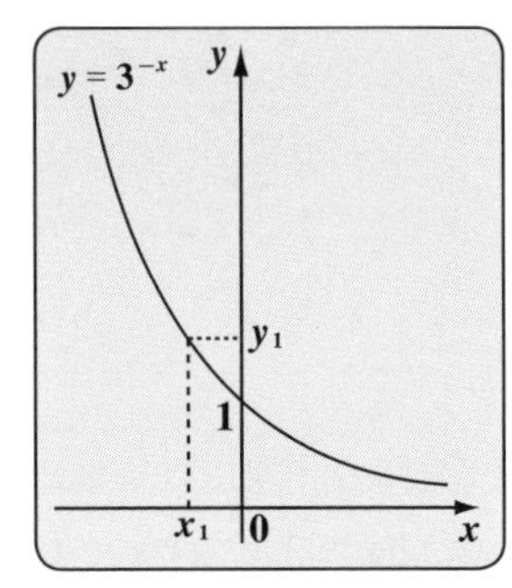

$y = f(x) = 3^{-x}$ ……① $(y > 0)$ とおくと，指数関数 $y = f(x) = 3^{-x}$ は，右のグラフに示すように，単調に減少する関数なので，1つの y の値 y_1 に対して，ただ1つの x の値 x_1 が対応する。つまり，1対1対応の関数である。

(i) よって，まず①の x と y を入れ替えて，

$x = 3^{-y}$ ……② $(x > 0)$

(ii) 次に，②を $y = (x$ の式$)$ の形に変形すると，

$-y = \log_3 x$，すなわち

対数の定義
$c = a^b \Longleftrightarrow b = \log_a c$

$y = -\log_3 x$ $(x > 0)$ となる。

これが，$f(x)$ の逆関数 $f^{-1}(x)$ だね。

以上より，$y = f(x) = 3^{-x}$ の逆関数 $f^{-1}(x)$ は，$f^{-1}(x) = -\log_3 x$ であり，

これは，$y = \log_3 x$ の y に $-y$ を代入して，$-y = \log_3 x$，すなわち $y = -\log_3 x$ のことだから，$y = \log_3 x$ と x 軸に関して対称なグラフになる。また，$y = f(x) = 3^{-x}$ と $y = f^{-1}(x)$ は直線 $y = x$ に関して対称なグラフとなるんだね。

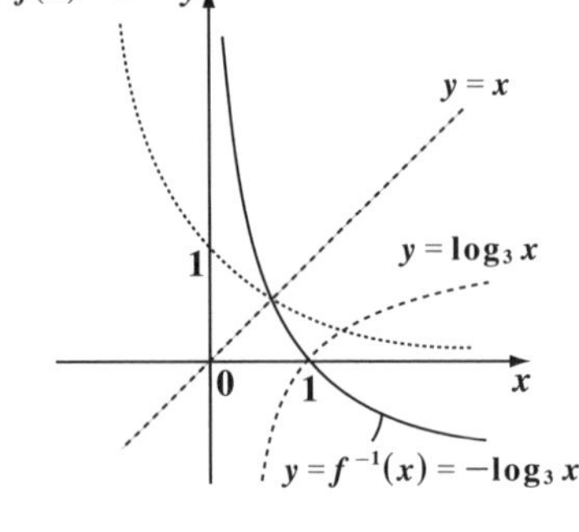

$y = f^{-1}(x) = -\log_3 x$ のグラフを右上に示す。 ……………………………(答)

初めからトライ！問題 40	合成関数	CHECK 1	CHECK 2	CHECK 3

$f(x)=\log_2 x$，$g(x)=4^x$ とする。このとき，次の 2 つの合成関数を求めよ。

(i) $f\circ g(x)$　　(ii) $g\circ f(x)$

ヒント！ (i) $f\circ g(x)=f(g(x))$ であり，(ii) $g\circ f(x)=g(f(x))$ のことだね。キチンと区別して，結果が出せるように頑張ろう。

解答＆解説

$f(x)=\log_2 x$ ……① $(x>0)$，$g(x)=4^x$ ……② とおいて，2 通りの合成関数を求める。

(i) $f\circ g(x)=f(g(x))=f(4^x)$

（f：後で作用する）（g：x に先に作用する）

$=\log_2 4^x=\log_2 2^{2x}$ 　（$4^x=(2^2)^x=2^{2x}$）

公式 $\log_a p^q=q\cdot\log_a p$ を使った。

$=2x\cdot\log_2 2=2x$ 　（$\log_2 2=1$）……………………(答)

(ii) $g\circ f(x)=g(f(x))=g(\log_2 x)$

（g：後で作用する）（f：x に先に作用する）

$=4^{\log_2 x}=(2^2)^{\log_2 x}$

$=2^{2\log_2 x}=2^{\log_2 x^2}=x^2$ ……………………(答)

一般に，公式 $a^{\log_a p}=p$ $(a>0,\ a\neq 1,\ p>0)$ が成り立つ。（$a>0,\ a\neq1$：底の条件）（$p>0$：真数条件）

公式の証明も入れておこう。

$a^{\log_a p}$ をまず x とおく。すなわち $a^{\log_a p}=x$ …(ア) とおいて，$x=p$ となることを示せばいい。

(ア) の両辺は正より，(ア) の両辺の底 a の対数をとると，

$\log_a a^{\log_a p}=\log_a x$ より，$\log_a p\cdot\log_a a=\log_a x$ 　（$\log_a a=1$）

$\log_a x=\log_a p$ より，$x=p$，つまり公式 $a^{\log_a p}=p$ が成り立つことが示せたんだね。

第3章 ● 関数の公式を復習しよう！

1. 分数関数

(i) 基本形：$y=\dfrac{k}{x}$

(ii) 標準形：$y=\dfrac{k}{x-p}+q$ ← 基本形 $y=\dfrac{k}{x}$ を $(p,\ q)$ だけ平行移動したもの

2. 無理関数

(i) 基本形：$y=\sqrt{ax}$

(ii) 標準形：$y=\sqrt{a(x-p)}+q$ ← 基本形 $y=\sqrt{ax}$ を $(p,\ q)$ だけ平行移動したもの

3. 関数の対称移動

(i) $y=f(-x)$ ：$y=f(x)$ を y 軸に関して対称移動したもの

(ii) $y=-f(x)$ ：$y=f(x)$ を x 軸に関して対称移動したもの

(iii) $y=-f(-x)$：$y=f(x)$ を原点に関して対称移動したもの

4. 偶関数と奇関数

(i) 偶関数 $f(x)$：$f(-x)=f(x)$ をみたす（y 軸に対称なグラフ）

(ii) 奇関数 $f(x)$：$f(-x)=-f(x)$ をみたす（原点に対称なグラフ）

5. 分数関数や無理関数と直線の関係

y を消去して，x の方程式にもち込む。

6. 1対1対応の関数の逆関数

$y=f(x)$ が，1対1対応の関数であるとき，x と y を入れ替えて，$x=f(y)$ とし，これを $y=(x$ の式$)$ の形に書き換えたものが，$y=f(x)$ の逆関数 $y=f^{-1}(x)$ である。

7. 合成関数

$y=f(x)$ と $y=g(x)$ について，次の2通りの合成関数が定義できる。

$$\begin{cases} \text{(i) 合成関数：} g\circ f(x)=g(f(x)) \\ \text{(ii) 合成関数：} f\circ g(x)=f(g(x)) \end{cases}$$

第 4 章
CHAPTER

4 数列の極限

▶ 数列の極限の基本

▶ Σ 計算と極限，無限級数

▶ 数列の漸化式と極限

“数列の極限” を初めから解こう！ 公式＆解法パターン

1. まず，等差(とうさ)数列・等比(とうひ)数列から始めよう。

(1) 初項 a，公差 d の等差数列 $\{a_n\}$ の一般項 a_n は，

$a_n = a + (n-1)d \quad (n = 1,\ 2,\ 3,\ \cdots)$

(2) 初項 a，公比 r の等比数列 $\{a_n\}$ の一般項 a_n は，

$a_n = a \cdot r^{n-1} \quad (n = 1,\ 2,\ 3,\ \cdots)$

2. 数列の極限 $\lim\limits_{n\to\infty} a_n$ には，収束(しゅうそく)する場合と発散(はっさん)する場合がある。

(i) 収束　$\lim\limits_{n\to\infty} a_n = \alpha$ …… 極限値は α

(ii) 発散
- $\lim\limits_{n\to\infty} a_n = \infty$ …… 正の無限大に発散
- $\lim\limits_{n\to\infty} a_n = -\infty$ … 負の無限大に発散
- $\lim\limits_{n\to\infty} a_n$ の値が振動して定まらない } 極限はない

（収束，正の無限大に発散，負の無限大に発散 } 極限がある）

特に，$\infty - \infty$ や $\dfrac{\infty}{\infty}$ の形の極限は，収束する場合もあれば，発散する場合もあって定まらないので，**不定形**(ふていけい)と呼ばれる。

(ex) $\lim\limits_{n\to\infty}(n^2 - 2n) = \lim\limits_{n\to\infty} n^2\left(1 - \dfrac{2}{n}\right) = \infty \times 1 = \infty$ (発散)

（$n^2 - 2n$：$\infty - \infty$ の不定形，$n^2 \to \infty$，$\dfrac{2}{n} \to 0$）

3. 収束する数列の性質も押さえよう。

2 つの数列 $\{a_n\}$ と $\{b_n\}$ が収束して，$\lim\limits_{n\to\infty} a_n = \alpha$，$\lim\limits_{n\to\infty} b_n = \beta$ とする。

このとき，次の公式が成り立つ。

(1) $\lim\limits_{n\to\infty} ka_n = k\alpha$　(k：実数定数)

(2) $\lim\limits_{n\to\infty}(a_n + b_n) = \alpha + \beta$　　(3) $\lim\limits_{n\to\infty}(a_n - b_n) = \alpha - \beta$

(4) $\lim\limits_{n\to\infty} a_n \cdot b_n = \alpha\beta$　　(5) $\lim\limits_{n\to\infty} \dfrac{a_n}{b_n} = \dfrac{\alpha}{\beta}$　$(\beta \neq 0)$

(ex) $\lim\limits_{n\to\infty} a_n = 2$，$\lim\limits_{n\to\infty} b_n = 3$ のとき，

(i) $\lim\limits_{n\to\infty}(3 \cdot a_n - b_n) = 3 \times 2 - 3 = 3$ となるし，

(ii) $\lim\limits_{n\to\infty} \dfrac{-b_n}{2a_n} = \dfrac{-3}{2 \cdot 2} = -\dfrac{3}{4}$ となるんだね。

4. 数列の大小関係と極限の公式も頭に入れよう。

(1) $a_n \leqq b_n \ (n = 1, 2, 3, \cdots)$ のとき，

(ⅰ) $\lim_{n\to\infty} a_n = \alpha$ ，$\lim_{n\to\infty} b_n = \beta$ ならば，$\alpha \leqq \beta$ となる。

(ⅱ) $\lim_{n\to\infty} a_n = \infty$ ならば，$\lim_{n\to\infty} b_n = \infty$ となる。

(2) $a_n \leqq c_n \leqq b_n \ (n = 1, 2, 3, \cdots)$ のとき，

$\lim_{n\to\infty} a_n = \lim_{n\to\infty} b_n = \alpha$ ならば，$\lim_{n\to\infty} c_n = \alpha$ となる。

(2) は特に，**はさみ打ちの原理**と呼ばれ，数列の極限を求めるのによく使われるんだね。覚えておこう！

5. 極限 $\lim_{n\to\infty} r^n$ の基本もマスターしよう。

(ⅰ) $-1 < r < 1$ のとき，　$\lim_{n\to\infty} r^n = 0$

(ⅱ) $r = 1$ のとき，　$\lim_{n\to\infty} r^n = 1$

(ⅲ) $r \leqq -1$，$1 < r$ のとき，　$\lim_{n\to\infty} r^n$ は発散する。

（(ⅲ) $r < -1$，$1 < r$ の場合でも，
$-1 < \frac{1}{r} < 1$ となるので，$\lim_{n\to\infty} \left(\frac{1}{r}\right)^n = 0$ となる。）

6. Σ（シグマ）計算の基本公式も復習しておこう。

(1) Σ計算の **5** つの基本公式は絶対暗記だ。

(ⅰ) $\sum_{k=1}^{n} c = \underbrace{c + c + c + \cdots + c}_{n\text{ 個の }c\text{ の和}} = nc$ 　(c：定数，$n = 1, 2, 3, \cdots$)

(ⅱ) $\sum_{k=1}^{n} k = 1 + 2 + 3 + \cdots + n = \frac{1}{2} n(n+1)$ 　($n = 1, 2, 3, \cdots$)

(ⅲ) $\sum_{k=1}^{n} k^2 = 1^2 + 2^2 + 3^2 + \cdots + n^2 = \frac{1}{6} n(n+1)(2n+1)$ 　($n = 1, 2, \cdots$)

(ⅳ) $\sum_{k=1}^{n} k^3 = 1^3 + 2^3 + 3^3 + \cdots + n^3 = \frac{1}{4} n^2(n+1)^2$ 　($n = 1, 2, 3, \cdots$)

(ⅴ) $\sum_{k=1}^{n} (I_k - I_{k+1}) = I_1 - I_{n+1}$ 　($n = 1, 2, 3, \cdots$)

(2) Σ計算の性質も重要だ。

(ⅰ) $\sum_{k=1}^{n} c a_k = c \sum_{k=1}^{n} a_k$ 　(ⅱ) $\sum_{k=1}^{n} (a_k \pm b_k) = \sum_{k=1}^{n} a_k \pm \sum_{k=1}^{n} b_k$

7. 無限級数の和には，2つのタイプがある。

(1) 無限等比級数の和は，初項 a と公比 r で決まる。

初項 a，公比 r の無限等比級数が収束条件 $-1<r<1$ をみたすならば，

その和 S は，$S=\sum_{k=1}^{\infty}ar^{k-1}=a+ar+ar^2+ar^3+\cdots+ar^{n-1}+\cdots=\dfrac{a}{1-r}$

となる。

(2) 部分分数分解型の無限級数では，途中の項が消える。

たとえば，$\sum_{k=1}^{\infty}\left(\dfrac{1}{k}-\dfrac{1}{k+1}\right)$ のとき，この部分和を $S_n=\sum_{k=1}^{n}\left(\dfrac{1}{k}-\dfrac{1}{k+1}\right)$

（これは，I_k-I_{k+1} の形だね。）

とおくと，

$$S_n=\left(\frac{1}{1}-\frac{1}{2}\right)+\left(\frac{1}{2}-\frac{1}{3}\right)+\left(\frac{1}{3}-\frac{1}{4}\right)+\cdots+\left(\frac{1}{n}-\frac{1}{n+1}\right)$$

$=1-\dfrac{1}{n+1}$　より，この無限級数の和は，

$$\sum_{k=1}^{\infty}\left(\frac{1}{k}-\frac{1}{k+1}\right)=\lim_{n\to\infty}S_n=\lim_{n\to\infty}\left(1-\frac{1}{n+1}\right)=1 \text{ となる。}$$

（$\dfrac{1}{n+1}\to 0$）

8. 数列の漸化式の解の極限の問題も重要だ。

数列の漸化式を解いて，一般項 a_n を求め，その極限 $\lim_{n\to\infty}a_n$ を求めさせる問題は頻出なので，漸化式の解法パターンを復習しておこう。

(1) 等差数列型の漸化式とその解

$a_1=a$，$a_{n+1}=a_n+d$　$(n=1,\ 2,\ 3,\ \cdots)$ のとき，

一般項 $a_n=a+(n-1)d$　となる。←（これが解）

(2) 等比数列型の漸化式とその解

$a_1=a$，$a_{n+1}=r\cdot a_n$　$(n=1,\ 2,\ 3,\ \cdots)$ のとき，

一般項 $a_n=ar^{n-1}$　となる。←（これが解）

(3) 階差数列型の漸化式とその解

$a_1=a$，$a_{n+1}-a_n=b_n$　$(n=1,\ 2,\ 3,\ \cdots)$ のとき，

$n\geqq 2$ で，$a_n=a+\sum_{k=1}^{n-1}b_k$　となるんだね。←（これが解）

9. 等比関数列型漸化式の解法を頭に入れよう。

等比関数列型漸化式の解法は，基本的に等比数列型の漸化式の解法と同様だから，対比して覚えよう。

(i) 等比関数列型の漸化式

$F(n+1)=r\cdot F(n)$ のとき，

$F(n)=F(1)\cdot r^{n-1}$ と変形できる。

$(n=1,\ 2,\ 3,\ \cdots)$

(ii) 等比数列型の漸化式

$a_{n+1}=r\cdot a_n$ のとき，

$a_n=a_1\cdot r^{n-1}$ と変形できる。

$(n=1,\ 2,\ 3,\ \cdots)$

$(ex)\ a_{n+1}-3=2(a_n-3)$ のとき，$a_n-3=(a_1-3)\cdot 2^{n-1}$

$[F(n+1)=2\cdot F(n)]$　　　$[F(n)=F(1)\cdot 2^{n-1}]$

$(ex)\ a_{n+1}+b_{n+1}=-4(a_n+b_n)$ のとき，$a_n+b_n=(a_1+b_1)\cdot(-4)^{n-1}$

$[G(n+1)=-4\cdot G(n)]$　　　$[G(n)=G(1)\cdot(-4)^{n-1}]$

10. $a_{n+1}=pa_n+q$ の形の漸化式の解法をマスターしよう。

$a_1=a,\ a_{n+1}=pa_n+q\cdots\cdots$① $(n=1,\ 2,\ 3,\ \cdots,\ p,\ q$：定数$)$ のとき，

特性方程式：$x=px+q$ の解 α を用いると，①は，

$a_{n+1}-\alpha=p(a_n-\alpha)$　と変形できる。 ← これは等比関数列型の漸化式だ！

$[F(n+1)=p\cdot F(n)]$

よって，これから，

$a_n-\alpha=(a_1-\alpha)p^{n-1}$　ともち込めて，一般項 $a_n=(a_1-\alpha)p^{n-1}+\alpha$ を

$[F(n)=F(1)\cdot p^{n-1}]$

アッという間に求めることができる。

この後，数列の極限の問題では，$\lim_{n\to\infty}a_n$ などを求めることになるんだね。

$(ex)\ a_1=5,\ a_{n+1}=\frac{1}{2}a_n+2\cdots\cdots$①　$(n=1,\ 2,\ 3\cdots)$ のとき，

①の特性方程式：$x=\frac{1}{2}x+2$ の解は，$\frac{1}{2}x=2$ より $x=4$ となる。

よって，①は，$a_{n+1}-4=\frac{1}{2}(a_n-4)$　$\left[F(n+1)=\frac{1}{2}F(n)\right]$ より，

$a_n-4=(a_1-4)\cdot\left(\frac{1}{2}\right)^{n-1}=\left(\frac{1}{2}\right)^{n-1}$　$\therefore a_n=4+\left(\frac{1}{2}\right)^{n-1}$ となる。

（a_1 = 5）

このように，簡単に一般項 a_n が求まるんだね。

初めからトライ！問題 41　数列の極限の基本　CHECK 1　CHECK 2　CHECK 3

次の極限を調べよ。

(1) $\lim_{n\to\infty}(-4n)$　(2) $\lim_{n\to\infty}\frac{3}{n^2+1}$　(3) $\lim_{n\to\infty}(n^2+3n)$

(4) $\lim_{n\to\infty}(5n-n^2)$　(5) $\lim_{n\to\infty}(2n^3-3n^2)$

ヒント！ $n\to\infty$ のときの各 n の式の極限を調べる問題だね。(4), (5) では，$\infty-\infty$ の不定形になっているけれど，それぞれ n^2 と n^3 をくくり出せばいいんだね。

解答＆解説

(1) $\lim_{n\to\infty}(-4\cdot n) = -4\times\infty = -\infty$ ……（答）

（$n \to \infty$）

+∞に，−4 がかかるので−∞になる。

(2) $\lim_{n\to\infty}\frac{3}{n^2+1} = \frac{3}{\infty} = 0$ ……（答）

（$n^2+1 \to \infty$）∞になるものを 2 乗しても，1 をたしても∞になる。

(3) $\lim_{n\to\infty}(n^2+3n) = \infty+3\times\infty = \infty$ ……（答）

（$n^2 \to \infty$，$n \to \infty$）

∞＋∞は，∞になる。

(4) $\lim_{n\to\infty}(5n-n^2)$ について

（$5n \to \infty$，$n^2 \to \infty$）

これは，∞−∞の不定形だけれど，1 次の∞（弱い∞）$5n$ から 2 次の∞（強い∞）n^2 を引いているので，当然−∞となるはずだ。これを示すために，n^2 をくくり出そう！

$\lim_{n\to\infty} n^2\left(\frac{5}{n}-1\right)$

（$n^2 \to \infty$，$\frac{5}{n} \to 0$）

$= \infty\times(0-1) = -\infty$ ……（答）

(5) $\lim_{n\to\infty}(2n^3-3n^2)$ について

（$2n^3 \to \infty$，$3n^2 \to \infty$）

これは，∞−∞の不定形だけれど，3 次の∞（強い∞）$2n^3$ から 2 次の∞（弱い∞）$3n^2$ を引いているので，当然＋∞となるはずだ。これを示すために，n^3 をくくり出そう！

$\lim_{n\to\infty} n^3\left(2-\frac{3}{n}\right)$

（$n^3 \to \infty$，$\frac{3}{n} \to 0$）

$= \infty\times(2-0) = \infty$ ……（答）

初めからトライ！問題 42 $\frac{\infty}{\infty}$の不定形 CHECK 1 CHECK 2 CHECK 3

次の極限を調べよ。

(1) $\lim_{n\to\infty}\frac{2n^3}{n^2+1}$ (2) $\lim_{n\to\infty}\frac{n^2+n+1}{n^3}$ (3) $\lim_{n\to\infty}\frac{1-\sqrt{n}}{1+\sqrt{n}}$

ヒント！ $\frac{\infty}{\infty}$の不定形の極限の問題だ。分子・分母の∞の相対的な強弱で考えよう。

解答＆解説

(1) $\lim_{n\to\infty}\frac{2n^3}{n^2+1}=\lim_{n\to\infty}\frac{2n}{1+\frac{1}{n^2}}$ ←分子・分母をn^2で割った。 $=\frac{\infty}{1+0}=\infty$ （発散）……………(答)

（$2n \to \infty$, $\frac{1}{n^2}\to 0$）

$\frac{3\text{次の}\infty(\text{強い})}{2\text{次の}\infty(\text{弱い})}\to\infty$ となるのは分かるね。これを示すために分子・分母をn^2で割った。

(2) $\lim_{n\to\infty}\frac{n^2+n+1}{n^3}=\frac{1+\frac{1}{n}+\frac{1}{n^2}}{n}$ ←分子・分母をn^2で割った。 $=\frac{1+0+0}{\infty}=\frac{1}{\infty}=0$ （収束）………(答)

（$\frac{1}{n}\to 0$, $\frac{1}{n^2}\to 0$, $n\to\infty$）

$\frac{2\text{次の}\infty(\text{弱い})}{3\text{次の}\infty(\text{強い})}\to 0$ となるね。これを示すために分子・分母をn^2で割った。

(3) $\lim_{n\to\infty}\frac{1-\sqrt{n}}{1+\sqrt{n}}=\lim_{n\to\infty}\frac{\frac{1}{\sqrt{n}}-1}{\frac{1}{\sqrt{n}}+1}$ ←分子・分母を$\sqrt{n}$で割った。 $=\frac{0-1}{0+1}=\frac{-1}{1}=-1$ （収束）………(答)

（$\frac{1}{\sqrt{n}}\to 0$）

$\frac{\frac{1}{2}\text{次の}\infty(\text{同じ強さ})}{\frac{1}{2}\text{次の}\infty(\text{同じ強さ})}\to$（ある値）（収束）となる。分子・分母を$\sqrt{n}$で割ろう。

初めからトライ！問題 43　数列の極限の性質　CHECK 1　CHECK 2　CHECK 3

$a_n = \dfrac{3n-1}{n+1}$ ， $b_n = \dfrac{n-n^2}{1+n^2}$ $(n=1,\ 2,\ 3,\ \cdots)$ について，

(1) $\lim_{n\to\infty} a_n$, $\lim_{n\to\infty} b_n$ を求めよ。

(2) $\lim_{n\to\infty}(a_n - 3b_n)$, $\lim_{n\to\infty}(3a_n + b_n)$, $\lim_{n\to\infty}\dfrac{5b_n}{2a_n}$ を求めよ。

ヒント！ (1) $\lim_{n\to\infty} a_n = 3$, $\lim_{n\to\infty} b_n = -1$ は，スグに分かるので，これを使って(2) の各極限を求めていけばいいんだね。

解答＆解説

(1) $\cdot \lim_{n\to\infty} a_n = \lim_{n\to\infty}\dfrac{3n-1}{n+1} = \lim_{n\to\infty}\dfrac{3-\boxed{\dfrac{1}{n}}}{1+\boxed{\dfrac{1}{n}}} = \dfrac{3-0}{1+0} = 3$ ………① ……………(答)

$\cdot \lim_{n\to\infty} b_n = \lim_{n\to\infty}\dfrac{n-n^2}{1+n^2} = \lim_{n\to\infty}\dfrac{\boxed{\dfrac{1}{n}}-1}{\boxed{\dfrac{1}{n^2}}+1} = \dfrac{0-1}{0+1} = -1$ ……② ……………(答)

(2) $\lim_{n\to\infty} a_n = 3$ ……①，$\lim_{n\to\infty} b_n = -1$ ……②より，

$\cdot \lim_{n\to\infty}(\boxed{a_n} - 3\boxed{b_n}) = 3 - 3\times(-1) = 3+3 = 6$ ………………………………(答)

$\cdot \lim_{n\to\infty}(3\boxed{a_n} + \boxed{b_n}) = 3\times 3 - 1 = 9 - 1 = 8$ ………………………………(答)

$\cdot \lim_{n\to\infty}\dfrac{5\boxed{b_n}}{2\boxed{a_n}} = \dfrac{5\times(-1)}{2\times 3} = -\dfrac{5}{6}$ ………………………………(答)

初めからトライ！問題 44 はさみ打ちの原理 CHECK 1 CHECK 2 CHECK 3

極限 $\lim_{n \to \infty} \frac{\cos \frac{n}{4}\pi}{n} = 0$ ……①となることを，はさみ打ちの原理を用いて示せ。

ヒント！ $a_n \leqq b_n \leqq c_n$ $(n = 1, 2, 3, \cdots)$ のとき，$\lim_{n \to \infty} a_n = \lim_{n \to \infty} c_n = \alpha$ ならば，$\lim_{n \to \infty} b_n = \alpha$ となる。これが，はさみ打ちの原理なんだね。①に応用してみよう。

解答＆解説

$\cos \frac{n}{4}\pi$ $(n = 1, 2, 3, \cdots)$ について，

$\cos\frac{\pi}{4} = \frac{1}{\sqrt{2}}$, $\cos\frac{2}{4}\pi = \cos\frac{\pi}{2} = 0$, $\cos\frac{3}{4}\pi = -\frac{1}{\sqrt{2}}$, …, $\cos\frac{8}{4}\pi = \cos 2\pi = 1$, …
($n = 1$) ($n = 2$) ($n = 3$) ($n = 8$ のとき)

$-1 \leqq \cos\frac{n}{4}\pi \leqq 1$ ……②　となる。

n の値がどんな値になっても，$-1 \leqq \cos\theta \leqq 1$ より，②は必ず成り立つ。

②の各辺を正の整数 n で割って，

$-\frac{1}{n} \leqq \frac{\cos\frac{n}{4}\pi}{n} \leqq \frac{1}{n}$ ……③となる。

これで，“**はさみ打ちの原理**”の形が出来た！後は，$n \to \infty$ の極限をとるだけだね。

③の各辺に $n \to \infty$ の極限をとると，

$$\lim_{n \to \infty}\left(-\frac{1}{n}\right) \leqq \lim_{n \to \infty}\frac{\cos\frac{n}{4}\pi}{n} \leqq \lim_{n \to \infty}\frac{1}{n}$$

(それぞれ $\to 0$)

ここで，$\lim_{n \to \infty}\left(-\frac{1}{n}\right) = \lim_{n \to \infty}\frac{1}{n} = 0$ となるので，はさみ打ちの原理より

$\lim_{n \to \infty}\frac{\cos\frac{n}{4}\pi}{n} = 0$ ……① となる。……………………………………………(終)

初めからトライ！問題 45　$\lim_{n\to\infty} r^n$ の極限　CHECK 1　CHECK 2　CHECK 3

次の極限を調べよ。

(1) $\lim_{n\to\infty}\left(\frac{5}{3}\right)^{n+1}$　　(2) $\lim_{n\to\infty}\left(-\frac{2}{5}\right)^{2n}$

(3) $\lim_{n\to\infty}\frac{2^{n+1}+1}{2^n}$　　(4) $\lim_{n\to\infty}\frac{3\cdot5^n-2\cdot3^n}{2\cdot5^n+4\cdot3^n}$

ヒント！ 極限 $\lim_{n\to\infty} r^n$ は，(i) $-1<r<1$ のとき 0 に，(ii) $r=1$ のときは 1 に収束し，(iii) $r\leqq -1$，$1<r$ のとき発散する。これを利用して解いていこう。

解答＆解説

(1) $r=\frac{5}{3}>1$ より，$\lim_{n\to\infty}\left(\frac{5}{3}\right)^{n+1}=\infty$ ……………………（答）

(2) $r=-\frac{2}{5}$ は，$-1<r<1$ をみたすので，$\lim_{n\to\infty}\left(-\frac{2}{5}\right)^{2n}=0$ ……………………（答）

r^{n+1} や r^{n-1}，それに r^{2n} や r^{2n-1} など…，$n\to\infty$ のとき，r を無限に沢山かけることに変わりはないので，$\lim_{n\to\infty} r^n$ の公式と同様に考えていいんだね。

(3) $\lim_{n\to\infty}\frac{2^{n+1}+1}{2^n}=\lim_{n\to\infty}\left(\underbrace{\frac{2^{n+1}}{2^n}}_{2}+\frac{1}{2^n}\right)=\lim_{n\to\infty}\left\{2+\underbrace{\left(\frac{1}{2}\right)^n}_{\to 0}\right\}=2$ ……………………（答）

(4) $\lim_{n\to\infty}\frac{3\cdot5^n-2\cdot3^n}{2\cdot5^n+4\cdot3^n}$ について，分子・分母を 5^n で割って，

$$\lim_{n\to\infty}\frac{3-2\cdot\frac{3^n}{5^n}}{2+4\cdot\frac{3^n}{5^n}}=\lim_{n\to\infty}\frac{3-2\cdot\left(\frac{3}{5}\right)^n}{2+4\cdot\left(\frac{3}{5}\right)^n}=\frac{3-2\times0}{2+4\times0}=\frac{3}{2}$$ ……………………（答）

（$\left(\frac{3}{5}\right)^n \to 0$）

$r=\frac{3}{5}$ は，$-1<r<1$ をみたすからね。

初めからトライ！問題 46 Σ計算と極限 CHECK 1 CHECK 2 CHECK 3

次の極限を求めよ。

(1) $\lim_{n\to\infty}\dfrac{1^2+2^2+3^2+\cdots+n^2}{n^3}$ ……①　(2) $\lim_{n\to\infty}\dfrac{1+3+5+\cdots+(2n-1)}{2+4+6+\cdots+2n}$ ……②

ヒント！ 一見難しそうに見えるけれど，分子や分母に Σ 計算の公式を使えば，普通の$\frac{\infty}{\infty}$の極限の問題に帰着するんだね。頑張ろう！

解答＆解説

(1) ①の分子 $=1^2+2^2+3^2+\cdots+n^2=\sum_{k=1}^{n}k^2=\dfrac{1}{6}n(n+1)(2n+1)$ ← Σ計算の公式通りだね。

よって，求める①の極限は，

$$\lim_{n\to\infty}\frac{\frac{1}{6}n(n+1)(2n+1)}{n^3}=\lim_{n\to\infty}\frac{1}{6}\cdot\frac{n}{n}\cdot\frac{n+1}{n}\cdot\frac{2n+1}{n}\quad\left[=\frac{3\text{ 次の}\infty}{3\text{ 次の}\infty}\right]$$

$$=\lim_{n\to\infty}\frac{1}{6}\cdot\left(1+\frac{1}{n}\right)\cdot\left(2+\frac{1}{n}\right)=\frac{1}{6}\times1\times2=\frac{1}{3}$$ ……(答)

（$\frac{n}{n}=1$，$\frac{1}{n}\to0$）

(2) ・②の分子 $=1+3+5+\cdots+(2n-1)=\sum_{k=1}^{n}(2k-1)=2\sum_{k=1}^{n}k-\sum_{k=1}^{n}1$

$=2\times\dfrac{1}{2}n(n+1)-n=n^2$

（$\sum_{k=1}^{n}k=\frac{1}{2}n(n+1)$，$\sum_{k=1}^{n}1=n\cdot1=n$ ← Σ計算の公式通り）

・②の分母 $=2+4+6+\cdots+2n=\sum_{k=1}^{n}2k=2\sum_{k=1}^{n}k=2\times\dfrac{1}{2}n(n+1)$

$=n(n+1)=n^2+n$

よって，求める②の極限は，

$$\lim_{n\to\infty}\frac{n^2}{n^2+n}=\lim_{n\to\infty}\frac{1}{1+\frac{1}{n}}=\frac{1}{1+0}=1$$ ……(答)

（分子・分母を n^2 で割った。$\frac{1}{n}\to0$）

初めからトライ！問題 47 等差数列の和と極限 CHECK 1 CHECK 2 CHECK 3

初項 1，公差 -2 の等差数列 $\{a_n\}$ の初項から第 n 項までの和を S_n とおく。このとき，極限 $\lim_{n\to\infty}\frac{S_n}{n^2}$ を求めよ。

ヒント！ 初項 $a=1$，公差 $d=-2$ の等差数列 $\{a_n\}$ の一般項 $a_n=1+(n-1)\cdot(-2)=-2n+3$ から S_n を求めて，与えられた極限を求めればいいんだね。

解答＆解説

初項 $a=1$，公差 $d=-2$ の等差数列 $\{a_n\}$ の一般項 a_n は，

$$a_n=a+(n-1)d=1+(n-1)\cdot(-2)=-2n+3 \quad (n=1,\ 2,\ 3,\ \cdots)$$

よって，この数列の初めの n 項の和 S_n は

$$S_n=\sum_{k=1}^{n}a_k \quad (=a_1+a_2+\cdots+a_n)$$

$$=\sum_{k=1}^{n}(-2k+3)=-2\underbrace{\sum_{k=1}^{n}k}_{\frac{1}{2}n(n+1)}+\underbrace{\sum_{k=1}^{n}3}_{n\cdot 3=3n}$$

$$=-2\times\frac{1}{2}n(n+1)+3n$$

$$=-n^2-n+3n=-n^2+2n$$

等差数列の和の公式から

$$S_n=\frac{n\{2a+(n-1)d\}}{2}=\frac{n\{2\times1+(n-1)\cdot(-2)\}}{2}=\frac{n(2-2n+2)}{2}=\frac{2\cdot n\cdot(-n+2)}{2}$$

$=-n^2+2n$ と求めてもいい。

よって，求める極限は

$$\lim_{n\to\infty}\frac{S_n}{n^2}=\lim_{n\to\infty}\frac{-n^2+2n}{n^2} \quad \left[=\frac{2\text{次の}\infty}{2\text{次の}\infty}\right]$$

$$=\lim_{n\to\infty}\left(-1+\boxed{\frac{2}{n}}\right)=-1+0=-1 \quad (\frac{2}{n}\to 0)$$ ……(答)

初めからトライ！問題 48 等比数列の和と極限 CHECK 1 CHECK 2 CHECK 3

初項 **4**，公比 **3** の等比数列 $\{a_n\}$ の初項から第 n 項までの和を S_n とおく。
このとき，極限 $\lim_{n\to\infty}\frac{S_n}{a_n}$ を求めよ。

ヒント！ 初項 $a=4$，公比 $r=3$ の等比数列 $\{a_n\}$ の一般項 $a_n=4\cdot3^{n-1}$ であり，初めの n 項の和 $S_n=\frac{a(1-r^n)}{1-r}$ となるんだね。これから，与えられた極限を求めよう。

解答＆解説

初項 $a=4$，公比 $r=3$ の等比数列 $\{a_n\}$ の一般項 a_n と，初めの n 項の和 S_n は，

$\cdot\ a_n=a\cdot r^{n-1}=4\cdot3^{n-1}$ ……①

$\cdot\ S_n=\frac{a(1-r^n)}{1-r}=\frac{4\cdot(1-3^n)}{1-3}=-2(1-3^n)=2(3^n-1)$ ……② $(n=1,\ 2,\ 3,\ \cdots)$

以上①，②より，求める極限は

$$\lim_{n\to\infty}\frac{S_n}{a_n}=\lim_{n\to\infty}\frac{2(3^n-1)}{4\cdot3^{n-1}}$$

$$=\lim_{n\to\infty}\frac{1}{2}\cdot\frac{3^n-1}{3^{n-1}}$$

$$\frac{3^n}{3^{n-1}}-\frac{1}{3^{n-1}}=3-\left(\frac{1}{3}\right)^{n-1}$$

$$=\lim_{n\to\infty}\frac{1}{2}\cdot\left\{3-\left(\frac{1}{3}\right)^{n-1}\right\}$$

$\left(\frac{1}{3}\right)^{n-1}$ でも，$n\to\infty$ のとき，$\frac{1}{3}$ を無限にかけていくことに変わりはないので，**0** に収束する。（→ 0）

$$=\frac{1}{2}(3-0)=\frac{3}{2}$$ ……………………………………………(答)

初めからトライ！問題 49　無限等比級数　CHECK 1　CHECK 2　CHECK 3

次の各無限等比級数の和を求めよ。

(1) $\displaystyle\sum_{k=1}^{\infty} 3\cdot\left(-\frac{1}{2}\right)^{k-1}$　　　(2) $\displaystyle\sum_{k=1}^{\infty} 8\cdot\left(\frac{3}{4}\right)^{k+1}$

ヒント！ 初項 a，公比 r の無限等比級数は，r が $-1 < r < 1$ であるならば，$\displaystyle\sum_{k=1}^{\infty} a\cdot r^{k-1} = \frac{a}{1-r}$ とシンプルに求めることができるんだね。

解答＆解説

(1) $\displaystyle\sum_{k=1}^{\infty} \underbrace{3}_{a}\cdot\underbrace{\left(-\frac{1}{2}\right)}_{r}{}^{k-1}$ は，初項 $a = 3$，公比 $r = -\dfrac{1}{2}$ の無限等比級数で，

収束条件：$-1 < r < 1$ をみたすので，

$$\sum_{k=1}^{\infty} \underbrace{3}_{a}\cdot\underbrace{\left(-\frac{1}{2}\right)}_{r}{}^{k-1} = \frac{a}{1-r} = \frac{3}{1-\left(-\frac{1}{2}\right)} = \frac{3}{1+\frac{1}{2}} = \frac{3}{\frac{3}{2}}$$

$$= \frac{2\times 3}{3} = 2 \quad \cdots\cdots\cdots\cdots(答)$$

(2) $\displaystyle\sum_{k=1}^{\infty} 8\cdot\left(\frac{3}{4}\right)^{k+1} = \sum_{k=1}^{\infty} \underbrace{8\cdot\left(\frac{3}{4}\right)^{2}}_{8\times\frac{9}{16}=\frac{9}{2}}\cdot\left(\frac{3}{4}\right)^{k-1} = \sum_{k=1}^{\infty} \underbrace{\frac{9}{2}}_{a}\cdot\underbrace{\left(\frac{3}{4}\right)}_{r}{}^{k-1}$ より，これは

初項 $a = \dfrac{9}{2}$，公比 $r = \dfrac{3}{4}$ の無限等比級数で，収束条件：$-1 < r < 1$ を

みたすので，

$$\sum_{k=1}^{\infty} \underbrace{\frac{9}{2}}_{a}\cdot\underbrace{\left(\frac{3}{4}\right)}_{r}{}^{k-1} = \frac{a}{1-r} = \frac{\frac{9}{2}}{1-\frac{3}{4}} = \frac{\frac{9}{2}}{\frac{1}{4}} = \frac{4\times 9}{2\times 1} = 18 \quad \cdots\cdots\cdots\cdots(答)$$

初めからトライ！問題 50　無限等比級数

CHECK 1　CHECK 2　CHECK 3

無限級数の和 $\displaystyle\sum_{k=1}^{\infty}\frac{4^{k+1}-3^{k-1}}{12^k}$ を求めよ。

ヒント！ 一見難しそうに見えるけれど，与えられた式を変形して，**2** つの無限等比級数の差の形にもち込めばいいんだね。

解答＆解説

与えられた無限級数の式を変形して，

$$\sum_{k=1}^{\infty}\frac{4^{k+1}-3^{k-1}}{12^k}=\sum_{k=1}^{\infty}\left(\frac{4^{k+1}}{12^k}-\frac{3^{k-1}}{12^k}\right)$$

この **2** つの項をそれぞれ $a\cdot r^{k-1}$ の形に変形して，**2** つの無限等比級数の差にもち込めばいいんだね。

$$=\sum_{k=1}^{\infty}\left(4\cdot\frac{4^k}{12^k}-3^{-1}\cdot\frac{3^k}{12^k}\right)=\sum_{k=1}^{\infty}\left\{\frac{4}{3}\cdot\left(\frac{1}{3}\right)^{k-1}-\frac{1}{12}\cdot\left(\frac{1}{4}\right)^{k-1}\right\}$$

$4\cdot\left(\frac{4}{12}\right)^k=4\cdot\left(\frac{1}{3}\right)^k=4\cdot\frac{1}{3}\cdot\left(\frac{1}{3}\right)^{k-1}$

$\frac{1}{3}\cdot\left(\frac{3}{12}\right)^k=\frac{1}{3}\cdot\left(\frac{1}{4}\right)^k=\frac{1}{3}\cdot\frac{1}{4}\cdot\left(\frac{1}{4}\right)^{k-1}$

$$=\sum_{k=1}^{\infty}\underbrace{\frac{4}{3}}_{a}\cdot\underbrace{\left(\frac{1}{3}\right)^{k-1}}_{r^{k-1}}-\sum_{k=1}^{\infty}\underbrace{\frac{1}{12}}_{a}\cdot\underbrace{\left(\frac{1}{4}\right)^{k-1}}_{r^{k-1}}$$

2 つの無限等比級数の差の形でいずれも，収束条件 $-1<r<1$ をみたす。

$$=\frac{\frac{4}{3}}{1-\frac{1}{3}}-\frac{\frac{1}{12}}{1-\frac{1}{4}}$$

$$=\frac{4}{3-1}-\frac{1}{12-3}$$

分子・分母に **3** をかけた。　分子・分母に **12** をかけた。

$$=\frac{4}{2}-\frac{1}{9}=2-\frac{1}{9}=\frac{18-1}{9}=\frac{17}{9}$$ ……………………………(答)

初めからトライ！問題 51	循環小数	CHECK 1	CHECK 2	CHECK 3

次の循環小数を分数で表せ。

(1) $0.\dot{1}\dot{5}$　　(2) $0.\dot{1}2\dot{3}$　　(3) $2.\dot{5}6\dot{7}$

ヒント！ (1) の循環小数 $0.\dot{1}\dot{5}=0.151515\cdots$ は，初項 $a=0.15$，公比 $r=0.01$ の無限等比級数になるんだね。(2)，(3) も同様に考えて解いてみよう。

解答＆解説

(1) $0.\dot{1}\dot{5}=0.151515\cdots$

$$=0.15+0.0015+0.000015+\cdots$$

$$=\frac{15}{100}+\frac{15}{10000}+\frac{15}{1000000}+\cdots$$

$$=\frac{15}{100}+\frac{15}{100}\times\frac{1}{100}+\frac{15}{100}\times\left(\frac{1}{100}\right)^2+\cdots$$

$$[\ a\ +\ a\cdot r\ +\ a\cdot r^2\ +\cdots]$$

よって，循環小数 $0.\dot{1}\dot{5}$ は，初項 $a=\frac{15}{100}$，公比 $r=\frac{1}{100}$ の無限等比級数で，

これは，収束条件：$-1<r<1$ をみたす。よって，

$$0.\dot{1}\dot{5}=\sum_{k=1}^{\infty}a\cdot r^{k-1}=\frac{a}{1-r}=\frac{\frac{15}{100}}{1-\frac{1}{100}}=\frac{15}{100-1}$$

← 分子・分母に 100 をかけた。

$$=\frac{15}{99}=\frac{5}{33}$$ ……………………(答)

(2) $0.\dot{1}2\dot{3}=0.123123123\cdots$

$$=0.123+0.000123+0.000000123+\cdots$$

$$=\frac{123}{1000}+\frac{123}{1000000}+\frac{123}{1000000000}+\cdots$$

$$=\frac{123}{1000}+\frac{123}{1000}\times\frac{1}{1000}+\frac{123}{1000}\times\left(\frac{1}{1000}\right)^2+\cdots$$

$$[\ a\ +\ a\cdot r\ +\ a\cdot r^2\ +\cdots]$$

よって, 循環小数 $\mathbf{0.\dot{1}2\dot{3}}$ は, 初項 $a=\dfrac{123}{1000}$, 公比 $r=\dfrac{1}{1000}$ の無限等比級数で,

これは, 収束条件：$-1<r<1$ をみたす。よって,

$$0.\dot{1}2\dot{3}=\sum_{k=1}^{\infty}a\cdot r^{k-1}=\frac{a}{1-r}=\frac{\frac{123}{1000}}{1-\frac{1}{1000}}=\frac{123}{1000-1}$$

分子・分母に1000をかけた。

$$=\frac{123}{999}=\frac{41}{333}$$ ……(答)

(3) $2.\dot{5}6\dot{7}=2.567567567\cdots$

$$=2+0.567+0.000567+0.000000567+\cdots$$

整数部　循環小数部

$$=2+\frac{567}{1000}+\frac{567}{1000000}+\frac{567}{1000000000}+\cdots$$

$$=2+\frac{567}{1000}+\frac{567}{1000}\times\frac{1}{1000}+\frac{567}{1000}\times\left(\frac{1}{1000}\right)^2+\cdots$$

$$[\,2+\ a\ +\ a\cdot r\ +\ a\cdot r^2\ +\cdots\,]$$

よって, $2.\dot{5}6\dot{7}$ の循環小数部は, 初項 $a=\dfrac{567}{1000}$, 公比 $r=\dfrac{1}{1000}$ の無限等比級数で, これは, 収束条件：$-1<r<1$ をみたす。よって,

$$2.\dot{5}6\dot{7}=2+\sum_{k=1}^{\infty}a\cdot r^{k-1}=2+\frac{a}{1-r}=2+\frac{\frac{567}{1000}}{1-\frac{1}{1000}}$$

$$=2+\frac{567}{1000-1}=2+\frac{567}{999}$$

分子・分母に1000をかけた。

$$\frac{567}{999}=\frac{189}{333}=\frac{63}{111}=\frac{21}{37}$$

$$=2+\frac{21}{37}=\frac{2\times37+21}{37}=\frac{95}{37}$$ ……(答)

初めからトライ！問題 52 部分分数分解型の無限級数 CHECK 1 CHECK 2 CHECK 3

次の無限級数の和を求めよ。

(1) $\displaystyle\sum_{k=1}^{\infty}\left(\frac{1}{\sqrt{k}}-\frac{1}{\sqrt{k+1}}\right)$ (2) $\displaystyle\sum_{k=1}^{\infty}\left(3^{-k}-3^{-k-1}\right)$

(3) $\displaystyle\sum_{k=1}^{\infty}\left(\frac{1}{k}-\frac{1}{k+2}\right)$

ヒント！ いずれも，部分分数分解型の無限級数の問題なので，まず，初項から第 n 項までの部分和 $S_n=\displaystyle\sum_{k=1}^{n}(I_k-I_{k+1})=(I_1-I_2)+(I_2-I_3)+(I_3-I_4)+\cdots+(I_n-I_{n+1})=I_1-I_{n+1}$ を求め，$n\to\infty$ の極限をとればいいんだね。(3) は，少し応用だ！

解答＆解説

(1) $S=\displaystyle\sum_{k=1}^{\infty}\left(\frac{1}{\sqrt{k}}-\frac{1}{\sqrt{k+1}}\right)$ ……① とおく。

まず，この初めの n 項までの部分和 S_n を求めると，

$$S_n=\sum_{k=1}^{n}\left(\frac{1}{\sqrt{k}}-\frac{1}{\sqrt{k+1}}\right)$$

← 第 n 項までの和 S_n を求め，$S=\displaystyle\lim_{n\to\infty}S_n$ として，S を求める。

I_k-I_{k+1} の形 ← これが，部分分数分解型の級数の形だ！

$$=\left(\frac{1}{\sqrt{1}}-\frac{1}{\sqrt{2}}\right)+\left(\frac{1}{\sqrt{2}}-\frac{1}{\sqrt{3}}\right)+\left(\frac{1}{\sqrt{3}}-\frac{1}{\sqrt{4}}\right)+\cdots+\left(\frac{1}{\sqrt{n}}-\frac{1}{\sqrt{n+1}}\right)$$

（$k=1$ のとき）（$k=2$ のとき）（$k=3$ のとき）（$k=n$ のとき）

$$=1-\frac{1}{\sqrt{n+1}}$$

← 途中の項が，すべて消去されて，スッキリした！

よって，求める①の無限級数の和 S は，

$$S=\lim_{n\to\infty}S_n=\lim_{n\to\infty}\left(1-\frac{1}{\sqrt{n+1}}\right)=1-0=1$$ ……………………………………(答)

（$\frac{1}{\infty}=0$）

(2) $T=\displaystyle\sum_{k=1}^{\infty}\left(3^{-k}-3^{-(k+1)}\right)$ ……② とおく。

I_k-I_{k+1} の形だ！

まず，この初めの n 項までの部分和 T_n を求めると，

$$T_n = \sum_{k=1}^{n}\left(3^{-k} - 3^{-(k+1)}\right)$$

$$= \left(3^{-1} - 3^{-2}\right) + \left(3^{-2} - 3^{-3}\right) + \left(3^{-3} - 3^{-4}\right) + \cdots + \left(3^{-n} - 3^{-(n+1)}\right)$$

途中の項がバサバサ…と消える！

$$= \frac{1}{3} - \frac{1}{3^{n+1}}$$

よって，求める②の無限級数の和 T は，

$$T = \lim_{n\to\infty} T_n = \lim_{n\to\infty}\left(\frac{1}{3} - \boxed{\frac{1}{3^{n+1}}}\right) = \frac{1}{3} - 0 = \frac{1}{3} \quad \cdots\cdots(答)$$

$\frac{1}{\infty} = 0$

(3) $U = \displaystyle\sum_{k=1}^{\infty}\left(\frac{1}{k} - \frac{1}{k+2}\right)$ ……③ とおく。

まず，この初めの n 項までの部分和 U_n を求めると，

$$U_n = \sum_{k=1}^{n}\left(\frac{1}{k} - \frac{1}{k+2}\right)$$

$I_k - I_{k+2}$ の形

この場合，最初の 2 項と最後の 2 項が残る。

$$= \left(\frac{1}{1} - \frac{1}{3}\right) + \left(\frac{1}{2} - \frac{1}{4}\right) + \left(\frac{1}{3} - \frac{1}{5}\right) + \left(\frac{1}{4} - \frac{1}{6}\right) + \cdots$$

$$+ \left(\frac{1}{n-1} - \frac{1}{n+1}\right) + \left(\frac{1}{n} - \frac{1}{n+2}\right)$$

$$= 1 + \frac{1}{2} - \frac{1}{n+1} - \frac{1}{n+2} = \frac{3}{2} - \frac{1}{n+1} - \frac{1}{n+2} \text{ となる。}$$

よって，求める③の無限級数の和 U は，

$$U = \lim_{n\to\infty} U_n = \lim_{n\to\infty}\left(\frac{3}{2} - \boxed{\frac{1}{n+1}} - \boxed{\frac{1}{n+2}}\right) = \frac{3}{2} - 0 - 0 = \frac{3}{2} \quad \cdots\cdots(答)$$

$\frac{1}{\infty} = 0$　　$\frac{1}{\infty} = 0$

初めからトライ！問題 53	等差数列型漸化式と極限	CHECK 1	CHECK 2	CHECK 3

数列 $\{a_n\}$ が，$a_1=3$，$a_{n+1}=a_n-4$ $(n=1,\ 2,\ 3,\ \cdots)$ で定義されるとき，

極限 $\lim_{n\to\infty}\dfrac{2a_n}{a_{n+2}}$ を求めよ。

ヒント！ 数列 $\{a_n\}$ は，初項 $a_1=3$，公差 $d=-4$ の等差数列なので，一般項 a_n を求めて，その n に $n+2$ を代入して，a_{n+2} も求めればいい。

解答＆解説

$$\begin{cases} a_1=3 \\ a_{n+1}=a_n+\underbrace{(-4)}_{d(\text{公差})} \end{cases} \quad (n=1,\ 2,\ 3,\ \cdots) \text{ より，}$$

数列 $\{a_n\}$ は，初項 $a_1=3$，公差 $d=-4$ の等差数列なので，この一般項 a_n は，

$$a_n=a_1+(n-1)\cdot d=3+(n-1)\cdot(-4)=3-4n+4$$

$\therefore\ a_n=-4n+7\ \cdots\cdots①\quad (n=1,\ 2,\ 3,\ \cdots)$ となる。

このとき，a_{n+2} は，（a_n の n に $n+2$ を代入したもの）

$$a_{n+2}=-4(n+2)+7=-4n-8+7=-4n-1\ \cdots\cdots②$$

以上①，②より，求める極限は，

$$\lim_{n\to\infty}\frac{2a_n}{a_{n+2}}=\lim_{n\to\infty}\frac{2(-4n+7)}{-4n-1}=\lim_{n\to\infty}\frac{-8n+14}{-4n-1}\quad\left[=\frac{1\text{ 次の }-\infty}{1\text{ 次の }-\infty}\right]$$

$$=\lim_{n\to\infty}\frac{-8+\boxed{\frac{14}{n}}}{-4-\boxed{\frac{1}{n}}}$$

（$\frac{14}{n}\to 0$，$\frac{1}{n}\to 0$）（分子・分母を n で割った。）

$$=\frac{-8+0}{-4-0}=\frac{-8}{-4}=\frac{8}{4}=2 \ \cdots\cdots\cdots\cdots\cdots\cdots\cdots(\text{答})$$

初めからトライ！問題 54 等比数列型漸化式と極限 CHECK 1 CHECK 2 CHECK 3

数列 $\{b_n\}$ が，$b_1=2$，$b_{n+1}=3b_n$ $(n=1,\ 2,\ 3,\ \cdots)$ で定義されるとき，極限 $\lim_{n\to\infty}\dfrac{b_n(b_{2n}-1)}{b_{3n}}$ を求めよ。

ヒント！ 数列 $\{b_n\}$ は，初項 $b_1=2$，公比 $r=3$ の等比数列なので，一般項 b_n を求めて，その n に $2n$ や $3n$ を代入して，b_{2n} や b_{3n} を求めればいいんだね。

解答＆解説

$$\begin{cases} b_1=2 \\ b_{n+1}=\underset{r(\text{公比})}{3}b_n \quad (n=1,\ 2,\ 3,\ \cdots) \end{cases}$$ より，

数列 $\{b_n\}$ は，初項 $b_1=2$，公比 $r=3$ の等比数列なので，この一般項 b_n は，

$b_n=b_1\cdot r^{n-1}=2\cdot 3^{n-1}$ ……① $(n=1,\ 2,\ 3,\ \cdots)$ となる。

このとき，b_{2n} と b_{3n} は，

$b_{2n}=2\cdot 3^{2n-1}$ ……②，$b_{3n}=2\cdot 3^{3n-1}$ ……③

（b_{2n} は b_n の n に $2n$ を，また b_{3n} は b_n の n に $3n$ を代入したものなんだね。）

以上①，②，③より，求める極限は，

$$\lim_{n\to\infty}\frac{b_n(b_{2n}-1)}{b_{3n}}=\lim_{n\to\infty}\frac{2\cdot 3^{n-1}(2\cdot 3^{2n-1}-1)}{2\cdot 3^{3n-1}}$$

$$=\lim_{n\to\infty}\frac{4\cdot \underbrace{3^{n-1+2n-1}}_{3^{3n-2}}-2\cdot 3^{n-1}}{2\cdot 3^{3n-1}}$$

$$\left(\frac{4\cdot 3^{3n-2}}{2\cdot 3^{3n-1}}-\frac{2\cdot 3^{n-1}}{2\cdot 3^{3n-1}}=2\cdot 3^{3n-2-3n+1}-3^{n-1-3n+1}=2\cdot 3^{-1}-3^{-2n}\right)$$

$$=\lim_{n\to\infty}\left(\frac{2}{3}-\frac{1}{3^{2n}}\right)$$

$$=\lim_{n\to\infty}\left\{\frac{2}{3}-\underbrace{\left(\frac{1}{3}\right)^{2n}}_{\to 0}\right\}$$

$$=\frac{2}{3}-0=\frac{2}{3}$$ ……………………………………………………(答)

初めからトライ！問題 55	階差数列型漸化式と極限	CHECK 1	CHECK 2	CHECK 3

数列 $\{a_n\}$ が，$a_1 = 0$，$a_{n+1} - a_n = 2n$ $(n = 1, 2, 3, \cdots)$ で定義されるとき，極限 $\lim_{n \to \infty} \frac{a_{n+1}}{a_n + 1}$ を求めよ。

ヒント！ 階差数列型漸化式：$a_1 = a$，$a_{n+1} - a_n = b_n$ のとき，その解は，$n \geqq 2$ で，$a_n = a + \sum_{k=1}^{n-1} b_k$ となるんだね。後は，a_{n+1} を求めて，極限を求めよう。

解答＆解説

$$\begin{cases} a_1 = 0 \\ a_{n+1} - a_n = 2n \quad (n = 1, 2, 3, \cdots) \end{cases}$$ より，

$n \geqq 2$ で，$a_n = \underset{0}{a_1} + \sum_{k=1}^{n-1} 2k = 2 \underbrace{\sum_{k=1}^{n-1} k}_{\frac{1}{2}n(n-1)}$

公式：$\sum_{k=1}^{n} k = \frac{1}{2}n(n+1)$ より，

$$\sum_{k=1}^{n-1} k = \frac{1}{2}(n-1)(n-1+1) = \frac{1}{2}n(n-1)$$

n の代わりに，$n-1$ を代入したもの

$$= 2 \cdot \frac{1}{2} \cdot n(n-1) = n^2 - n$$

（これは，$n=1$ のとき $a_1 = 1^2 - 1 = 0$ となって，みたす。）

∴一般項 $a_n = n^2 - n$ ……① $(n = 1, 2, 3, \cdots)$ より，

$$a_{n+1} = (n+1)^2 - (n+1) = n^2 + 2n + 1 - n - 1 = n^2 + n \quad \cdots\cdots②$$

以上①，②より，求める極限は，

$$\lim_{n \to \infty} \frac{a_{n+1}}{a_n + 1} = \lim_{n \to \infty} \frac{n^2 + n}{n^2 - n + 1} \quad \left[= \frac{2\text{次の}\infty}{2\text{次の}\infty} \right]$$

$$= \lim_{n \to \infty} \frac{1 + \frac{1}{n}}{1 - \frac{1}{n} + \frac{1}{n^2}}$$

分子・分母を n^2 で割った。（$\frac{1}{n} \to 0$，$\frac{1}{n^2} \to 0$）

$$= \frac{1+0}{1-0+0} = \frac{1}{1} = 1$$ ……（答）

初めからトライ！問題 56 等比関数列型漸化式と極限 CHECK 1 CHECK 2 CHECK 3

(1) 数列 $\{a_n\}$ が，$a_1 = 2$，$a_{n+1} - 1 = \frac{1}{3}(a_n - 1)$ $(n = 1, 2, 3, \cdots)$ で定義されるとき，極限 $\lim_{n \to \infty} a_n$ を求めよ。

(2) 数列 $\{b_n\}$ が，$b_1 = -2$，$b_{n+1} + 3 = -\frac{1}{2}(b_n + 3)$ $(n = 1, 2, 3, \cdots)$ で定義されるとき，極限 $\lim_{n \to \infty} b_n$ を求めよ。

ヒント！ 等比関数列型漸化式：$F(n+1) = r \cdot F(n)$ のとき，これから，$F(n) = F(1) \cdot r^{n-1}$ となり，アッという間に一般項が求まるんだね。

解答＆解説

(1) $a_1 = 2$，$a_{n+1} - 1 = \frac{1}{3}(a_n - 1)$ より，　$\left[F(n+1) = \frac{1}{3} \cdot F(n)\right]$

アッという間！

$$a_n - 1 = (\underset{2}{a_1} - 1) \cdot \left(\frac{1}{3}\right)^{n-1} \qquad \left[F(n) = F(1) \cdot \left(\frac{1}{3}\right)^{n-1}\right]$$

$\therefore$ 一般項 $a_n = 1 + \left(\frac{1}{3}\right)^{n-1}$ $(n = 1, 2, 3, \cdots)$ より，求める極限は，

$$\lim_{n \to \infty} a_n = \lim_{n \to \infty} \left\{1 + \underbrace{\left(\frac{1}{3}\right)^{n-1}}_{0}\right\} = 1 + 0 = 1$$ ……………………(答)

(2) $b_1 = -2$，$b_{n+1} + 3 = -\frac{1}{2}(b_n + 3)$ より，　$\left[F(n+1) = -\frac{1}{2} \cdot F(n)\right]$

アッ！

$$b_n + 3 = (\underset{-2}{b_1} + 3) \cdot \left(-\frac{1}{2}\right)^{n-1} \qquad \left[F(n) = F(1) \cdot \left(-\frac{1}{2}\right)^{n-1}\right]$$

$\therefore$ 一般項 $b_n = -3 + \left(-\frac{1}{2}\right)^{n-1}$ $(n = 1, 2, 3, \cdots)$ より，求める極限は，

$$\lim_{n \to \infty} b_n = \lim_{n \to \infty} \left\{-3 + \underbrace{\left(-\frac{1}{2}\right)^{n-1}}_{0}\right\} = -3 + 0 = -3$$ ……………………(答)

初めからトライ！問題 57　$a_{n+1}=pa_n+q$ 型の漸化式と極限　CHECK 1　CHECK 2　CHECK 3

次の各問に答えよ。

(1) 数列 $\{a_n\}$ が，$a_1=4$，$a_{n+1}=\dfrac{2}{3}a_n+1$　$(n=1,\ 2,\ 3,\ \cdots)$ で定義されるとき，極限 $\displaystyle\lim_{n\to\infty}a_n$ を求めよ。

(2) 数列 $\{b_n\}$ が，$b_1=3$，$b_{n+1}=4b_n+3$　$(n=1,\ 2,\ 3,\ \cdots)$ で定義されるとき，極限 $\displaystyle\lim_{n\to\infty}\dfrac{b_{n+1}}{2b_n}$ を求めよ。

ヒント！ $a_{n+1}=pa_n+q$ 型の漸化式の場合，特性方程式 $x=px+q$ の解 $x=\alpha$ を用いて，$a_{n+1}-\alpha=p(a_n-\alpha)$，すなわち $F(n+1)=r\cdot F(n)$ の形にもち込むんだね。

解答＆解説

(1) $\begin{cases} a_1=4 \\ a_{n+1}=\dfrac{2}{3}a_n+1 \ \cdots\cdots① \end{cases}$　$(n=1,\ 2,\ 3,\ \cdots)$ とおく。

①の特性方程式：

$x=\dfrac{2}{3}x+1$ ……②を解いて，

$\dfrac{1}{3}x=1$　$\therefore x=3$

よって，この解 $x=3$ を用いて①を変形すると，

$a_{n+1}-3=\dfrac{2}{3}(a_n-3)$ より，

$\left[\ F(n+1)=\dfrac{2}{3}\cdot F(n)\ \right]$

$\begin{cases} a_{n+1}=\dfrac{2}{3}a_n+1 \ \cdots\cdots① \\ x\ =\dfrac{2}{3}x+1 \ \cdots\cdots② \end{cases}$

①－②より

$a_{n+1}-x=\dfrac{2}{3}(a_n-x)$

となる。この x に解 $x=3$ を代入したもの。

アッという間！

$a_n-3=(\boxed{a_1}-3)\cdot\left(\dfrac{2}{3}\right)^{n-1}$　（$a_1=4$）　これに $a_1=4$ を代入して，

$\left[\ F(n)=\ F(1)\ \cdot\left(\dfrac{2}{3}\right)^{n-1}\ \right]$

一般項 $a_n = 3 + \left(\frac{2}{3}\right)^{n-1}$ $(n = 1, 2, 3, \cdots)$ が求まる。

よって，求める極限は

$$\lim_{n\to\infty} a_n = \lim_{n\to\infty}\left\{3 + \left(\frac{2}{3}\right)^{n-1}\right\} = 3 + 0 = 3 \quad \cdots\cdots\text{(答)}$$

(2) $\begin{cases} b_1 = 3 \\ b_{n+1} = 4b_n + 3 \quad \cdots\cdots③ \quad (n = 1, 2, 3, \cdots) \end{cases}$

とおく。

③の特性方程式：

$x = 4x + 3$ ……④を解いて，

$3x = -3 \quad \therefore x = -1$

よって，この解 $x = -1$ を用いて③を変形すると，

$b_{n+1} + 1 = 4(b_n + 1)$ より

$[F(n+1) = 4 \cdot F(n)]$

$\begin{cases} b_{n+1} = 4b_n + 3 \quad \cdots\cdots③ \\ x \ \ = 4x + 3 \quad \cdots\cdots④ \end{cases}$

③－④より

$b_{n+1} - x = 4(b_n - x)$

となる。この x に解 $x = -1$ を代入して，

$b_{n+1} - (-1) = 4\{b_n - (-1)\}$

アッという間！

$b_n + 1 = (b_1 + 1) \cdot 4^{n-1}$ 　これに $b_1 = 3$ を代入して，

$[F(n) = F(1) \cdot 4^{n-1}]$

一般項 $b_n = 4^n - 1$ ……⑤ $(n = 1, 2, 3, \cdots)$ が求まる。

よって，$b_{n+1} = 4^{n+1} - 1$ ……⑥ ← b_n の n の代わりに $n+1$ を代入したもの

以上⑤，⑥より，求める極限は，

$$\lim_{n\to\infty} \frac{b_{n+1}}{2b_n} = \lim_{n\to\infty} \frac{4^{n+1} - 1}{2\cdot(4^n - 1)}$$

← 分子・分母を 4^n で割ると

$$= \lim_{n\to\infty} \frac{4 - \left(\frac{1}{4}\right)^n}{2\cdot\left\{1 - \left(\frac{1}{4}\right)^n\right\}}$$

$$= \frac{4 - 0}{2\cdot(1 - 0)} = \frac{4}{2} = 2 \quad \cdots\cdots\text{(答)}$$

第 4 章 ● 数列の極限の公式を復習しよう！

1. $\lim_{n\to\infty} r^n$ **の極限の公式**

$$\lim_{n\to\infty} r^n = \begin{cases} 0 & (-1 < r < 1 \text{ のとき}) \\ 1 & (r = 1 \text{ のとき}) \\ \text{発散} & (r \leqq -1,\ 1 < r \text{ のとき}) \end{cases}$$

$r < -1,\ 1 < r$ のとき，$\lim_{n\to\infty}\left(\frac{1}{r}\right)^n = 0$ $\left(\because -1 < \frac{1}{r} < 1\right)$

2. Σ **計算の公式**

(1) $\sum_{k=1}^{n} k = \frac{1}{2}n(n+1)$ (2) $\sum_{k=1}^{n} k^2 = \frac{1}{6}n(n+1)(2n+1)$

(3) $\sum_{k=1}^{n} k^3 = \frac{1}{4}n^2(n+1)^2$ (4) $\sum_{k=1}^{n} c = \underbrace{c+c+\cdots+c}_{n \text{ 個の } c \text{ の和}} = nc$ (c：定数)

3. 2つのタイプの無限級数の和

(Ⅰ)無限等比級数の和の公式

$$\sum_{k=1}^{\infty} ar^{k-1} = a + ar + ar^2 + \cdots = \frac{a}{1-r}$$ （収束条件：$-1 < r < 1$）

（a：初項，r：公比）

(Ⅱ)部分分数分解型

(ⅰ) まず，部分和 S_n を求める。（部分分数分解型）

$$S_n = \sum_{k=1}^{n}(I_k - I_{k+1}) = I_1 - I_{n+1}$$

(ⅱ) 次に，$n\to\infty$ として，無限級数の和を求める。

$$\lim_{n\to\infty} S_n = \lim_{n\to\infty}(I_1 - I_{n+1})$$

4. 階差数列型の漸化式

$a_{n+1} - a_n = b_n$ のとき，

$n \geqq 2$ で，$a_n = a_1 + \sum_{k=1}^{n-1} b_k$

5. 等比関数列型の漸化式

$F(n+1) = r\cdot F(n)$ のとき，

$F(n) = F(1)\cdot r^{n-1}$

(ex) $a_{n+1} - 2 = 3(a_n - 2)$ のとき，

$a_n - 2 = (a_1 - 2)\cdot 3^{n-1}$

第5章
CHAPTER

5 関数の極限

- 関数の極限の基本
- いろいろな関数の極限
  （三角関数，指数・対数関数）
- 関数の連続性，中間値の定理

“関数の極限”を初めから解こう！ 公式＆解法パターン

1. 関数の極限の基本から始めよう。

x が a に限りなく近づくとき，関数 $f(x)$ が一定の値 α に限りなく近づくならば，これを，$\lim_{x \to a} f(x) = \alpha$ と表す。（a は $\pm\infty$ でもよい）　この場合，$x \to a$ のとき $f(x)$ は α に**収束する**(しゅうそく)といい，α を $f(x)$ の**極限値**(きょくげんち)というんだね。

（$\lim_{x \to a} f(x) = \infty$ や $\lim_{x \to a} f(x) = -\infty$，または $\lim_{x \to a} f(x)$ がある値に定まらないとき，$f(x)$ は**発散する**(はっさん)という。）

(1) 関数の極限の性質も示しておこう。

$\lim_{x \to a} f(x) = \alpha$，$\lim_{x \to a} g(x) = \beta$ のとき，次の公式が成り立つ。

(ⅰ) $\lim_{x \to a} kf(x) = k\alpha$　（k：実数定数）

(ⅱ) $\lim_{x \to a} \{f(x) + g(x)\} = \alpha + \beta$　(ⅲ) $\lim_{x \to a} \{f(x) - g(x)\} = \alpha - \beta$

(ⅳ) $\lim_{x \to a} f(x) \cdot g(x) = \alpha \cdot \beta$　(ⅴ) $\lim_{x \to a} \dfrac{f(x)}{g(x)} = \dfrac{\alpha}{\beta}$　$(\beta \neq 0)$

(2) 極限には，右側極限と左側極限がある。

(ⅰ) x が a より大きい側から a に近づく場合の $f(x)$ の極限は，
$\lim_{x \to a+0} f(x)$ と表し，これを**右側極限**(みぎがわきょくげん)という。

(ⅱ) x が a より小さい側から a に近づく場合の $f(x)$ の極限は，
$\lim_{x \to a-0} f(x)$ と表し，これを**左側極限**(ひだりがわきょくげん)というんだね。

関数 $f(x)$ の右側極限が $\lim_{x \to a+0} f(x) = \alpha$ であり，左側極限が $\lim_{x \to a-0} f(x) = \beta$ であるとき，次の公式が成り立つ。

(ⅰ) $\alpha = \beta$ ならば，$\lim_{x \to a} f(x) = \alpha$ $(= \beta)$ となる。

(ⅱ) $\alpha \neq \beta$ ならば，$x \to a$ のとき，$f(x)$ の極限はないという。

2. $\frac{\infty}{\infty}$ の不定形や $\frac{0}{0}$ の不定形にも慣れよう。

分数関数の極限では，$\frac{\infty}{\infty}$ の極限や，$\frac{0}{0}$ の極限の問題もよく出題される。

(ⅰ) $\frac{\infty}{\infty}$ の場合は，分子と分母が ∞ に大きくなる強・弱の違いで，収束したり，発散したりする場合があり，(ⅱ) $\frac{0}{0}$ の場合は，分子・分母が 0 に近づく速さの違いにより，収束したり，発散したりする場合があるんだ。実際に問題を解きながら，慣れていくといいよ。

(ex) $\lim_{x\to\infty}\frac{2x^2}{x^2+1}=\lim_{x\to\infty}\frac{2}{1+\frac{1}{x^2}}=\frac{2}{1+0}=2$

（$\frac{\infty}{\infty}$ の不定形だ。分子・分母を x^2 で割った。　$\frac{1}{x^2}\to 0$）

(ex) $\lim_{x\to 2}\frac{x-2}{x^2-4}=\lim_{x\to 2}\frac{x-2}{(x+2)(x-2)}=\lim_{x\to 2}\frac{1}{x+2}=\frac{1}{2+2}=\frac{1}{4}$

（$\frac{0}{0}$ の不定形だ。$\frac{0}{0}$ となる要素を消去した。　$x\to 2$）

3. 関数の極限の大小関係も押さえよう。

2つの関数 $f(x)$ と $g(x)$ の極限について，

$\lim_{x\to a}f(x)=\alpha$，$\lim_{x\to a}g(x)=\beta$ とする。このとき，

(1) $f(x)\leqq g(x)$ ならば，$\alpha\leqq\beta$ が成り立つ。

(2) $f(x)\leqq h(x)\leqq g(x)$ かつ $\alpha=\beta$ ならば，$\lim_{x\to a}h(x)=\alpha$ となる。

（(2) は，関数の極限における“**はさみ打ちの原理**”なんだね。よく使う手法だ。）

4. 三角関数の極限の公式は，最重要公式だ。

(1) $\lim_{x\to 0}\frac{\sin x}{x}=1$　(2) $\lim_{x\to 0}\frac{\tan x}{x}=1$　(3) $\lim_{x\to 0}\frac{1-\cos x}{x^2}=\frac{1}{2}$

(ex) $\lim_{x\to 0}\frac{\sin 2x}{x}$ （$\frac{0}{0}$ の不定形）について，$2x=\theta$ とおくと，

$x\to 0$ のとき $\theta\to 0$ より，

$$\lim_{x\to 0}\frac{\sin 2x}{x}=\lim_{\substack{x\to 0\\(\theta\to 0)}}2\cdot\frac{\sin 2x}{2x}=\lim_{\theta\to 0}2\cdot\frac{\sin\theta}{\theta}=2\times 1=2$$ となる。

（$2x=\theta$，$\frac{\sin\theta}{\theta}\to 1$）

(ex) $\lim_{x\to 0}\frac{1-\cos x}{x}=\lim_{x\to 0}x\cdot\frac{1-\cos x}{x^2}=0\times\frac{1}{2}=0$ となる。

（$x\to 0$，$\frac{1-\cos x}{x^2}\to\frac{1}{2}$）

5. ネイピア数 e をマスターしよう。

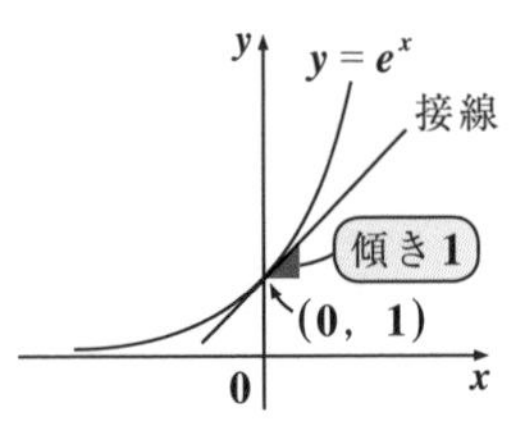

指数関数 $y = a^x$ $(a > 1)$ は単調増加関数で，必ず点 $(0,\ 1)$ を通る。ここで，この点 $(0,\ 1)$ における $y = a^x$ の接線の傾きが 1 となるような a の値を e とおき，これを**ネイピア数**というんだね。$e \fallingdotseq 2.72$ と覚えておくといいよ。

e に収束する極限の公式を覚えよう。

(ⅰ) $\displaystyle\lim_{x \to \pm\infty}\left(1 + \frac{1}{x}\right)^x = e$　　　(ⅱ) $\displaystyle\lim_{h \to 0}(1 + h)^{\frac{1}{h}} = e$

(ex) $\displaystyle\lim_{t \to 0}(1 + 2t)^{\frac{1}{t}}$ について，$2t = h$ とおくと，$t \to 0$ のとき $h \to 0$

$$\therefore \lim_{\substack{t \to 0\\(h \to 0)}}\left\{(1 + \underbrace{2t}_{h})^{\overbrace{\frac{1}{2t}}^{\frac{1}{h}}}\right\}^2 = \lim_{h \to 0}\left\{\underbrace{(1 + h)^{\frac{1}{h}}}_{e}\right\}^2 = e^2$$ となる。

6. 自然(しぜん)対数とは，$y = e^x$ の逆関数のことだ。

$y = e^x$ は 1 対 1 対応の関数だから，その逆関数を求めると，

$y = e^x$ ←逆関数→ $x = e^y$ ←（x と y を入れ替えたもの）

これは $y = \log_e x$ と変形できる。

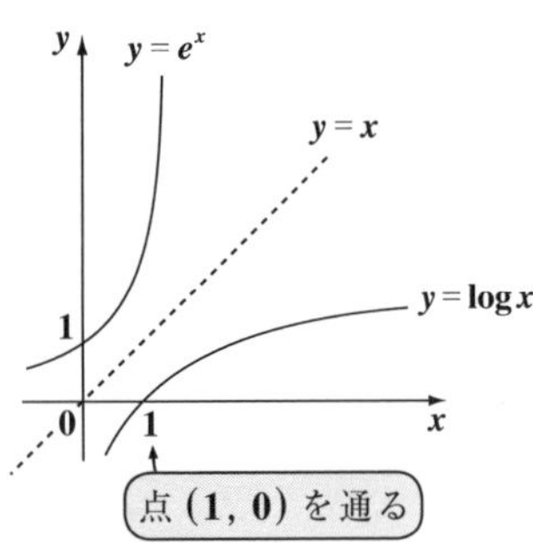

この底 e の対数関数 $y = \log_e x$ のことを特に**自然対数関数**といい，底 e を略して $y = \log x$ と表すんだね。

(1) 自然対数の計算公式を覚えよう。（ただし，$x > 0$，$y > 0$，$a > 0$，$a \neq 1$）

(ⅰ) $\log 1 = 0$　　　(ⅱ) $\log e = 1$

(ⅲ) $\log xy = \log x + \log y$　　　(ⅳ) $\log \dfrac{x}{y} = \log x - \log y$

(ⅴ) $\log x^p = p\log x$　　　(ⅵ) $\log x = \dfrac{\log_a x}{\log_a e}$

(2) 指数関数と対数関数の極限公式も重要だ。

(ⅰ) $\displaystyle\lim_{x\to 0}\frac{\log(1+x)}{x}=1$　　(ⅱ) $\displaystyle\lim_{x\to 0}\frac{e^x-1}{x}=1$

(ex) $\displaystyle\lim_{t\to 0}\frac{\log(1+3t)}{t}$ について，$3t=x$ とおくと，

$t\to 0$ のとき $x\to 0$ より，

$$\lim_{t\to 0}\frac{\log(1+3t)}{t}=\lim_{\substack{t\to 0\\(x\to 0)}}3\cdot\frac{\log(1+\boxed{3t})}{\boxed{3t}}$$

（$3t=x$）

$$=\lim_{x\to 0}3\cdot\boxed{\frac{\log(1+x)}{x}}=3\cdot 1=3$$

（枠内 → 1）

(ex) $\displaystyle\lim_{u\to 0}\frac{e^{2u}-1}{u}$ について，$2u=x$ とおくと，$u\to 0$ のとき，$x\to 0$ より，

$$\lim_{u\to 0}\frac{e^{2u}-1}{u}=\lim_{\substack{u\to 0\\(x\to 0)}}2\cdot\frac{e^{\boxed{2u}}-1}{\boxed{2u}}=\lim_{x\to 0}2\cdot\boxed{\frac{e^x-1}{x}}=2\cdot 1=2$$ となる。

（$2u=x$，枠内 → 1）

7. 関数 $f(x)$ の連続性の条件も押さえよう。

関数 $f(x)$ が，その定義域内の $x=a$ で連続であるための条件は，

$\displaystyle\lim_{x\to a}f(x)$ の極限値が存在し，かつ

$\displaystyle\lim_{x\to a}f(x)=f(a)$ が成り立つことである。

8. 中間値（ちゅうかんち）の定理は，グラフのイメージで覚えよう。

関数 $y=f(x)$ が，閉区間 $[a,\ b]$ で

（$a\leqq x\leqq b$ のこと）

連続，かつ $f(a)\neq f(b)$ ならば，$f(a)$ と $f(b)$ の間の定数 k に対して，$f(c)=k$ をみたす実数 c が，a と b の間に少なくとも 1 つ存在する。

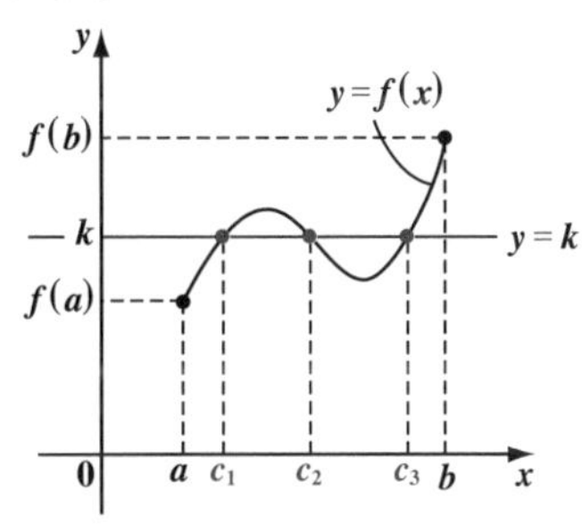

（右のグラフでは，$f(c)=k$ をみたす c が，c_1，c_2，c_3 の 3 個存在する場合を示した。グラフを見ると，中間値の定理が明らかに成り立つことが分かると思う。）

初めからトライ！問題 58　関数の極限の基本　CHECK 1　CHECK 2　CHECK 3

次の関数の極限を調べよ。

(1) $\lim_{x \to 2}(x^2-1)$　(2) $\lim_{x \to -1}(x^2-x)$　(3) $\lim_{x \to -2}|x+1|$

(4) $\lim_{x \to 3}\frac{x-1}{x+1}$　(5) $\lim_{x \to -1}\frac{x-1}{x^2+1}$　(6) $\lim_{x \to 3}\frac{|2-x|}{x^2+2}$

ヒント！ まず，関数の極限の基本問題から始めよう。極限 $\lim_{x \to a} f(x)$ が，素直にある値に収束する問題なので，解答はスグにできると思うけれど，極限の意味をここでシッカリつかんでおこう。

解答＆解説

(1) $\lim_{x \to 2}(x^2-1) = 4-1 = 3$ ……（答）

（$2^2 = 4$）

これは，「x が限りなく 2 に近づくとき，関数 x^2-1 は，$2^2-1=3$ に限りなく近づく」という意味なんだね。

(2) $\lim_{x \to -1}(x^2-x) = 1-(-1) = 2$ ……（答）

（$(-1)^2 = 1$，(-1)）

(3) $\lim_{x \to -2}|x+1| = |-2+1| = |-1| = 1$ ……（答）

（-2）

(4) $\lim_{x \to 3}\frac{x-1}{x+1} = \frac{3-1}{3+1} = \frac{2}{4} = \frac{1}{2}$ ……（答）

（3，3）

(5) $\lim_{x \to -1}\frac{x-1}{x^2+1} = \frac{-1-1}{1+1} = -\frac{2}{2} = -1$ ……（答）

（-1，$(-1)^2 = 1$）

(6) $\lim_{x \to 3}\frac{|2-x|}{x^2+2} = \frac{|2-3|}{9+2} = \frac{|-1|}{11} = \frac{1}{11}$ ……（答）

（3，$3^2 = 9$）

初めからトライ！問題 59	関数の極限	CHECK 1	CHECK 2	CHECK 3

次の関数の極限を調べよ。

(1) $\lim_{x\to\infty}(2x+1)$　(2) $\lim_{x\to\infty}(2x^2-x^3)$　(3) $\lim_{x\to\infty}\frac{2}{x+1}$

(4) $\lim_{x\to\infty}\frac{2x}{x^2+1}$　(5) $\lim_{x\to\infty}\frac{2x^3}{x^3+1}$

ヒント！ $x\to\infty$のときの極限の問題だ。(1) は $2\times\infty+1$ より∞に，(2) は (2次の∞)−(3次の∞) より$-\infty$に，(3) は $\frac{2}{\infty}$ より 0 になることがスグ分かるね。(4)，(5) は $\frac{\infty}{\infty}$ の不定形だけれど，数列の極限のときと同様に，1次，2次，3次の無限大の強弱に気を付けて解いていこう。

解答＆解説

(1) $\lim_{x\to\infty}(2\boxed{x}+1)=2\times\infty+1=\infty$ ……(答)　（$x\to\infty$）

(2) $\lim_{x\to\infty}(2x^2-x^3)$ について，x^3 をくくり出すと，

これは，$\infty-\infty$の不定形だけれど，(2次の∞)−(3次の∞) より，$-\infty$となることが分かるはずだ。

$$\lim_{x\to\infty}\boxed{x^3}\left(\boxed{\frac{2}{x}}-1\right)=\infty\times(0-1)=-\infty \quad\text{……(答)}$$

（$x^3\to\infty$，$\frac{2}{\infty}=0$）

(3) $\lim_{x\to\infty}\frac{2}{\boxed{x}+1}=\frac{2}{\infty+1}=\frac{2}{\infty}=0$ ……(答)　（$x\to\infty$）

(4) $\lim_{x\to\infty}\frac{2x}{x^2+1}$ について，分子・分母を x で割ると，

$\frac{\infty}{\infty}$ の不定形だけれど，$\frac{1\text{次の}\infty}{2\text{次の}\infty}$ より，これは 0 に収束することが分かるね。

$$\lim_{x\to\infty}\frac{2x}{x^2+1}=\lim_{x\to\infty}\frac{2}{\boxed{x}+\boxed{\frac{1}{x}}}=\frac{2}{\infty}=0 \quad\text{……(答)}$$

（$x\to\infty$，$\frac{1}{x}\to0$）

(5) $\lim_{x\to\infty}\frac{2x^3}{x^3+1}$ について，分子・分母を x^3 で割ると，

$\frac{\infty}{\infty}$ の不定形だけれど，$\frac{3\text{次の}\infty}{3\text{次の}\infty}$ より，これはある値に収束するね。

$$\lim_{x\to\infty}\frac{2x^3}{x^3+1}=\lim_{x\to\infty}\frac{2}{1+\boxed{\frac{1}{x^3}}}=\frac{2}{1+0}=2 \quad\text{……(答)}$$

（$\frac{1}{x^3}\to0$）

初めからトライ！問題 60　関数の極限　CHECK 1　CHECK 2　CHECK 3

次の関数の極限を調べよ。

(1) $\lim_{x\to-\infty}\dfrac{3}{1-x}$　　(2) $\lim_{x\to-\infty}\dfrac{2x-1}{2-x}$　　(3) $\lim_{x\to-\infty}\left(\sqrt{1-x}-\sqrt{-x}\right)$

ヒント！ $x\to-\infty$のとき，関数の極限が求めづらいときは，$-x=t$ とおいて，$t\to+\infty$として求めると，アッサリ求まることが多いんだね。チャレンジしてみよう。

解答＆解説

(1) $\lim_{x\to-\infty}\dfrac{3}{1-x}=\dfrac{3}{1+\infty}=\dfrac{3}{\infty}=0$ ……………………(答)

（x は $(-\infty)$）　これは，簡単だからそのまま求めた！

(2) $\lim_{x\to-\infty}\dfrac{2x-1}{2-x}$ について，$x=-t$ とおくと，$x\to-\infty$のとき，$t\to\infty$となる。

よって，

$$\lim_{x\to-\infty}\frac{2x-1}{2-x}=\lim_{t\to\infty}\frac{-2t-1}{2+t}\left[=\frac{1\text{ 次の}-\infty}{1\text{ 次の}\infty}\right]$$

（$x=(-t)$）

$$=\lim_{t\to\infty}\frac{-2-\frac{1}{t}}{\frac{2}{t}+1}=\frac{-2-0}{0+1}=\frac{-2}{1}=-2$$ ……………………(答)

（$\frac{1}{\infty}=0$，$\frac{2}{t}\to0$）

(3) $\lim_{x\to-\infty}\left(\sqrt{1-x}-\sqrt{-x}\right)$ について，$x=-t$ とおくと，$x\to-\infty$のとき，$t\to\infty$ となるので，

$$\lim_{x\to-\infty}\left(\sqrt{1-x}-\sqrt{-x}\right)=\lim_{t\to\infty}\left(\sqrt{1+t}-\sqrt{t}\right)$$

（$x=(-t)$）

$$=\lim_{t\to\infty}\frac{\left(\sqrt{1+t}-\sqrt{t}\right)\left(\sqrt{1+t}+\sqrt{t}\right)}{\sqrt{1+t}+\sqrt{t}}$$

（$1+t-t=1$　公式：$(a-b)(a+b)=a^2-b^2$）

分子・分母に $\sqrt{\ }+\sqrt{\ }$ をかけた。

$$=\lim_{t\to\infty}\frac{1}{\sqrt{1+t}+\sqrt{t}}=\frac{1}{\infty}=0$$ ……………………(答)

（$\infty+\infty=\infty$）

初めからトライ！問題 61　関数の極限　CHECK 1　CHECK 2　CHECK 3

次の関数の極限を調べよ。

(1) $\lim_{x\to 2+0}\frac{1}{x-2}$　(2) $\lim_{x\to 2-0}\frac{1}{x-2}$　(3) $\lim_{x\to -3-0}\frac{-2}{x+3}$

ヒント！ 分母が $\mathbf{0}$ に近づく $\frac{a}{0}$（a：正の定数）の極限では，(ⅰ) 分母が⊕側から $\mathbf{0}$ に近づくと，$\frac{a}{+0}=+\infty$ となり，(ⅱ)⊖側から $\mathbf{0}$ に近づくと，$\frac{a}{-0}=-\infty$ となるんだね。

解答＆解説

(1) $\lim_{x\to 2+0}\frac{1}{x-2}$ について，

「x を，2.00…01 のように，2 より大きい側から 2 に近づける」という意味だね。

$$\lim_{x\to 2+0}\frac{1}{x-2}=\frac{1}{+0}=\infty$$ ……（答）

$+0$ （$=2.00\cdots01-2=+0.00\cdots01$ のことだ）

(2) $\lim_{x\to 2-0}\frac{1}{x-2}$ について，

「x を，1.99…9 のように，2 より小さい側から 2 に近づける」という意味だね。

$$\lim_{x\to 2-0}\frac{1}{x-2}=\frac{1}{-0}=-\infty$$ ……（答）

-0 （$=1.99\cdots9-2=-0.00\cdots01$ のことだ）

(3) $\lim_{x\to -3-0}\frac{-2}{x+3}$ について，

「x を，$-3.00\cdots01$ のように，-3 より小さい側から -3 に近づける」という意味だ。

$$\lim_{x\to -3-0}\frac{-2}{x+3}=\frac{-2}{-0}=\frac{2}{+0}=\infty$$ ……（答）

-0 （$=-3.00\cdots1+3=-0.00\cdots01$ のことだ）

初めからトライ！問題 62	$\frac{0}{0}$ の不定形	CHECK 1	CHECK 2	CHECK 3

次の関数の極限を調べよ。

(1) $\displaystyle\lim_{x\to 0}\frac{x(x-3)}{x^2-x}$　(2) $\displaystyle\lim_{x\to 2}\frac{x^2-4x+4}{x(x-2)}$　(3) $\displaystyle\lim_{x\to -1}\frac{x^2-x-2}{x(x+1)}$

(4) $\displaystyle\lim_{x\to 0}\frac{1}{x}\left(\frac{1}{x-3}+\frac{1}{3}\right)$　(5) $\displaystyle\lim_{x\to 0}\frac{\sqrt{x+4}-2}{x}$　(6) $\displaystyle\lim_{x\to 3}\frac{\sqrt{x+6}-3}{x-3}$

ヒント！ 分子・分母が共に 0 に近づく $\frac{0}{0}$ の不定形の極限の問題だね。この場合，分子と分母で 0 に近づく要素を消去すれば，うまくいくことが多いよ。

解答＆解説

(1) $\displaystyle\lim_{x\to 0}\frac{x(x-3)}{x^2-x}\left[=\frac{0\cdot(0-3)}{0^2-0}=\frac{0}{0}\text{ の不定形だ！}\right]$ について，

$$\lim_{x\to 0}\frac{\cancel{x}(x-3)}{\cancel{x}(x-1)}=\lim_{x\to 0}\frac{\boxed{x}-3}{\boxed{x}-1}=\frac{0-3}{0-1}=\frac{3}{1}=3$$ ………………(答)

（$\frac{0}{0}$ の要素を消去した！）

(2) $\displaystyle\lim_{x\to 2}\frac{x^2-4x+4}{x(x-2)}\left[=\frac{2^2-4\cdot2+4}{2\cdot(2-2)}=\frac{0}{0}\text{ の不定形だね}\right]$ について，

$$\lim_{x\to 2}\frac{(x-2)^{\cancel{2}}}{x\cancel{(x-2)}}=\lim_{x\to 2}\frac{\boxed{x}-2}{\boxed{x}}=\frac{0}{2}=0$$ ………………………(答)

（$\frac{0}{0}$ の要素を消去した！）

(3) $\displaystyle\lim_{x\to -1}\frac{x^2-x-2}{x(x+1)}\left[=\frac{(-1)^2-(-1)-2}{-1\cdot(-1+1)}=\frac{1+1-2}{-(-1+1)}=\frac{0}{0}\text{ の不定形だ}\right]$

について，

$$\lim_{x\to -1}\frac{\cancel{(x+1)}(x-2)}{x\cancel{(x+1)}}=\lim_{x\to -1}\frac{x-2}{x}=\frac{-1-2}{-1}=\frac{3}{1}=3$$ ………(答)

（$\frac{0}{0}$ の要素を消去した！）

(4) $\lim_{x \to 0} \frac{1}{x}\left(\frac{1}{x-3}+\frac{1}{3}\right)$ $\left[=\frac{1}{0}\left(\frac{1}{-3}+\frac{1}{3}\right)=\frac{0}{0}\text{の不定形だね}\right]$について，

$$\lim_{x \to 0} \frac{1}{x} \cdot \frac{\cancel{3}+x-\cancel{3}}{3(x-3)} = \lim_{x \to 0} \frac{\cancel{x}}{3 \cdot \cancel{x} \cdot (x-3)} = \lim_{x \to 0} \frac{1}{3(\boxed{x}-3)}$$

（$\frac{0}{0}$の要素を消去した！）（$x \to 0$）

$$= \frac{1}{3 \cdot (0-3)} = -\frac{1}{3 \times 3} = -\frac{1}{9}$$ ……………………………(答)

(5) $\lim_{x \to 0} \frac{\sqrt{x+4}-2}{x}$ $\left[=\frac{\sqrt{0+4}-2}{0}=\frac{2-2}{0}=\frac{0}{0}\text{の不定形だね}\right]$について，

（公式：$(a-b)(a+b)=a^2-b^2$）（$x+4-2^2=x$）

$$\lim_{x \to 0} \frac{\boxed{(\sqrt{x+4}-2)(\sqrt{x+4}+2)}}{x(\sqrt{x+4}+2)} = \lim_{x \to 0} \frac{\cancel{x}}{\cancel{x}(\sqrt{x+4}+2)}$$

（分子・分母に$\sqrt{\ }+2$をかけた。）（$\frac{0}{0}$の要素を消去した！）

$$= \lim_{x \to 0} \frac{1}{\sqrt{\boxed{x}}+4+2} = \frac{1}{\sqrt{4}+2} = \frac{1}{2+2} = \frac{1}{4}$$ …………(答)

（$x \to 0$）

(6) $\lim_{x \to 3} \frac{\sqrt{x+6}-3}{x-3}$ $\left[=\frac{\sqrt{3+6}-3}{3-3}=\frac{3-3}{3-3}=\frac{0}{0}\text{の不定形だね}\right]$について，

（公式：$(a-b)(a+b)=a^2-b^2$）（$x+6-3^2=x-3$）

$$\lim_{x \to 3} \frac{\boxed{(\sqrt{x+6}-3)(\sqrt{x+6}+3)}}{(x-3)(\sqrt{x+6}+3)}$$

（分子・分母に$\sqrt{\ }+3$をかけた。）

$$= \lim_{x \to 3} \frac{\cancel{x-3}}{(\cancel{x-3})(\sqrt{x+6}+3)}$$

（$\frac{0}{0}$の要素を消去した！）

$$= \lim_{x \to 3} \frac{1}{\sqrt{\boxed{x}}+6+3} = \frac{1}{\sqrt{3+6}+3} = \frac{1}{3+3} = \frac{1}{6}$$ ………(答)

（$x \to 3$）

初めからトライ！問題 63　$\frac{0}{0}$ の不定形　CHECK 1　CHECK 2　CHECK 3

$\lim_{x \to -1} \frac{a\sqrt{x+2}+b}{x+1} = 1$ ……① が成り立つような定数 a，b の値を求めよ。

ヒント！ $x \to -1$ のとき，①の分母：$x+1 \to 0$ となるので，①の分子 $\to 0$ とならなければならない。理由は，分子がたとえば，1 のような，0 以外の数に収束すると，①の極限は $\frac{1}{0}$ となって，$+\infty$ や $-\infty$ に発散してしまい，①の右辺の 1 に収束することは，決してないからなんだね。大丈夫？

解答＆解説

$\lim_{x \to -1} \frac{a\sqrt{x+2}+b}{x+1} = 1$ ……① について，$x \to -1$ のとき，

左辺の分母：$x+1 \to -1+1=0$ に収束するので，①の極限値が 1 となるためには，左辺の分子も 0 に収束しなければならない。よって，

左辺の分子：$a\sqrt{x+2}+b \to a\underbrace{\sqrt{-1+2}}_{1}+b = \boxed{a+b=0}$ ……② となる。

よって，②より，$b=-a$ ……②′ となる。

②′ を①の左辺に代入して，変形すると，

$$\lim_{x \to -1} \frac{a\sqrt{x+2}-a}{x+1} = \lim_{x \to -1} \frac{a(\sqrt{x+2}-1)}{x+1}$$

（$\frac{0}{0}$ の不定形として，この極限が，$\frac{0.0\cdots01}{0.0\cdots01}=1$ のように，1 に収束するイメージだ！）

$$= \lim_{x \to -1} \frac{a(\sqrt{x+2}-1)(\sqrt{x+2}+1)}{(x+1)(\sqrt{x+2}+1)}$$

（分子・分母に $\sqrt{\ }+1$ をかけた。）

（$(\sqrt{x+2}-1)(\sqrt{x+2}+1) = x+2-1^2 = x+1$　←　公式：$(a-b)(a+b)=a^2-b^2$）

$$= \lim_{x \to -1} \frac{a(x+1)}{(x+1)(\sqrt{x+2}+1)} = \lim_{x \to -1} \frac{a}{\sqrt{x+2}+1}$$

（$\frac{0}{0}$ の要素を消去した。）（$x \to -1$）

$$= \frac{a}{\sqrt{-1+2}+1} = \boxed{\frac{a}{2}=1} \ (=①の右辺)$$

$\therefore a=2$　②′ より，$b=-a=-2$ となる。 ……………………………(答)

初めからトライ！問題 64　$\dfrac{0}{0}$ の不定形　CHECK 1　CHECK 2　CHECK 3

$\displaystyle\lim_{x\to 3}\frac{x-3}{a\sqrt{x+1}+b}=4$ ……① が成り立つような定数 a, b の値を求めよ。

ヒント！ $x\to 3$ のとき，①の分子：$x-3\to 0$ となるので，①の分母$\to 0$ とならなければならない。理由は，分母がたとえば，2 のような，0 以外の数に収束すると，①の極限は $\dfrac{0}{2}=0$ となって，①の右辺の 4 に収束することはないからなんだね。

解答＆解説

$\displaystyle\lim_{x\to 3}\frac{x-3}{a\sqrt{x+1}+b}=4$……① について，$x\to 3$ のとき，

左辺の分子：$x-3\to 3-3=0$ に収束するので，①の極限値が 4 となるためには，左辺の分母も 0 に収束しなければならない。よって，

左辺の分母：$a\sqrt{x+1}+b\to a\underbrace{\sqrt{3+1}}_{2}+b=\boxed{2a+b=0}$ ……② となる。

よって，②より，$b=-2a$ ……②′ となる。

②′ を①の左辺に代入して，変形すると，

$\dfrac{0}{0}$ の不定形として，この極限が，$\dfrac{0.0\cdots04}{0.0\cdots01}=4$ のように，4 に収束するイメージだ！

$$\lim_{x\to 3}\frac{x-3}{a\sqrt{x+1}-2a}=\lim_{x\to 3}\frac{x-3}{a(\sqrt{x+1}-2)}$$

$$=\lim_{x\to 3}\frac{(x-3)(\sqrt{x+1}+2)}{a\underbrace{(\sqrt{x+1}-2)(\sqrt{x+1}+2)}_{x+1-2^2=x-3}}$$

分子・分母に $\sqrt{\ }+2$ をかけた！

公式：$(a-b)(a+b)=a^2-b^2$

$$=\lim_{x\to 3}\frac{(x-3)(\sqrt{x+1}+2)}{a(x-3)}=\lim_{x\to 3}\frac{\sqrt{x+1}+2}{a}$$

$\dfrac{0}{0}$ の要素を消去した。（$x\to 3$）

$$=\frac{\sqrt{3+1}+2}{a}=\boxed{\frac{4}{a}=4}\ (=①の右辺)$$

$\therefore a=1$　②′ より，$b=-2a=-2\cdot 1=-2$ となる。…………………………(答)

初めからトライ！問題 65	関数の極限	CHECK 1	CHECK 2	CHECK 3

関数 $f(x) = \dfrac{x^2+3x+2}{|x+1|}$ について，

(i) 極限 $\displaystyle\lim_{x\to-1+0} f(x)$ と (ii) 極限 $\displaystyle\lim_{x\to-1-0} f(x)$ を調べよ。

ヒント！ これも，$x\to-1$ のとき，$\dfrac{0}{0}$ の不定形だけれど，(i) $x\to-1+0$ のときと，(ii) $x\to-1-0$ のときでは，極限値が異なることになる。慎重に解いていこう。

解答＆解説

$$f(x) = \frac{x^2+3x+2}{|x+1|} = \frac{(x+1)(x+2)}{|x+1|} \quad \cdots\cdots ①$$

について，

分母の $|x+1| = \begin{cases} x+1 & (x>-1 \text{ のとき}) \\ -(x+1) & (x<-1 \text{ のとき}) \end{cases}$

$|x+1|$ は①の分母にあるので，$x=-1$ のときは，0 となって定義できない。

(i) $\displaystyle\lim_{x\to-1+0} f(x) = \lim_{x\to-1+0} \frac{(x+1)(x+2)}{|x+1|}$　（$|x+1| = x+1$）

「x を，$-0.999\cdots9$ のように，-1 より大きい側から -1 に近づける」ということだから，$x>-1$ だね。よって，$|x+1|=x+1$ となるんだね。

$$= \lim_{x\to-1+0} \frac{(x+1)(x+2)}{x+1}$$

$\dfrac{0}{0}$ の要素を消去した。

$$= \lim_{x\to-1+0} (x+2) = -1+2 = 1 \quad \cdots\cdots (\text{答})$$

（$x \to -1$）

(ii) $\displaystyle\lim_{x\to-1-0} f(x) = \lim_{x\to-1-0} \frac{(x+1)(x+2)}{|x+1|}$　（$|x+1| = -(x+1)$）

「x を，$-1.00\cdots01$ のように，-1 より小さい側から -1 に近づける」ということだから，$x<-1$ だね。よって，$|x+1|=-(x+1)$ となるんだね。

$$= \lim_{x\to-1-0} \frac{(x+1)(x+2)}{-(x+1)}$$

$\dfrac{0}{0}$ の要素を消去した。

$$= \lim_{x\to-1-0} \{-(x+2)\} = -(-1+2) = -1 \quad \cdots\cdots (\text{答})$$

（$x \to -1$）

初めからトライ！問題 66	三角関数の極限の基本	CHECK 1	CHECK 2	CHECK 3

次の関数の極限を調べよ。

(1) $\lim_{x\to 0} x\cdot\sin x$　　(2) $\lim_{x\to\frac{\pi}{2}} 2\sin x$　　(3) $\lim_{x\to 0}\frac{\cos 2x}{2}$

(4) $\lim_{x\to\pi} x\cdot\cos 2x$　　(5) $\lim_{x\to\frac{\pi}{2}} 3\tan 2x$　　(6) $\lim_{x\to\frac{\pi}{2}-0} 2\tan x$

ヒント！ いずれの問題も不定形ではないので，三角関数の知識 ($\sin 0=0$, $\cos 0=1$, …など) があれば，比較的楽に答えが出せると思うよ。

解答＆解説

(1) $\lim_{x\to 0} x\cdot\sin x = 0\cdot\sin 0 = 0$ ……………………(答)

（$x\to 0$, $\sin 0 = 0$）

(2) $\lim_{x\to\frac{\pi}{2}} 2\sin x = 2\cdot\sin\frac{\pi}{2} = 2\cdot 1 = 2$ ……………………(答)

（$\frac{\pi}{2}\,(=90^\circ)$, $\sin\frac{\pi}{2}=1$）

(3) $\lim_{x\to 0}\frac{\cos 2x}{2} = \frac{\cos 0}{2} = \frac{1}{2}$ ……………………(答)

（$2x\to 0$, $\cos 0 = 1$）

(4) $\lim_{x\to\pi} x\cdot\cos 2x = \pi\cdot\cos 2\pi = \pi\cdot 1 = \pi$ ……………………(答)

（$x\to\pi$, 2π は 360°, $\cos 0 = 1$）

(5) $\lim_{x\to\frac{\pi}{2}} 3\tan 2x = 3\tan\left(2\cdot\frac{\pi}{2}\right) = 3\cdot\tan\pi = 3\cdot 0 = 0$ ……………………(答)

（$\frac{\pi}{2}\,(=90^\circ)$, π は 180°, $\tan\pi = 0$）

(6) $\lim_{x\to\frac{\pi}{2}-0} 2\tan x$ について，右のグラフより，

x を $\frac{\pi}{2}$ より小さい側から $\frac{\pi}{2}$ に近づけると，

$\tan x$ は $+\infty$に発散するので，

$\lim_{x\to\frac{\pi}{2}-0} 2\cdot\tan x = 2\times\infty = \infty$ ……………(答)

（$x\to\frac{\pi}{2}-0$）

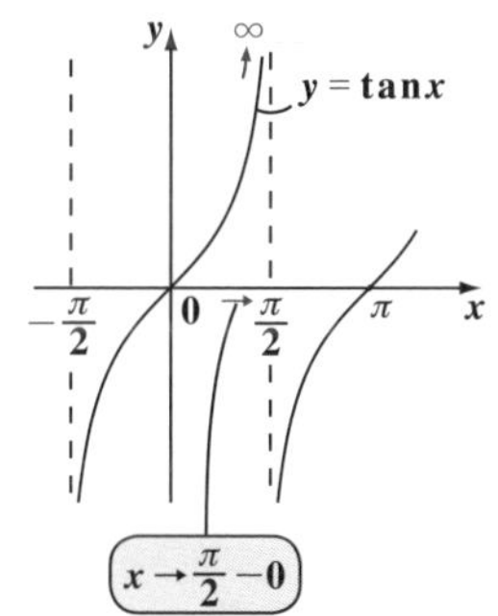

初めからトライ！問題 67　**はさみ打ちの原理**　CHECK 1　CHECK 2　CHECK 3

はさみ打ちの原理を用いて，$\lim_{x\to\infty}\frac{\cos 2x}{\sqrt{x}}=0$ ……(＊) が成り立つことを示せ。

ヒント！ すべての実数 x に対して，$-1\leqq\cos 2x\leqq 1$ となるので，この不等式を基に，はさみ打ちの原理が使える形にもち込むといいんだね。

解答＆解説

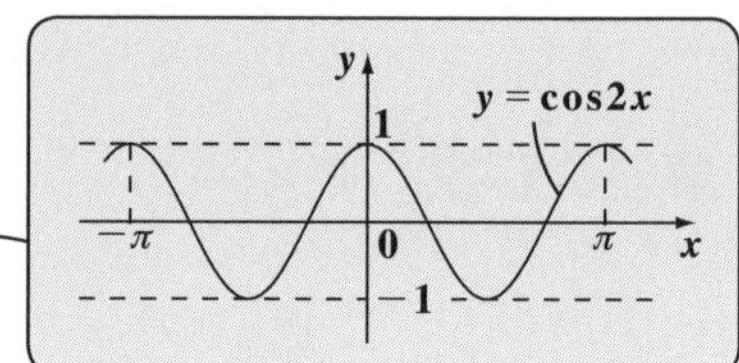

すべての実数 x に対して

$-1\leqq\cos 2x\leqq 1$ ………①が成り立つ。

よって，$x>0$ のとき，①の各辺を $\sqrt{x}\,(>0)$ で割っても，大小関係は変化しないので，

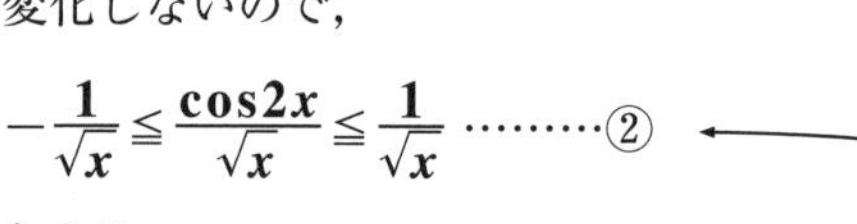

$$-\frac{1}{\sqrt{x}}\leqq\frac{\cos 2x}{\sqrt{x}}\leqq\frac{1}{\sqrt{x}}\quad\cdots\cdots\cdots②$$

となる。

これで，はさみ打ちの原理が使える形が完成した！
後は
$\lim_{x\to\infty}\left(-\frac{1}{\sqrt{x}}\right)=\lim_{x\to\infty}\frac{1}{\sqrt{x}}=0$
より，(＊) が成り立つことが示せるんだね。

ここで，②の各辺の $x\to\infty$ の極限をとると，

$$\lim_{x\to\infty}\left(-\frac{1}{\sqrt{x}}\right)\leqq\lim_{x\to\infty}\frac{\cos 2x}{\sqrt{x}}\leqq\lim_{x\to\infty}\frac{1}{\sqrt{x}}$$

$-\frac{1}{\infty}=0$　　$\frac{1}{\infty}=0$

ここで，$\lim_{x\to\infty}\left(-\frac{1}{\sqrt{x}}\right)=\lim_{x\to\infty}\frac{1}{\sqrt{x}}=0$ となるので，はさみ打ちの原理より，

$\lim_{x\to\infty}\frac{\cos 2x}{\sqrt{x}}=0$ ……(＊) が成り立つ。……………………………………………(終)

初めからトライ！問題 68　三角関数の極限の公式　CHECK 1　CHECK 2　CHECK 3

三角関数の極限の公式 $\lim_{x \to 0}\frac{\sin x}{x} = 1$ ……$(*)$ を基にして，次の公式が成り立つことを示せ。

(i) $\lim_{x \to 0}\frac{\tan x}{x} = 1$ ……$(*1)$　　(ii) $\lim_{x \to 0}\frac{1-\cos x}{x^2} = \frac{1}{2}$ ……$(*2)$

ヒント！ (i) では，$\tan x = \frac{\sin x}{\cos x}$ と変形し，(ii) では，極限を求める関数の分子・分母に $1+\cos x$ をかけると，うまくいくんだね。

解答＆解説

(i) $\lim_{x \to 0}\frac{\tan x}{x} = 1$ ……$(*1)$ について，

（この極限は $\frac{0}{0}$ の不定形だ。）

$\tan x = \frac{\sin x}{\cos x}$ より，

$$\lim_{x \to 0}\frac{\tan x}{x} = \lim_{x \to 0}\frac{1}{x}\cdot\frac{\sin x}{\cos x} = \lim_{x \to 0}\boxed{\frac{\sin x}{x}}\cdot\frac{1}{\boxed{\cos x}} = 1 \times \frac{1}{1} = 1$$ となる。

（$\frac{\sin x}{x}$ → 1 ($(*)$の公式より)）（$\cos x$ → $\cos 0 = 1$）

よって，公式 $(*1)$ は成り立つ。……………………………………………(終)

(ii) $\lim_{x \to 0}\frac{1-\cos x}{x^2} = \frac{1}{2}$ ……$(*2)$ について，

（この極限も，$\frac{1-1}{0^2} = \frac{0}{0}$ の不定形なんだね。）

$(*2)$ の左辺の関数の分子・分母に $1+\cos x$ をかけると，

$$\lim_{x \to 0}\frac{1-\cos x}{x^2} = \lim_{x \to 0}\frac{\boxed{(1-\cos x)(1+\cos x)}}{x^2(1+\cos x)}$$

（$(1-\cos x)(1+\cos x) = 1^2-\cos^2 x = 1-\cos^2 x = \sin^2 x$）

（公式
・$(a-b)(a+b) = a^2-b^2$
・$\cos^2 x+\sin^2 x = 1$
を使った。）

$$= \lim_{x \to 0}\frac{\sin^2 x}{x^2}\cdot\frac{1}{1+\cos x} = \lim_{x \to 0}\left(\boxed{\frac{\sin x}{x}}\right)^2\cdot\frac{1}{1+\boxed{\cos x}} = 1^2 \times \frac{1}{1+1} = \frac{1}{2}$$

（$\frac{\sin x}{x}$ → 1 ($(*)$の公式より)）（$\cos x$ → $\cos 0 = 1$）

となる。よって，公式 $(*2)$ は成り立つ。…………………………………(終)

初めからトライ！問題 69　三角関数の極限　CHECK 1　CHECK 2　CHECK 3

次の関数の極限を調べよ。

(1) $\displaystyle\lim_{x\to 0}\frac{\sin 4x}{x}$　　(2) $\displaystyle\lim_{x\to 0}\frac{x}{\tan 3x}$

(3) $\displaystyle\lim_{x\to 0}\frac{1-\cos 4x}{4x^2}$　　(4) $\displaystyle\lim_{x\to 0}\frac{1-\cos x}{\sin^2 x}$

ヒント！　三角関数の極限の公式：$\displaystyle\lim_{x\to 0}\frac{\sin x}{x}=1$，$\displaystyle\lim_{x\to 0}\frac{\tan x}{x}=1$，$\displaystyle\lim_{x\to 0}\frac{1-\cos x}{x^2}=\frac{1}{2}$ を使って，解いていこう。

解答＆解説

(1) $4x=\theta$ とおくと，$x\to 0$ のとき，$\theta\to 0$ となるので，（4倍しても，0になるものは0になる！）

$$\lim_{x\to 0}\frac{\sin 4x}{x}=\lim_{x\to 0}4\cdot\frac{\sin 4x}{4x}=\lim_{\theta\to 0}4\cdot\frac{\sin\theta}{\theta}=4\cdot 1=4 \quad\cdots\cdots(答)$$

（$\frac{\sin\theta}{\theta}\to 1$）

(2) $3x=\theta$ とおくと，$x\to 0$ のとき，$\theta\to 0$ となるので，

（$\displaystyle\lim_{\theta\to 0}\frac{\tan\theta}{\theta}=1$ より，その逆数の極限も $\displaystyle\lim_{\theta\to 0}\frac{\theta}{\tan\theta}=1$ となる。）

$$\lim_{x\to 0}\frac{x}{\tan 3x}=\lim_{x\to 0}\frac{1}{3}\cdot\frac{3x}{\tan 3x}=\lim_{\theta\to 0}\frac{1}{3}\cdot\frac{\theta}{\tan\theta}=\frac{1}{3}\cdot 1=\frac{1}{3} \quad\cdots\cdots(答)$$

(3) $4x=\theta$ とおくと，$x\to 0$ のとき，$\theta\to 0$ となるので，

$$\lim_{x\to 0}\frac{1-\cos 4x}{4x^2}=\lim_{x\to 0}4\cdot\frac{1-\cos 4x}{(4x)^2}=\lim_{\theta\to 0}4\cdot\frac{1-\cos\theta}{\theta^2}=4\cdot\frac{1}{2}=2 \quad\cdots\cdots(答)$$

（$\frac{1-\cos\theta}{\theta^2}\to\frac{1}{2}$）

（$\displaystyle\lim_{x\to 0}\frac{\sin x}{x}=1$ より，$\displaystyle\lim_{x\to 0}\frac{x}{\sin x}=1$ となる。）

(4) $$\lim_{x\to 0}\frac{1-\cos x}{\sin^2 x}=\lim_{x\to 0}\frac{x^2}{\sin^2 x}\cdot\frac{1-\cos x}{x^2}=\lim_{x\to 0}\left(\frac{x}{\sin x}\right)^2\cdot\frac{1-\cos x}{x^2}$$

（分子・分母に x^2 をかけた。）（$\frac{x}{\sin x}\to 1$，$\frac{1-\cos x}{x^2}\to\frac{1}{2}$）

$$=1^2\times\frac{1}{2}=\frac{1}{2} \quad\cdots\cdots(答)$$

初めからトライ！問題 70	指数関数の極限の基本	CHECK 1	CHECK 2	CHECK 3

次の関数の極限を調べよ。

(1) $\lim_{x\to\infty} 2^{x-1}$　　(2) $\lim_{x\to-\infty} 3^{2x}$

(3) $\lim_{x\to\infty} \frac{2^x+3^x}{6^x}$　　(4) $\lim_{x\to-\infty} \frac{2^x+8^x}{4^x}$

ヒント！ 指数関数のグラフのイメージを頭に描きながら，極限を求めてみよう。

解答＆解説

(1) $\lim_{x\to\infty} 2^{x-1} = \lim_{x\to\infty} \frac{\boxed{2^x}}{2} = \frac{\infty}{2} = \infty$ ……(答)　（$2^x \to \infty$）

(2) $\lim_{x\to-\infty} 3^{2x} = \lim_{x\to-\infty} (3^2)^x = \lim_{x\to-\infty} \boxed{9^x}$　（$9^x \to 0$）

$= 0$ ……………………………(答)

(3) $\lim_{x\to\infty} \frac{2^x+3^x}{6^x} = \lim_{x\to\infty} \left(\frac{2^x}{6^x} + \frac{3^x}{6^x}\right)$

$\left(\frac{2}{6}\right)^x = \left(\frac{1}{3}\right)^x$　　$\left(\frac{3}{6}\right)^x = \left(\frac{1}{2}\right)^x$

$= \lim_{x\to\infty} \left\{\boxed{\left(\frac{1}{3}\right)^x} + \boxed{\left(\frac{1}{2}\right)^x}\right\}$　（それぞれ $\to 0$）

$= 0 + 0 = 0$ …………(答)

(4) $\lim_{x\to-\infty} \frac{2^x+8^x}{4^x} = \lim_{x\to-\infty} \left(\frac{2^x}{4^x} + \frac{8^x}{4^x}\right)$

$\left(\frac{2}{4}\right)^x = \left(\frac{1}{2}\right)^x$　　$\left(\frac{8}{4}\right)^x = 2^x$

$= \lim_{x\to-\infty} \left\{\boxed{\left(\frac{1}{2}\right)^x} + \boxed{2^x}\right\} = \infty + 0 = \infty$ ……………………………(答)　（$\left(\frac{1}{2}\right)^x \to \infty$，$2^x \to 0$）

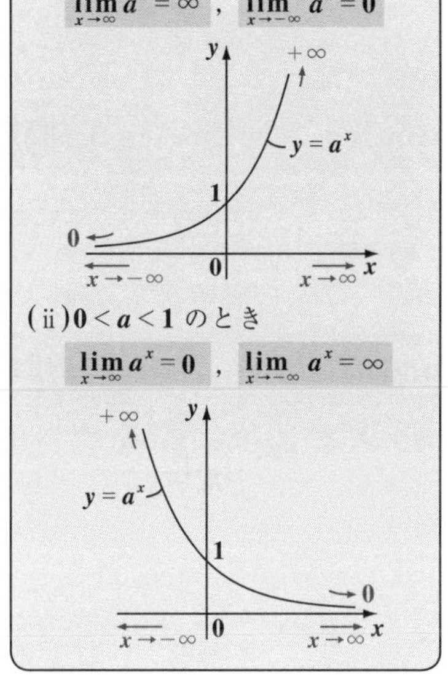

初めからトライ！問題 71　対数関数の極限の基本　CHECK 1　CHECK 2　CHECK 3

次の関数の極限を調べよ。

(1) $\lim_{x\to\infty}\log_2 4x$　　(2) $\lim_{x\to+0}\log_3 3x$

(3) $\lim_{x\to\infty}\dfrac{\log_3 9x}{\log_3 x}$　　(4) $\lim_{x\to+0}\dfrac{\log_2 4x^3}{\log_2 x}$

ヒント！ 対数関数のグラフのイメージを頭に描きながら，極限を求めよう。

解答＆解説

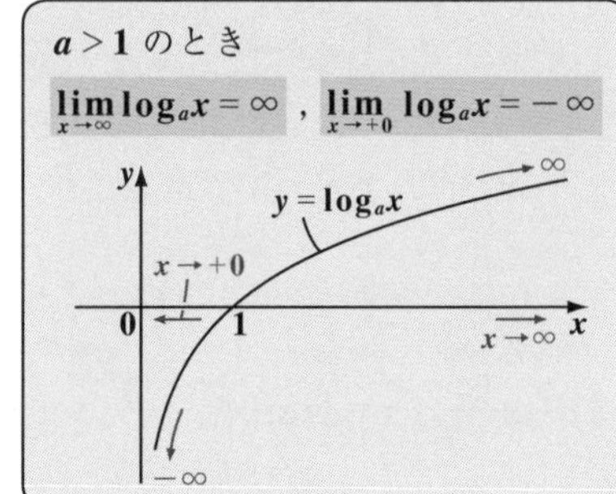

(1) $\lim_{x\to\infty}\log_2 4x=\lim_{x\to\infty}(\underbrace{\log_2 4}_{2}+\boxed{\log_2 x})$　（$\log_2 x \to +\infty$）

$=2+\infty=\infty$ ……………(答)

(2) $\lim_{x\to+0}\log_3 3x=\lim_{x\to+0}(\underbrace{\log_3 3}_{1}+\boxed{\log_3 x})$　（$\log_3 x \to -\infty$）

$=1-\infty=-\infty$ …………(答)

(3) $\lim_{x\to\infty}\dfrac{\log_3 9x}{\log_3 x}=\lim_{x\to\infty}\dfrac{\boxed{\log_3 9}+\log_3 x}{\log_3 x}$　（$\log_3 9=2$）

$=\lim_{x\to\infty}\left(\dfrac{2}{\boxed{\log_3 x}}+1\right)=\dfrac{2}{\infty}+1=0+1=1$ ……………………………(答)　（$\log_3 x \to \infty$）

(4) $\lim_{x\to+0}\dfrac{\log_2 4x^3}{\log_2 x}=\lim_{x\to+0}\dfrac{\boxed{\log_2 4}+\log_2 x^{\boxed{3}}}{\log_2 x}$　（$\log_2 4=2$）

$=\lim_{x\to+0}\dfrac{2+3\log_2 x}{\log_2 x}=\lim_{x\to+0}\left(\dfrac{2}{\boxed{\log_2 x}}+3\right)$　（$\log_2 x \to -\infty$）

$=\dfrac{2}{-\infty}+3=0+3=3$ ………………………………………………(答)

対数関数の公式：$\log_a xy=\log_a x+\log_a y$，$\log_a x^{n}=n\log_a x$ などを使った。

初めからトライ！問題 72	e に近づく極限の公式	CHECK 1	CHECK 2	CHECK 3

次の極限を求めよ。

(1) $\lim_{t\to\infty}\left(1+\frac{3}{t}\right)^t$　　　(2) $\lim_{u\to 0}(1+2u)^{\frac{2}{u}}$

ヒント！ ネイピア数 $e(\fallingdotseq 2.72)$ に近づく極限の公式 (i) $\lim_{x\to\pm\infty}\left(1+\frac{1}{x}\right)^x=e$, (ii) $\lim_{h\to 0}(1+h)^{\frac{1}{h}}=e$ を利用して，解いていくといいんだね。頑張ろう！

解答＆解説

(1) $\lim_{t\to\infty}\left(1+\boxed{\frac{3}{t}}\right)^t=\lim_{t\to\infty}\left(1+\frac{1}{\boxed{\frac{t}{3}}}\right)^t$ ……①について，

$\frac{3}{t}=\frac{1}{\frac{t}{3}}$（分子・分母を3で割った。）　$\frac{t}{3}$：x とおく

$\frac{t}{3}=x\ (t=3x)$ とおくと，$t\to\infty$ のとき，$x\to\infty$ となるので，①は，

$$\lim_{\substack{t\to\infty\\(x\to\infty)}}\left(1+\frac{1}{\boxed{\frac{t}{3}}}\right)^{\boxed{\frac{t}{3}}\times 3}=\lim_{x\to\infty}\left\{\boxed{\left(1+\frac{1}{x}\right)^x}\right\}^3=e^3$$ となる。………………………………(答)

（$\frac{t}{3}=x$，$\boxed{\left(1+\frac{1}{x}\right)^x}\to e$）

(2) $\lim_{u\to 0}(1+\boxed{2u})^{\frac{2}{u}}$ ……②について，

$2u$：h とおく

$2u=h\ \left(\frac{1}{u}=\frac{2}{h}\right)$ とおくと，$u\to 0$ のとき，$h\to 0$ となるので，②は，

$$\lim_{\substack{u\to 0\\(h\to 0)}}(1+\boxed{2u})^{\boxed{\frac{2}{u}}}=\lim_{h\to 0}(1+h)^{\frac{4}{h}}$$

（$2u=h$，$\frac{2}{u}=\frac{4}{h}$）

$$=\lim_{h\to 0}\left\{\boxed{(1+h)^{\frac{1}{h}}}\right\}^4=e^4$$ となる。………………………………(答)

（$\boxed{(1+h)^{\frac{1}{h}}}\to e$）

4 数列の極限　5 関数の極限　6 微分法

初めからトライ！問題 73　指数·対数関数の極限　CHECK 1　CHECK 2　CHECK 3

次の関数の極限を調べよ。

(1) $\lim_{x\to\infty} e^{2x}$　(2) $\lim_{x\to-\infty} e^{3x}$

(3) $\lim_{x\to\infty} \log\frac{x}{e^2}$　(4) $\lim_{x\to1+0} \log(x-1)$

ヒント！　底が $e(\fallingdotseq 2.72)$ の指数関数と対数関数の極限の問題だ。これについても，明確にグラフのイメージを描ければ，楽に解けると思うよ。

解答＆解説

(1) $\lim_{x\to\infty} e^{2x} = \lim_{x\to\infty} (\underbrace{e^x}_{\infty})^2 = \infty\times\infty = \infty$ ……………(答)

(2) $\lim_{x\to-\infty} e^{3x} = \lim_{x\to-\infty} (\underbrace{e^x}_{0})^3 = 0^3 = 0$ ……………………(答)

(3) $\lim_{x\to\infty} \log\frac{x}{e^2} = \lim_{x\to\infty}(\log x - \underbrace{\log e^2}_{2})$

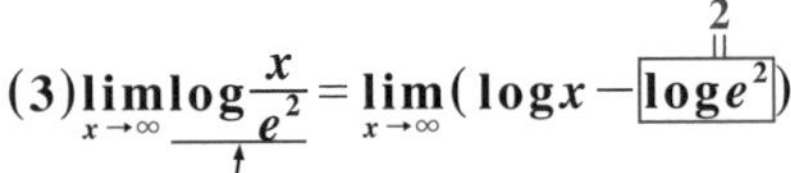

$= \lim_{x\to\infty}(\underbrace{\log x}_{\infty} - 2)$

$= \infty - 2 = \infty$ …………………………(答)

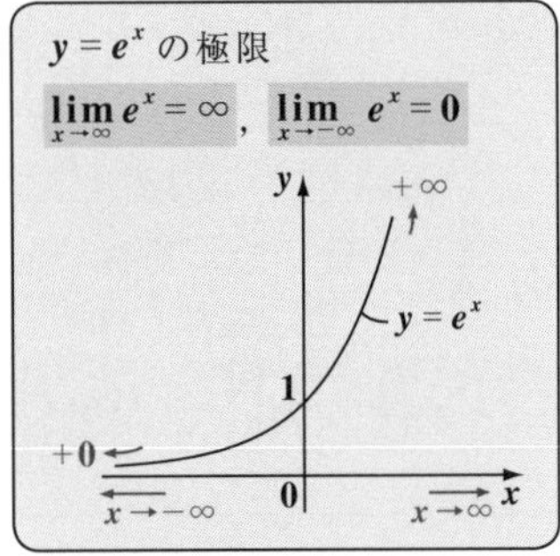

(4) $\lim_{x\to1+0} \log(x-1)$ について，

$x-1=t$ とおくと，$x\to1+0$ のとき，$t\to+0$

よって，

$\lim_{x\to1+0} \log(x-1) = \lim_{t\to+0} \underbrace{\log t}_{-\infty} = -\infty$ ………(答)

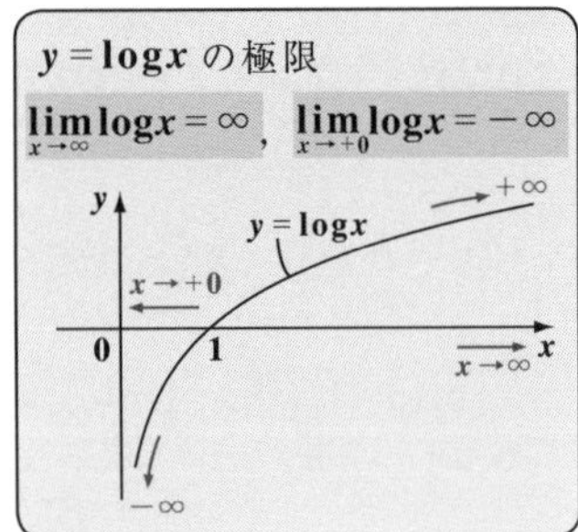

初めからトライ！問題 74 指数·対数関数の極限公式 CHECK 1 CHECK 2 CHECK 3

次の関数の極限を求めよ。

(1) $\lim_{x\to 0}\frac{\log(1+3x)}{x}$　　(2) $\lim_{x\to 0}\frac{e^{2x}-1}{x}$　　(3) $\lim_{x\to 0}\frac{\log(1+x)}{e^{2x}-1}$

ヒント！ 極限公式 (i) $\lim_{x\to 0}\frac{\log(1+x)}{x}=1$, (ii) $\lim_{x\to 0}\frac{e^x-1}{x}=1$ を利用して解く問題だ。

解答&解説

(1) $\lim_{x\to 0}\frac{\log(1+3x)}{x}$ について，$3x=t\left(x=\frac{t}{3}\right)$

とおくと，$x\to 0$ のとき，$t\to 0$ となる。よって，

$$\lim_{x\to 0}\frac{\log(1+3x)}{x}=\lim_{\substack{x\to 0\\(t\to 0)}}3\cdot\frac{\log(1+\boxed{3x})}{\boxed{3x}}$$

$$=\lim_{t\to 0}3\cdot\boxed{\frac{\log(1+t)}{t}}=3\cdot 1=3$$ ……………………………………(答)

対数関数の極限公式
$\lim_{t\to 0}\frac{\log(1+t)}{t}=1$

(2) $\lim_{x\to 0}\frac{e^{2x}-1}{x}$ について，$2x=t\left(x=\frac{t}{2}\right)$

とおくと，$x\to 0$ のとき，$t\to 0$ となるので，

指数関数の極限公式
$\lim_{t\to 0}\frac{e^t-1}{t}=1$

$$\lim_{x\to 0}\frac{e^{2x}-1}{x}=\lim_{\substack{x\to 0\\(t\to 0)}}2\cdot\frac{e^{\boxed{2x}}-1}{\boxed{2x}}=\lim_{t\to 0}2\cdot\boxed{\frac{e^t-1}{t}}=2\cdot 1=2$$ ……………………………(答)

(3) $$\lim_{x\to 0}\frac{\log(1+x)}{e^{2x}-1}=\lim_{x\to 0}\frac{1}{2}\cdot\boxed{\frac{2x}{e^{2x}-1}}\cdot\boxed{\frac{\log(1+x)}{x}}=\frac{1}{2}\times 1\times 1=\frac{1}{2}$$ ……………(答)

(1)　1(公式通り！)

$2x=t\left(x=\frac{t}{2}\right)$ とおくと，$x\to 0$ のとき，$t\to 0$ となるので，
$\lim_{t\to 0}\frac{t}{e^t-1}=1$ となる。何故なら，公式 $\lim_{t\to 0}\frac{e^t-1}{t}=\frac{0.00\cdots01}{0.00\cdots01}=1$ と考えれば，
この逆数の極限も，当然 $\lim_{t\to 0}\frac{t}{e^t-1}=\frac{0.00\cdots01}{0.00\cdots01}=1$ となるはずだからね。

初めからトライ！問題 75	ガウス記号の関数	CHECK 1	CHECK 2	CHECK 3

関数 $y=f(x)=[x]\cdot x\ (1\leqq x<3)$ のグラフを描き，この関数が $x=2$ で不連続であることを示せ。ただし，$[x]$ は，x を超えない最大の整数を表す。

ヒント！ (i) $1\leqq x<2$ のとき，$[x]=1$，(ii) $2\leqq x<3$ のとき，$[x]=2$ となるんだね。

解答＆解説

x のガウス記号 $[x]$ は，$n\leqq x<n+1$ (n:整数) のとき，$[x]=n$ となる。
よって，(i) $1\leqq x<2$ のとき，$[x]=1$，(ii) $2\leqq x<3$ のとき，$[x]=2$ となるので，

関数 $y=f(x)=[x]\cdot x=\begin{cases}1\cdot x & (1\leqq x<2\ のとき)\\ 2\cdot x & (2\leqq x<3\ のとき)\end{cases}$ となる。

よって，$y=f(x)\ (1\leqq x<3)$ のグラフの概形を表すと右の図のようになる。……(答)

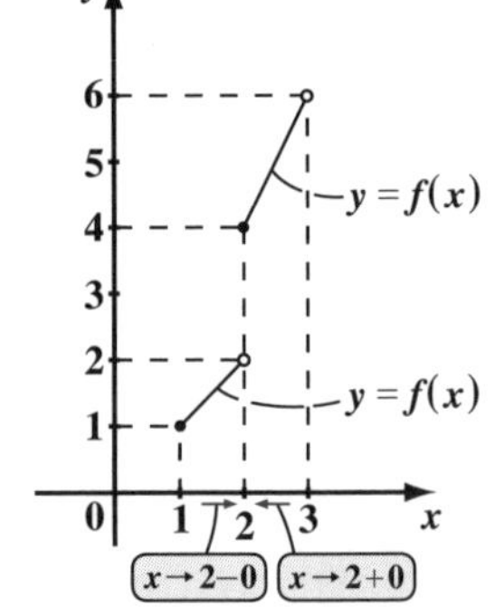

次に，

$\displaystyle\lim_{x\to2-0}f(x)=\lim_{x\to2-0}1\cdot x=1\cdot 2=2$ であり，

1.99……9 のように，2 より小さい側から 2 に近づける。

$\displaystyle\lim_{x\to2+0}f(x)=\lim_{x\to2+0}2\cdot x=2\cdot 2=4$ である。

2.00……01 のように，2 より大きい側から 2 に近づける。

以上より，$\displaystyle\lim_{x\to2-0}f(x)\neq\lim_{x\to2+0}f(x)$ となるので，

関数 $f(x)=[x]\cdot x$ は，$x=2$ で不連続な関数である。 ……………………(終)

初めからトライ！問題 76 中間値の定理 CHECK 1 CHECK 2 CHECK 3

方程式 $\log x + x - 2 = 0$ ……① は，$1 < x < e$ の範囲に少なくとも 1 つの実数解をもつことを，中間値の定理を用いて示せ。

ヒント！ $f(x) = \log x + x - 2$ とおいて，$f(x)$ が $1 \leqq x \leqq e$ の範囲で連続な関数であることを示し，$f(1)$ と $f(e)$ が異符号であることを示せば，中間値の定理より，方程式 $f(x) = 0$ は，$1 < x < e$ の範囲に少なくとも 1 つの実数解をもつと言えるんだね。

解答＆解説

$f(x) = \log x + x - 2$ ……② とおくと，

$y = \log x$ は，$0 < x$ で連続な関数であり，$y = x - 2$ は，$-\infty < x < \infty$ で連続な関数なので，これらの和である関数 $y = f(x)$ は，$1 \leqq x \leqq e$ の範囲で連続な関数である。

ここで，

$$\begin{cases} f(1) = \underbrace{\log 1}_{0} + 1 - 2 = -1 < 0 \\ f(e) = \underbrace{\log e}_{1} + e - 2 = \underbrace{e}_{2.72} - 1 > 0 \end{cases}$$

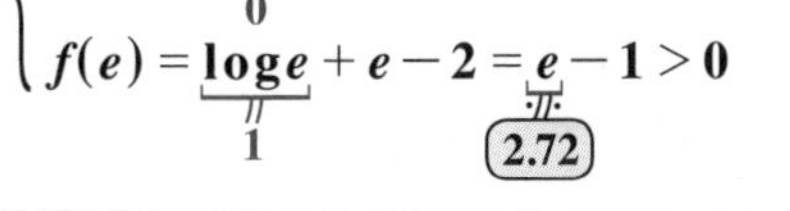

中間値の定理のイメージ
連続な関数 $y = f(x)$
$f(e)\oplus$
$f(1)\ominus$
$f(x) = 0$ の解

となって，$f(1)$ と $f(e)$ の符号 ($\oplus$，$\ominus$) が異なる。

以上より，中間値の定理から，方程式 $f(x) = 0$，すなわち

$\log x + x - 2 = 0$ ……① は，$1 < x < e$ の範囲に少なくとも 1 つの実数解をもつ。……………………………(終)

第５章 ● 関数の極限の公式を復習しよう！

1. 関数の極限の基本

x が a に限りなく近づくとき関数 $f(x)$ が一定の値 α に限りなく近づくならば，これを $\lim_{x \to a} f(x) = \alpha$ と表す。（a は $\pm\infty$ でもいい）この場合，$x \to a$ のとき $f(x)$ は α に収束するといい，α を $f(x)$ の極限値という。

（$\lim_{x \to a} f(x) = \infty$ や $\lim_{x \to a} f(x) = -\infty$ や，$\lim_{x \to a} f(x)$ の値が定まらないとき，$f(x)$ は発散するという。）

2. はさみ打ちの原理

$f(x) \leqq h(x) \leqq g(x)$ で，$\lim_{x \to a} f(x) = \lim_{x \to a} g(x) = \alpha$ のとき，

はさみ打ちの原理より，$\lim_{x \to a} h(x) = \alpha$ となる。

3. 三角関数の極限の公式（角 x の単位はすべてラジアン）

(1) $\lim_{x \to 0} \frac{\sin x}{x} = 1$　(2) $\lim_{x \to 0} \frac{\tan x}{x} = 1$　(3) $\lim_{x \to 0} \frac{1 - \cos x}{x^2} = \frac{1}{2}$

4. e に近づく極限の公式

(ⅰ) $\lim_{x \to \pm\infty} \left(1 + \frac{1}{x}\right)^x = e$　(ⅱ) $\lim_{h \to 0} (1 + h)^{\frac{1}{h}} = e$

5. 対数関数と指数関数の極限公式

(ⅰ) $\lim_{x \to 0} \frac{\log(1 + x)}{x} = 1$　(ⅱ) $\lim_{x \to 0} \frac{e^x - 1}{x} = 1$

6. 関数の連続性

関数 $f(x)$ が，その定義域内の $x = a$ で連続であるための条件は，$\lim_{x \to a} f(x)$ の極限値が存在し，かつ $\lim_{x \to a} f(x) = f(a)$ となることである。

7. 中間値の定理

関数 $y = f(x)$ が $[a, b]$ で連続，かつ $f(a) \neq f(b)$ のとき，$f(c) = k$（k は $f(a)$ と $f(b)$ の間の定数）をみたす c が，a と b の間に少なくとも１つ存在する。

第６章
CHAPTER

6 微分法

▶ 微分係数と導関数

▶ 微分計算（Ⅰ）

▶ 微分計算（Ⅱ）

“微分法” を初めから解こう！ 公式＆解法パターン

1. 微分係数(びぶんけいすう) $f'(a)$ は，極限の式で定義される。

連続で滑らかな曲線 $y = f(x)$ に対して**微分係数** $f'(a)$ は，次のように定義される。

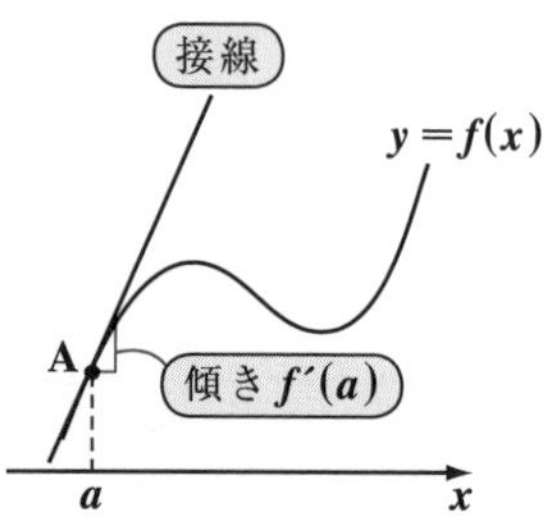

$$f'(a) = \lim_{h \to 0} \frac{f(a+h) - f(a)}{h} \quad \cdots\cdots (*1)$$

（これは，曲線 $y = f(x)$ 上の点 $(a,\ f(a))$ における接線の傾きを表す。）

$(*1)$ の右辺の極限は $\frac{0}{0}$ の不定形なので，これがある一定の値に収束するとき，これを微分係数 $f'(a)$ とおく，という意味なんだね。大丈夫？

$(ex)\ f(x) = \sqrt{x}\ \ (x \geqq 0)$ のとき，微分係数 $f'(1)$ を求めると，

$$f'(1) = \lim_{h \to 0} \frac{f(1+h) - f(1)}{h} = \lim_{h \to 0} \frac{\sqrt{1+h} - \sqrt{1}}{h} = \lim_{h \to 0} \frac{(\sqrt{1+h} - 1)(\sqrt{1+h} + 1)}{h(\sqrt{1+h} + 1)}$$

（$1 + h - 1^2 = h$）

$$= \lim_{h \to 0} \frac{\cancel{h}}{\cancel{h}(\sqrt{1+h} + 1)} = \lim_{h \to 0} \frac{1}{\sqrt{1+h} + 1} = \frac{1}{\sqrt{1} + 1} = \frac{1}{2}$$ となる。

（$\frac{0}{0}$ の要素を消去する。）（$h \to 0$）

2. 導関数(どうかんすう) $f'(x)$ の定義は，$f'(a)$ のものとソックリだ。

連続で滑らかな曲線 $y = f(x)$ の導関数 $f'(x)$ は，次のように定義される。

$$f'(x) = \lim_{h \to 0} \frac{f(x+h) - f(x)}{h} \quad \cdots\cdots (*2)$$

$(*2)$ の右辺の極限は $\frac{0}{0}$ の不定形なので，これがある一定の関数に収束するとき，これを導関数 $f'(x)$ とおく，という意味なんだね。

3. 微分計算の基本をマスターしよう。

(1) 微分計算の **8** つの基本公式を覚えよう。

導関数 $f'(x)$ を求めるとき，極限の定義ではなく，次の微分計算の **8** つの基本公式を用いると，便利だ。

(ⅰ) $(x^{\alpha})' = \alpha x^{\alpha-1}$ (α：実数)　(ⅱ) $(\sin x)' = \cos x$

(ⅲ) $(\cos x)' = -\sin x$　(ⅳ) $(\tan x)' = \dfrac{1}{\cos^2 x}$

(ⅴ) $(e^x)' = e^x$　(ⅵ) $(a^x)' = a^x \log a$

(ⅶ) $(\log|x|)' = \dfrac{1}{x}$　(ⅷ) $\{\log|f(x)|\}' = \dfrac{f'(x)}{f(x)}$

(ただし，対数はすべて自然対数，$a > 0$ かつ $a \neq 1$)

(2) 微分計算の **2** つの性質も押さえよう。

(ⅰ) $\{f(x) + g(x)\}' = f'(x) + g'(x)$

$\{f(x) - g(x)\}' = f'(x) - g'(x)$

関数が"たし算"や"引き算"されたものは，項別に微分できる！

(ⅱ) $\{kf(x)\}' = kf'(x)$　(k：実数定数)

関数を定数倍したものの微分では，関数を微分して，その後で定数をかければいい。

(ex) $y = 2\sqrt{x} - \dfrac{1}{x} = 2 \cdot x^{\frac{1}{2}} - x^{-1}$ を x で微分すると，

$y' = 2 \cdot \dfrac{1}{2} \cdot x^{-\frac{1}{2}} - (-1)x^{-2} = \dfrac{1}{\sqrt{x}} + \dfrac{1}{x^2}$ となるんだね。

4. 2 つの関数の積と商の微分公式も使いこなそう。

2 つの関数 $f(x)$ と $g(x)$ を，それぞれ f，g と簡略化して書くと，

(ⅰ) f と g の積の微分公式

$$(f \cdot g)' = f' \cdot g + f \cdot g'$$

(ⅱ) f と g の商の微分公式

$$\left(\frac{g}{f}\right)' = \frac{g' \cdot f - g \cdot f'}{f^2}$$

この公式は，

$\left(\dfrac{分子}{分母}\right)' = \dfrac{(分子)' \cdot 分母 - 分子 \cdot (分母)'}{(分母)^2}$

と口ずさみながら覚えると忘れないよ！

(ex) $(x^2 \cdot e^x)' = \underbrace{(x^2)'}_{2x} \cdot e^x + x^2 \cdot \underbrace{(e^x)'}_{e^x} = 2x \cdot e^x + x^2 \cdot e^x = x(x+2)e^x$

(ex) $\left(\dfrac{\sin x}{x}\right)' = \dfrac{\overbrace{(\sin x)'}^{\cos x} \cdot x - \sin x \cdot \overbrace{x'}^{1}}{x^2} = \dfrac{x \cdot \cos x - \sin x}{x^2}$

5. 合成関数の微分で，複雑な関数も楽に微分できる。

x の関数 $y=f(x)$ の中の（ある x の式）$=t$ とおいて，y を t の関数と考えると，y を x で微分した導関数 y' は次のように表せる。

$$y'=\frac{dy}{dx}=\frac{dy}{dt}\cdot\frac{dt}{dx}$$

見かけ上 "dt で割った分，dt をかけている"

(ex) $y=(x^2+2)^4$ を x で微分しよう。

（x^2+2 を）t とおく

まず，$x^2+2=t$ とおくと，$y=t^4$，$t=x^2+2$ となる。

よって，導関数 y' は，

$$y'=\frac{dy}{dx}=\frac{dy}{dt}\cdot\frac{dt}{dx}=4t^3\cdot 2x=8x\cdot t^3=8x(x^2+2)^3 \text{ となる。}$$

（$y=t^4$，$t=x^2+2$）

このtを，x の式：x^2+2 に戻す。

6. 逆関数の微分も押さえよう。

関数 $y=f(x)$ が 1 対 1 対応の関数ならば，x と y を入れ替えて $y=(x$ の式$)$ の形に変形したものが，逆関数 $y=f^{-1}(x)$ となる。この逆関数 $y=f^{-1}(x)$ の導関数は，

$$y'=\{f^{-1}(x)\}'=\frac{dy}{dx}=\frac{1}{\frac{dx}{dy}} \text{ となる。}$$

見かけ上，分子・分母を dy で割った形だ。

元の関数 $y=f(x)$ の x と y を入れ替えたものが逆関数なので，$x=f(y)$ の形のものを y で微分して，分母にもってくればいいんだね。

7. 対数微分法をマスターしよう。

一般に，公式 $(\log|x|)'=\frac{1}{x}$，$\{\log|f(x)|\}'=\frac{f'(x)}{f(x)}$ が成り立つ。

これから，関数 $y=f(x)$ が与えられたならば，この両辺の絶対値をとった後で，自然対数をとって，微分することにより，導関数 y' を求めることができるんだね。これは，実際に問題を解いて練習しよう。

8. 第 n 次導関数にもチャレンジしよう。

関数 $y=f(x)$ が，何回でも x で微分可能な関数であるとき，

第 1 次導関数 $y'=f'(x)=\dfrac{dy}{dx}=\dfrac{df(x)}{dx}$

第 2 次導関数 $y''=f''(x)=\dfrac{d^2y}{dx^2}=\dfrac{d^2f(x)}{dx^2}$

－－－－－－－－－－－－－－－－－－－－－－

第 n 次導関数 $y^{(n)}=f^{(n)}(x)=\dfrac{d^ny}{dx^n}=\dfrac{d^nf(x)}{dx^n}$ $(n=1,\ 2,\ 3,\ \cdots)$ となる。

9. $f(x,\ y)=k$ の形の関数の微分にも慣れよう。

これは，例題で示そう。たとえば，だ円 $\dfrac{x^2}{2}+y^2=1$ ……① の導関数を求めたいとき，①の両辺をそのまま x で微分すればいい。

$\left(\dfrac{x^2}{2}\right)'+(y^2)'=1'$ 　よって，$x+2y\cdot y'=0$ より $2y\cdot y'=-x$

$\dfrac{1}{2}\cdot 2x=x$

0

$\dfrac{dy^2}{dx}=\dfrac{dy^2}{dy}\cdot\dfrac{dy}{dx}=2y\cdot y'$

合成関数の微分の考え方と同じだね。

$y'=-\dfrac{x}{2y}$ 　として，導関数が求まるんだね。

10. 媒介変数表示された関数の導関数も求めよう。

$\begin{cases} x=f(t) \\ y=g(t) \end{cases}$ のように，x と y が媒介変数 t で表されている関数の

導関数 $y'=\dfrac{dy}{dx}$ は，次のように求めることができる。

導関数 $y'=\dfrac{dy}{dx}=\dfrac{\dfrac{dy}{dt}}{\dfrac{dx}{dt}}$

見かけ上，分子・分母を dt で割った形だ。

初めからトライ！問題 77　微分係数 $f'(a)$　CHECK 1　CHECK 2　CHECK 3

関数 $f(x)$ は，$x=1$ で微分可能で，$f'(1)=2$ である。このとき，次の極限を求めよ。

(1) $\displaystyle\lim_{h\to 0}\frac{f(1+3h)-f(1)}{h}$　　(2) $\displaystyle\lim_{h\to 0}\frac{f(1+h)-f(1-h)}{h}$

ヒント！ 微分係数 $f'(a)$ の定義式は，(i) $\displaystyle\lim_{h\to 0}\frac{f(a+h)-f(a)}{h}=f'(a)$ と，(ii) $\displaystyle\lim_{h\to 0}\frac{f(a)-f(a-h)}{h}=f'(a)$ の 2 種類あるんだね。これらの公式を利用して，解いてみよう。

解答＆解説

関数 $f(x)$ の $x=1$ における微分係数 $f'(1)=2$ である。

(1) $\displaystyle\lim_{h\to 0}\frac{f(1+3h)-f(1)}{h}$ について，

$3h=h'$ とおくと，$h\longrightarrow 0$ のとき $h'\longrightarrow 0$ より，

$$\lim_{h\to 0}\frac{f(1+3h)-f(1)}{h}=\lim_{h\to 0}3\cdot\frac{f(1+3h)-f(1)}{3h}$$

$$=\lim_{h'\to 0}3\cdot\frac{f(1+h')-f(1)}{h'}=3\cdot f'(1)=3\times 2=6 \quad\cdots\text{(答)}$$

微分係数の定義式

$f'(a)=\displaystyle\lim_{h\to 0}\frac{f(a+h)-f(a)}{h}$

$f'(a)=\displaystyle\lim_{h\to 0}\frac{f(a)-f(a-h)}{h}$

$f(1)$ を引いた分，たした。

(2) $$\lim_{h\to 0}\frac{f(1+h)-f(1-h)}{h}=\lim_{h\to 0}\frac{f(1+h)-f(1)+f(1)-f(1-h)}{h}$$

$$=\lim_{h\to 0}\left\{\frac{f(1+h)-f(1)}{h}+\frac{f(1)-f(1-h)}{h}\right\}$$

$$=f'(1)+f'(1)=2+2=4 \quad\cdots\cdots\cdots\text{(答)}$$

初めからトライ！問題 78　導関数 $f'(x)$　CHECK 1　CHECK 2　CHECK 3

関数 $f(x)=\dfrac{2}{x}$ の導関数 $f'(x)$ を定義式を用いて求めよ。また，$x=2$ における微分係数 $f'(2)$ を求めよ。

ヒント！ 導関数 $f'(x)$ の定義式も実は，(i) $\displaystyle\lim_{h\to 0}\frac{f(x+h)-f(x)}{h}=f'(x)$ と，(ii) $\displaystyle\lim_{h\to 0}\frac{f(x)-f(x-h)}{h}=f'(x)$ の 2 通りがある。もちろん今回は，(i) の定義式を用いて，$f'(x)$ を求め，その x に 2 を代入して，$f'(2)$ を求めればいいんだね。

解答＆解説

関数 $f(x)=\dfrac{2}{x}$ の導関数 $f'(x)$ を定義式より求めると，

$$\frac{2x-2(x+h)}{x(x+h)}=\frac{-2h}{x(x+h)}$$

$$f'(x)=\lim_{h\to 0}\frac{f(x+h)-f(x)}{h}=\lim_{h\to 0}\frac{\dfrac{2}{x+h}-\dfrac{2}{x}}{h}$$

$$=\lim_{h\to 0}\frac{\dfrac{-2h}{x(x+h)}}{h}=\lim_{h\to 0}\left\{-\frac{2h}{hx(x+h)}\right\}$$

$\dfrac{0}{0}$ の要素を消去する。

$$=\lim_{h\to 0}\left\{-\frac{2}{x\cdot(x+h)}\right\}=-\frac{2}{x^2}$$

($h\to 0$)

∴導関数 $f'(x)=-\dfrac{2}{x^2}$ ……① である。 ……………………(答)

よって，$x=2$ における $f(x)$ の微分係数 $f'(2)$ は，①に $x=2$ を代入して，

微分係数 $f'(2)=-\dfrac{2}{2^2}=-\dfrac{2}{4}=-\dfrac{1}{2}$ ……………………(答)

4 数列の極限　5 関数の極限　6 微分法

初めからトライ！問題 79 ネイピア数 e CHECK 1 CHECK 2 CHECK 3

指数関数 $y=f(x)=e^x$ の
$x=0$ における微分係数は
$f'(0)=1$ である。
これから，次の各極限の
公式が成り立つことを示せ。

(i) $\displaystyle\lim_{x\to 0}\frac{e^x-1}{x}=1$ ………(∗1)　(ii) $\displaystyle\lim_{x\to 0}\frac{\log(1+x)}{x}=1$ ……(∗2)

(iii) $\displaystyle\lim_{x\to 0}(1+x)^{\frac{1}{x}}=e$ ……(∗3)　(ただし，対数は自然対数を表す)

ヒント！ $y=f(x)=e^x$ の $x=0$ における微分係数 $f'(0)=\displaystyle\lim_{h\to 0}\frac{f(0+h)-f(0)}{h}=1$ を基に，(i)，(ii)，(iii) の極限の公式が成り立つことを順に示せるんだね。

解答＆解説

(i) 指数関数 $y=f(x)=e^x$ の $x=0$ における微分係数 $f'(0)=1$ より，

これは，曲線 $y=f(x)$ 上の点 $(0,\ f(0))$ における接線の傾きが 1 であることを示しているんだね。

$$f'(0)=\lim_{h\to 0}\frac{f(0+h)-f(0)}{h}=\lim_{h\to 0}\frac{e^h-1}{h}=1$$ ……① となる。

($e^{0+h}=e^h$，$e^0=1$)

この 0 に近づける変数 h は，x でも t でも何でも構わない！

よって，①の変数 h を x に置き換えると，

公式：$\displaystyle\lim_{x\to 0}\frac{e^x-1}{x}=1$ ……(∗1) が成り立つ。　……………………(終)

(ii) (∗1) の分子：$e^x-1=t$ ……② とおくと，

$e^x=1+t$　$\therefore x=\log(1+t)$ ……③ となる。

$a^b=c$ のとき，$b=\log_a c$ だからね。

ここで，$x \longrightarrow 0$ のとき，$\underset{(e^x-1)}{t} \longrightarrow e^0 - 1 = 1 - 1 = 0$ となる。

よって，②，③を $(*1)$ に代入して，変形すると

$$\lim_{\substack{x \to 0 \\ (t \to 0)}} \frac{\overset{t}{(e^x-1)}}{\underset{\log(1+t)}{(x)}} = \lim_{t \to 0} \frac{t}{\log(1+t)} = 1 \text{，すなわち}$$

$$\lim_{t \to 0} \frac{t}{\log(1+t)} = 1 \quad \cdots ④ \text{ が成り立つ。}$$

$t \longrightarrow 0$ のとき，$\log(1+t) \longrightarrow \log 1 = 0$ より，④の左辺は $\frac{0}{0}$ の不定形だ。これが，1 に近づくということは，$\frac{0.00\cdots01}{0.00\cdots01}$ のイメージだから，④の左辺の分子と分母を入れ替えても，同じく 1 に収束する。

よって，④より

$$\lim_{t \to 0} \frac{\log(1+t)}{t} = 1 \quad \cdots ⑤ \text{ となる。}$$

ここで，変数 t を x で置き換えると，

公式：$\displaystyle\lim_{x \to 0} \frac{\log(1+x)}{x} = 1$ ……$(*2)$ が成り立つ。……………………(終)

(iii) $(*2)$ をさらに変形すると，

$$\lim_{x \to 0} \frac{1}{x} \cdot \log(1+x)^{\square} = \lim_{x \to 0} \log(1+x)^{\frac{1}{x}} = \underset{(\log e)}{1}$$

これから，$\displaystyle\lim_{x \to 0} \log \boxed{(1+x)^{\frac{1}{x}}} = \log \boxed{e}$ より，

対数の中の真数同士を比較すれば，$x \longrightarrow 0$ のとき，$(1+x)^{\frac{1}{x}} \longrightarrow e$ となることがわかるはずだ。

公式：$\displaystyle\lim_{x \to 0} (1+x)^{\frac{1}{x}} = e$ ……$(*3)$ が成り立つ。……………………(終)

初めからトライ！問題 80	導関数	CHECK 1	CHECK 2	CHECK 3

導関数の定義式 $f'(x)=\lim_{h\to 0}\frac{f(x+h)-f(x)}{h}$ を用いて，次の微分公式が成り立つことを示せ。

(1) $(e^x)'=e^x$　　(2) $(\sin x)'=\cos x$　　(3) $(\cos x)'=-\sin x$

ヒント！ (1) では，$f(x)=e^x$，(2) では，$f(x)=\sin x$，(3) では，$f(x)=\cos x$ とおいて，導関数の定義式を使って，これらの微分公式が成り立つことを示そう。関数の極限の公式のいい復習にもなると思う。頑張ろう！

解答＆解説

(1) $f(x)=e^x$ とおいて，この導関数 $f'(x)$ を定義式から求めると，

$$(e^x)'=f'(x)=\lim_{h\to 0}\frac{f(x+h)-f(x)}{h}$$

（$f(x+h)=e^{x+h}=e^x\cdot e^h$，$f(x)=e^x$）

$$=\lim_{h\to 0}\frac{e^x\cdot e^h-e^x}{h}=\lim_{h\to 0}e^x\cdot\frac{e^h-1}{h}$$

（$\frac{e^h-1}{h}\to 1$）

公式 $\lim_{x\to 0}\frac{e^x-1}{x}=1$ を使った。

$$=e^x\cdot 1=e^x$$

∴微分公式 $(e^x)'=e^x$ は成り立つ。 ……………………………………(終)

(2) $f(x)=\sin x$ とおいて，この導関数 $f'(x)$ を定義式から求めると，

$$(\sin x)'=f'(x)=\lim_{h\to 0}\frac{f(x+h)-f(x)}{h}$$

（$f(x+h)=\sin(x+h)$，$f(x)=\sin x$）

$$=\lim_{h\to 0}\frac{\sin(x+h)-\sin x}{h}$$

（$\sin(x+h)=\sin x\cdot\cos h+\cos x\cdot\sin h$）

三角関数の加法定理
$\sin(\alpha+\beta)$
$=\sin\alpha\cos\beta+\cos\alpha\sin\beta$

$$=\lim_{h\to 0}\frac{\sin x\cdot\cos h+\cos x\cdot\sin h-\sin x}{h}$$

$$=\lim_{h\to 0}\frac{\cos x\cdot\sin h-\sin x(1-\cos h)}{h}$$

公式
$\lim_{x\to 0}\frac{\sin x}{x}=1$
$\lim_{x\to 0}\frac{1-\cos x}{x^2}=\frac{1}{2}$

$$=\lim_{h\to 0}\left(\cos x\cdot\underbrace{\frac{\sin h}{h}}_{1}-\sin x\cdot\underbrace{h}_{0}\cdot\underbrace{\frac{1-\cos h}{h^2}}_{\frac{1}{2}}\right)$$

$$=\cos x\cdot 1-\underbrace{\sin x\cdot 0\cdot\frac{1}{2}}_{0}=\cos x$$

∴微分公式 $(\sin x)'=\cos x$ は成り立つ。 ……………………………(終)

(3) $f(x)=\cos x$ とおいて，この導関数 $f'(x)$ を定義式から求めると，

$$(\cos x)'=f'(x)=\lim_{h\to 0}\frac{\overbrace{f(x+h)}^{\cos(x+h)}-\overbrace{f(x)}^{\cos x}}{h}$$

三角関数の加法定理
$\cos(\alpha+\beta)$
$=\cos\alpha\cos\beta-\sin\alpha\sin\beta$

$$=\lim_{h\to 0}\frac{\overbrace{\cos(x+h)}^{\cos x\cdot\cos h-\sin x\cdot\sin h}-\cos x}{h}$$

$$=\lim_{h\to 0}\frac{\cos x\cdot\cos h-\sin x\cdot\sin h-\cos x}{h}$$

$$=\lim_{h\to 0}\frac{-\sin x\cdot\sin h-\cos x(1-\cos h)}{h}$$

公式
$\lim_{x\to 0}\frac{\sin x}{x}=1$
$\lim_{x\to 0}\frac{1-\cos x}{x^2}=\frac{1}{2}$

$$=\lim_{h\to 0}\left(-\sin x\cdot\underbrace{\frac{\sin h}{h}}_{1}-\cos x\cdot\underbrace{h}_{0}\cdot\underbrace{\frac{1-\cos h}{h^2}}_{\frac{1}{2}}\right)$$

$$=-\sin x\cdot 1-\underbrace{\cos x\cdot 0\cdot\frac{1}{2}}_{0}=-\sin x$$

∴微分公式 $(\cos x)'=-\sin x$ は成り立つ。 ……………………………(終)

初めからトライ！問題 81	微分計算の基本	CHECK 1	CHECK 2	CHECK 3

次の各関数を微分せよ。

(1) $y = x^4$　　(2) $y = \sin x$　　(3) $y = \tan x$

(4) $y = e^x$　　(5) $y = \log x \quad (x > 0)$　　(6) $y = \log(1 + x^2)$

ヒント！ この問題では，導関数の定義式（極限の式）を用いる必要はない。$(x^\alpha)' = \alpha x^{\alpha - 1}$，$(\sin x)' = \cos x$，…など，微分計算の 8 つの基本公式を利用して導関数を求めていけばいいんだね。

解答＆解説

(1) $y = x^4$ を x で微分すると，

公式：$(x^\alpha)' = \alpha x^{\alpha - 1}$

$y' = (x^4)' = 4 \cdot x^3$ となる。……………………………(答)

(2) $y = \sin x$ を x で微分すると，

公式：$(\sin x)' = \cos x$

$y' = (\sin x)' = \cos x$ となる。……………………………(答)

(3) $y = \tan x$ を x で微分すると，

公式：$(\tan x)' = \dfrac{1}{\cos^2 x}$

$y' = (\tan x)' = \dfrac{1}{\cos^2 x}$ となる。……………………………(答)

(4) $y = e^x$ を x で微分すると，

公式：$(e^x)' = e^x$

$y' = (e^x)' = e^x$ となる。……………………………(答)

(5) $y = \log x \quad (x > 0)$ を x で微分すると，

公式：$(\log x)' = \dfrac{1}{x} \quad (x > 0)$

$y' = (\log x)' = \dfrac{1}{x}$ となる。……………………………(答)

(6) $y = \log(1 + x^2)$ を x で微分すると，

公式：$\{\log f(x)\}' = \dfrac{f'(x)}{f(x)} \quad (f(x) > 0)$

$y' = \{\log(1 + x^2)\}' = \dfrac{(1 + x^2)'}{1 + x^2} = \dfrac{2x}{1 + x^2}$ となる。……………(答)

初めからトライ！問題 82	微分計算	CHECK 1	CHECK 2	CHECK 3

次の各関数を微分せよ。

(1) $y=2\sqrt{x}+4x\sqrt{x}\quad (x\geqq 0)$　　(2) $y=2\sin x+3\cos x$

(3) $y=3e^x+2^x$　　(4) $y=\log(\sin x)\quad \left(0<x<\frac{\pi}{2}\right)$

ヒント！ 8つの微分公式と，微分計算の2つの性質(ⅰ) $(f\pm g)'=f'\pm g'$ と，(ⅱ) $(kf)'=kf'$ (k：定数) を利用して，各関数を微分しよう。

解答＆解説

(1) $y=2\sqrt{x}+4x\sqrt{x}=2\cdot x^{\frac{1}{2}}+4x\cdot x^{\frac{1}{2}}=2\cdot x^{\frac{1}{2}}+4x^{\frac{3}{2}}$ を微分すると，

$y'=\left(2\cdot x^{\frac{1}{2}}+4x^{\frac{3}{2}}\right)'=\left(2x^{\frac{1}{2}}\right)'+\left(4x^{\frac{3}{2}}\right)'$ ← たし算・引き算は項別に微分できる。

$=2\cdot\left(x^{\frac{1}{2}}\right)'+4\cdot\left(x^{\frac{3}{2}}\right)'$ ← 定数係数は表に出して微分できる。

$=2\cdot\frac{1}{2}\cdot x^{-\frac{1}{2}}+4\cdot\frac{3}{2}\cdot x^{\frac{1}{2}}$ ← 公式：$(x^\alpha)'=\alpha x^{\alpha-1}$

$=\frac{1}{\sqrt{x}}+6\sqrt{x}$ ……………………(答)

(2) $y=2\sin x+3\cos x$ を微分すると，

$y'=2(\sin x)'+3(\cos x)'=2\cos x+3\cdot(-\sin x)$ ← 公式：$(\sin x)'=\cos x$，$(\cos x)'=-\sin x$

$=2\cos x-3\sin x$ ……………………(答)

(3) $y=3e^x+2^x$ を微分すると，

$y'=3(e^x)'+(2^x)'=3e^x+2^x\log 2$ ……………………(答)

（$(e^x)'=e^x$，$(2^x)'=2^x\cdot\log 2$）← 公式：$(e^x)'=e^x$，$(a^x)'=a^x\log a$

(4) $y=\log(\sin x)$ を微分すると，

$y'=\{\log(\sin x)\}'=\frac{(\sin x)'}{\sin x}$ ← 公式：$(\log f)'=\frac{f'}{f}\ (f>0)$，$(\sin x)'=\cos x$

$=\frac{\cos x}{\sin x}=\frac{1}{\frac{\sin x}{\cos x}}=\frac{1}{\tan x}$ ……………………(答)

（$\frac{\sin x}{\cos x}=\tan x$）

初めからトライ！問題 83	積と商の微分計算	CHECK 1	CHECK 2	CHECK 3

次の各関数を微分せよ。

(1) $y = x^2 \cdot \sin x$　　(2) $y = (x-1)e^x$

(3) $y = \dfrac{x+1}{x-1}\quad (x \neq 1)$　　(4) $y = \dfrac{\log x}{x}\quad (x > 0)$

ヒント！ (1), (2) では，2 つの関数の積の微分公式：$(f \cdot g)' = f' \cdot g + f \cdot g'$ を使い，(3)，(4) では，2 つの関数の商の微分公式：$\left(\dfrac{g}{f}\right)' = \dfrac{g' \cdot f - g \cdot f'}{f^2}$ を使うといいよ。

解答＆解説

公式 $(f \cdot g)' = f' \cdot g + f \cdot g'$

(1) $y' = (x^2 \cdot \sin x)' = \underbrace{(x^2)'}_{2x} \cdot \sin x + x^2 \cdot \underbrace{(\sin x)'}_{\cos x}$

$= 2x \cdot \sin x + x^2 \cdot \cos x$ ……………………(答)

(2) $y' = \{(x-1) \cdot e^x\}' = \underbrace{(x-1)'}_{1} \cdot e^x + (x-1) \cdot \underbrace{(e^x)'}_{e^x}$

$= 1 \cdot e^x + (x-1) \cdot e^x = xe^x$ ……………(答)

公式 $\left(\dfrac{g}{f}\right)' = \dfrac{g' \cdot f - g \cdot f'}{f^2}$

(3) $y' = \left(\dfrac{x+1}{x-1}\right)' = \dfrac{\overbrace{(x+1)'}^{1} \cdot (x-1) - (x+1) \cdot \overbrace{(x-1)'}^{1}}{(x-1)^2}$

$= \dfrac{1 \cdot (x-1) - (x+1) \cdot 1}{(x-1)^2} = \dfrac{x - 1 - x - 1}{(x-1)^2} = -\dfrac{2}{(x-1)^2}$ ……………(答)

(4) $y' = \left(\dfrac{\log x}{x}\right)' = \dfrac{\overbrace{(\log x)'}^{\frac{1}{x}} \cdot x - \log x \cdot \overbrace{x'}^{1}}{x^2}$

$= \dfrac{\frac{1}{x} \cdot x - \log x \cdot 1}{x^2} = \dfrac{1 - \log x}{x^2}$ ……………………(答)

初めからトライ！問題 84	合成関数の微分	CHECK 1	CHECK 2	CHECK 3

次の各関数を微分せよ。

(1) $y=\sin 4x$　　(2) $y=\cos^2 x$

(3) $y=\sqrt{2x^2+1}$　　(4) $y=\tan^2 x$

ヒント！ いずれも，合成関数の微分公式 $y'=\frac{dy}{dx}=\frac{dy}{dt}\cdot\frac{dt}{dx}$ を使って解く問題だ。これで，合成関数の微分の要領をつかもう。

解答＆解説

(1) $y=\sin 4x$ について，$4x=t$ とおくと，$y=\sin t$，$t=4x$ となる。

$$\therefore\ y'=\frac{dy}{dx}=\frac{d\boxed{y}}{dt}\cdot\frac{d\boxed{t}}{dx}=\cos\boxed{t}\cdot 4=4\cos 4x \quad\cdots\cdots(\text{答})$$

（y は $\sin t$，t は $4x$）（このtは，4xに戻す。）

(2) $y=\cos^2 x$ について，$\cos x=t$ とおくと，$y=t^2$，$t=\cos x$ となる。

$$\therefore\ y'=\frac{dy}{dx}=\frac{d\boxed{y}}{dt}\cdot\frac{d\boxed{t}}{dx}=2\boxed{t}\cdot(-\sin x)$$

（y は t^2，t は $\cos x$）（このtは，cosxに戻す。）

$$=-2\sin x\cos x=-\sin 2x \quad\cdots\cdots(\text{答})$$

（$2\sin x\cos x$ は $\sin 2x$）←（2倍角の公式：$\sin 2x=2\sin x\cos x$）

(3) $y=(2x^2+1)^{\frac{1}{2}}$ について，$2x^2+1=t$ とおくと，$y=t^{\frac{1}{2}}$，$t=2x^2+1$ となる。

$$\therefore\ y'=\frac{dy}{dx}=\frac{d\boxed{y}}{dt}\cdot\frac{d\boxed{t}}{dx}=\frac{1}{2}\boxed{t}^{-\frac{1}{2}}\cdot 4x=\frac{2x}{\sqrt{2x^2+1}} \quad\cdots\cdots(\text{答})$$

（y は $t^{\frac{1}{2}}$，t は $2x^2+1$）（このtは，$2x^2+1$に戻す。）

(4) $y=\tan^2 x$ について，$\tan x=t$ とおくと，$y=t^2$，$t=\tan x$ となる。

$$\therefore\ y'=\frac{dy}{dx}=\frac{d\boxed{y}}{dt}\cdot\frac{d\boxed{t}}{dx}=2\boxed{t}\cdot\frac{1}{\cos^2 x}=\frac{2\tan x}{\cos^2 x} \quad\cdots\cdots(\text{答})$$

（y は t^2，t は $\tan x$）（このtは，tanxに戻す。）

初めからトライ！問題 85	合成関数の微分	CHECK 1	CHECK 2	CHECK 3

次の各関数を微分せよ。

(1) $y = x^2 \cdot \sin 2x$　　(2) $y = x \cdot \cos^2 x$　　(3) $y = (x^2+1)e^{-2x}$

(4) $y = \dfrac{\sin 2x}{x+1}$　　(5) $y = \dfrac{\cos^2 x}{x+1}$　　(6) $y = \dfrac{e^{-x^2}}{x}$

ヒント！ 積や商の微分と合成関数の微分の融合問題なんだね。式変形の中で，合成関数の微分が自然にできるようになるまで練習しよう。

解答＆解説

(1) $y = x^2 \cdot \sin 2x$ について，導関数 y' は

$$y' = (x^2 \cdot \sin 2x)' = \underbrace{(x^2)'}_{2x} \cdot \sin 2x + x^2 \cdot \underbrace{(\sin 2x)'}_{\cos 2x \cdot 2}$$

公式 $(f \cdot g)' = f' \cdot g + f \cdot g'$

$\cos 2x \cdot 2$ の $\cos 2x$ は $\dfrac{du}{dt}$，2 は $\dfrac{dt}{dx}$

$2x = t$ とおいて，合成関数の微分

$$= 2x \cdot \sin 2x + 2x^2 \cdot \cos 2x$$

$$= 2x(\sin 2x + x \cdot \cos 2x) \quad \cdots\cdots(答)$$

(2) $y = x \cdot \cos^2 x$ について，導関数 y' は

$$y' = (x \cdot \cos^2 x)' = \underbrace{x'}_{1} \cdot \cos^2 x + x \cdot \underbrace{(\cos^2 x)'}_{2 \cdot \cos x \cdot (-\sin x)}$$

公式 $(f \cdot g)' = f' \cdot g + f \cdot g'$

$2 \cdot \cos x \cdot (-\sin x)$ の $2 \cdot \cos x$ は $\dfrac{du}{dt}$，$(-\sin x)$ は $\dfrac{dt}{dx}$

$\cos x = t$ とおいて，合成関数の微分

$$= 1 \cdot \cos^2 x - 2x \cdot \sin x \cdot \cos x$$

$$= \cos x(\cos x - 2x\sin x) \quad \cdots\cdots(答)$$

(3) $y = (x^2+1)e^{-2x}$ について，導関数 y' は

$$y' = \{(x^2+1)e^{-2x}\}' = \underbrace{(x^2+1)'}_{2x} \cdot e^{-2x} + (x^2+1)\underbrace{(e^{-2x})'}_{e^{-2x}(-2)}$$

公式 $(f \cdot g)' = f' \cdot g + f \cdot g'$

$e^{-2x}(-2)$ の e^{-2x} は $\dfrac{du}{dt}$，(-2) は $\dfrac{dt}{dx}$

$-2x = t$ とおいて，合成関数の微分

$$= 2x \cdot e^{-2x} - 2(x^2+1)e^{-2x}$$

$$= 2 \cdot e^{-2x}(x - x^2 - 1) = -2(x^2 - x + 1)e^{-2x} \quad \cdots\cdots(答)$$

(4) $y = \dfrac{\sin 2x}{x+1}$ について，導関数 y' は

$2x = t$ とおいて，合成関数の微分

公式，$\left(\dfrac{g}{f}\right)' = \dfrac{g'\cdot f - g\cdot f'}{f^2}$

$$y' = \left(\frac{\sin 2x}{x+1}\right)' = \frac{(\sin 2x)' \cdot (x+1) - \sin 2x \cdot (x+1)'}{(x+1)^2}$$

$(\sin 2x)' = \underbrace{\cos 2x}_{\frac{du}{dt}} \cdot \underbrace{2}_{\frac{dt}{dx}}$，$(x+1)' = 1$

$$= \frac{2(x+1)\cdot \cos 2x - \sin 2x}{(x+1)^2} \quad \cdots\cdots\cdots\cdots\cdots\cdots(答)$$

(5) $y = \dfrac{\cos^2 x}{x+1}$ について，導関数 y' は

$\cos x = t$ とおいて，合成関数の微分

公式，$\left(\dfrac{g}{f}\right)' = \dfrac{g'\cdot f - g\cdot f'}{f^2}$

$$y' = \left(\frac{\cos^2 x}{x+1}\right)' = \frac{(\cos^2 x)' \cdot (x+1) - \cos^2 x \cdot (x+1)'}{(x+1)^2}$$

$(\cos^2 x)' = \underbrace{2\cos x}_{\frac{du}{dt}} \cdot \underbrace{(-\sin x)}_{\frac{dt}{dx}}$，$(x+1)' = 1$

$$= \frac{-2(x+1)\sin x\cos x - \cos^2 x}{(x+1)^2} = -\frac{\cos x\{2(x+1)\sin x + \cos x\}}{(x+1)^2}$$

$\cdots\cdots\cdots\cdots\cdots\cdots$(答)

(6) $y = \dfrac{e^{-x^2}}{x}$ について，導関数 y' は

$-x^2 = t$ とおいて，合成関数の微分

公式，$\left(\dfrac{g}{f}\right)' = \dfrac{g'\cdot f - g\cdot f'}{f^2}$

$$y' = \left(\frac{e^{-x^2}}{x}\right)' = \frac{\left(e^{-x^2}\right)' \cdot x - e^{-x^2} \cdot x'}{x^2}$$

$\left(e^{-x^2}\right)' = \underbrace{e^{-x^2}}_{\frac{du}{dt}}\underbrace{(-2x)}_{\frac{dt}{dx}}$，$x' = 1$

$$= \frac{-2x^2 e^{-x^2} - e^{-x^2}}{x^2} = -\frac{(2x^2+1)e^{-x^2}}{x^2} \quad \cdots\cdots\cdots\cdots\cdots\cdots(答)$$

数列の極限 4　関数の極限 5　微分法 6

初めからトライ！問題 86	対数微分法	CHECK 1	CHECK 2	CHECK 3

関数 $y=\left(\dfrac{x+1}{x^2+1}\right)^3$ を対数微分法を用いて，微分せよ。

ヒント！ $y=f(x)$ を，$\log|y|=\log|f(x)|$ の形にして，両辺を x で微分して導関数 y' を求めるやり方を，対数微分法というんだね。

解答＆解説

$y=\left(\dfrac{x+1}{x^2+1}\right)^3$ の両辺の絶対値をとって，

$$|y|=\left|\left(\frac{x+1}{x^2+1}\right)^3\right|=\left|\frac{x+1}{x^2+1}\right|^3=\frac{|x+1|^3}{|x^2+1|^3}$$

この両辺の自然対数をとって

$$\log|y|=\log\frac{|x+1|^3}{|x^2+1|^3}=\log|x+1|^{3}-\log|x^2+1|^{3}$$ より，

$$\log|y|=3(\log|x+1|-\log|x^2+1|)$$ となる。

この両辺を x で微分して，

$$\frac{1}{y}\cdot y'=3\left(\frac{1}{x+1}-\frac{2x}{x^2+1}\right)$$

公式 $\dfrac{d(\log|f|)}{dx}=\dfrac{f'}{f}$

$$\frac{d(\log|y|)}{dx}=\frac{d(\log|y|)}{dy}\cdot\frac{dy}{dx}=\frac{1}{y}\cdot y'$$

合成関数の微分の考え方だね。

$$\frac{1}{y}\cdot y'=3\cdot\frac{x^2+1-2x(x+1)}{(x+1)(x^2+1)}=-3\cdot\frac{x^2+2x-1}{(x+1)(x^2+1)}$$

∴求める導関数は，

$$y'=-3\cdot y\cdot\frac{x^2+2x-1}{(x+1)(x^2+1)}=-3\cdot\frac{(x+1)^3}{(x^2+1)^3}\cdot\frac{x^2+2x-1}{(x+1)(x^2+1)}$$

$$=-3\cdot\frac{(x+1)^2(x^2+2x-1)}{(x^2+1)^4}$$ となる。 ……………………………(答)

初めからトライ！問題 87	第 n 次導関数	CHECK 1	CHECK 2	CHECK 3

関数 $y=\sin x$ の第 n 次導関数を調べよ。

ヒント！ $y'=y^{(1)}$, $y''=y^{(2)}$, $y'''=y^{(3)}$, $y^{(4)}$, …と具体的に求めると，同じ導関数が周期的に現れることが分かるはずだ。

解答＆解説

$y=\sin x$ について，$y'=y^{(1)}$, $y''=y^{(2)}$, $y'''=y^{(3)}$, $y^{(4)}$, $y^{(5)}$, $y^{(6)}$ を順次求めると，

$$y'=y^{(1)}=(\sin x)'=\cos x$$

$$y''=y^{(2)}=(\sin x)''=(\cos x)'=-\sin x$$

$$y'''=y^{(3)}=(\sin x)'''=(-\sin x)'=-\cos x$$

$$y^{(4)}=(\sin x)^{(4)}=(-\cos x)'=-(-\sin x)=\sin x$$

← 元に戻ったァ！この後は，同じことの繰り返しになる。

$$y^{(5)}=(\sin x)^{(5)}=(\sin x)'=\cos x$$

$$y^{(6)}=(\sin x)^{(6)}=(\cos x)'=-\sin x$$

…………………………………………………………

以上より，$y^{(1)}=\cos x$, $y^{(2)}=-\sin x$, $y^{(3)}=-\cos x$, $y^{(4)}=\sin x$,

$y^{(5)}=\cos x$, $y^{(6)}=-\sin x$, $y^{(7)}=-\cos x$, $y^{(8)}=\sin x$,

$y^{(9)}=\cos x$, $y^{(10)}=-\sin x$, $y^{(11)}=-\cos x$, $y^{(12)}=\sin x$,

…………………………………………………………

よって，$y=\sin x$ の第 n 次導関数 $y^{(n)}$ は，

$n=4k+1$ $(k=0,\ 1,\ 2,\ \cdots)$ のとき，$y^{(n)}=\cos x$

（具体的には，$n=1,\ 5,\ 9,\ 13,\ \cdots$ のとき）

$n=4k+2$ $(k=0,\ 1,\ 2,\ \cdots)$ のとき，$y^{(n)}=-\sin x$

（具体的には，$n=2,\ 6,\ 10,\ 14,\ \cdots$ のとき）

$n=4k+3$ $(k=0,\ 1,\ 2,\ \cdots)$ のとき，$y^{(n)}=-\cos x$

（具体的には，$n=3,\ 7,\ 11,\ 15,\ \cdots$ のとき）

$n=4k$ $(k=1,\ 2,\ 3,\ \cdots)$ のとき，$y^{(n)}=\sin x$ となる。…………………(答)

（具体的には，$n=4,\ 8,\ 12,\ 16,\ \cdots$ のとき）

初めからトライ！問題 88　$f(x, y) = k$ の導関数　CHECK 1　CHECK 2　CHECK 3

次の関数の導関数 $\dfrac{dy}{dx}$ を求めよ。

(1) $\dfrac{x^2}{4}+\dfrac{y^2}{2}=1$ ……①　　(2) $\dfrac{x^2}{2}-y^2=-1$ ……②

ヒント！ (1) 横長のだ円①や (2) 上下の双曲線②のような，$f(x, y)=k$（定数）の形の関数の導関数を求めたかったら，この式の両辺を丸ごと x で微分すればいいんだね。

解答＆解説

(1) $\dfrac{x^2}{4}+\dfrac{y^2}{2}=1$ ……①の両辺を x で微分すると，

$$\frac{d}{dx}\left(\frac{x^2}{4}+\frac{y^2}{2}\right)=\frac{d1}{dx}$$

$\dfrac{d1}{dx}$ = 0（定数を x で微分したら 0 になる）

$$\frac{d}{dx}\left(\frac{x^2}{4}\right)+\frac{d}{dx}\left(\frac{y^2}{2}\right)=0$$

合成関数の微分の考え方と同じだね。

$\dfrac{d}{dx}\left(\dfrac{x^2}{4}\right)$ = $\dfrac{1}{4}(x^2)'=\dfrac{1}{4}\cdot 2x$

$\dfrac{d}{dx}\left(\dfrac{y^2}{2}\right)$ = $\dfrac{d}{dy}\left(\dfrac{y^2}{2}\right)\cdot\dfrac{dy}{dx}=\dfrac{1}{2}\cdot 2y\cdot y'=y\cdot y'$

$$\frac{1}{2}x+yy'=0 \qquad yy'=-\frac{x}{2} \qquad \therefore y'=-\frac{x}{2y} \quad \cdots\cdots(\text{答})$$

(2) $\dfrac{x^2}{2}-y^2=-1$ ……②の両辺を x で微分すると，

$$\frac{d}{dx}\left(\frac{x^2}{2}\right)-\frac{d}{dx}(y^2)=0$$

$\dfrac{d}{dx}\left(\dfrac{x^2}{2}\right)$ = $\left(\dfrac{x^2}{2}\right)'=x$

$\dfrac{d}{dx}(y^2)$ = $\dfrac{d(y^2)}{dy}\cdot\dfrac{dy}{dx}=2y\cdot y'$

この場合の導関数 y' は，x と y の式で表される。

$$x-2y\cdot y'=0 \qquad 2y\cdot y'=x \qquad \therefore y'=\frac{x}{2y} \quad \cdots\cdots(\text{答})$$

初めからトライ！問題 89 媒介変数表示の関数の導関数 CHECK 1 CHECK 2 CHECK 3

$\begin{cases} x = \cos^3\theta & \cdots\cdots① \\ y = \sin^3\theta & \cdots\cdots② \end{cases}$ （θ：媒介変数）で表される関数の導関数 $\dfrac{dy}{dx}$ を求めよ。

ヒント！ これは，実は，アステロイド曲線と呼ばれる曲線なんだ。一般に，$x=f(\theta)$，$y=g(\theta)$ で表されているとき，その導関数 $\dfrac{dy}{dx}$ は，$\dfrac{dy}{d\theta}$ を $\dfrac{dx}{d\theta}$ で割って，求めればいいんだね。

解答＆解説

(ⅰ) $x=\cos^3\theta$ …①より，x を θ で微分すると，

$$\frac{dx}{d\theta}=3\cos^2\theta\cdot(-\sin\theta)$$

$$=-3\sin\theta\cdot\cos^2\theta \quad \cdots③ \text{ となる。}$$

$\cos\theta=t$ とおくと，

$$\frac{dx}{d\theta}=\frac{d\overset{t^3}{x}}{dt}\cdot\frac{d\overset{\cos\theta}{t}}{d\theta}$$

(ⅱ) $y=\sin^3\theta$ …②より，y を θ で微分すると，

$$\frac{dy}{d\theta}=3\sin^2\theta\cdot\cos\theta \quad \cdots④ \text{ となる。}$$

$\sin\theta=t$ とおくと，

$$\frac{dy}{d\theta}=\frac{d\overset{t^3}{y}}{dt}\cdot\frac{d\overset{\sin\theta}{t}}{d\theta}$$

以上(ⅰ)(ⅱ)より，③と④を用いると，

アステロイド曲線 $\begin{cases} x=\cos^3\theta \\ y=\sin^3\theta \end{cases}$ の導関数 $\dfrac{dy}{dx}$ は，

$$\frac{dy}{dx}=\frac{\dfrac{dy}{d\theta}}{\dfrac{dx}{d\theta}}=\frac{3\sin^2\theta\cdot\cos\theta}{-3\sin\theta\cdot\cos^2\theta}=-\frac{\sin\theta}{\cos\theta}=-\tan\theta \quad \cdots\cdots\cdots\cdots(\text{答})$$

（$\dfrac{dy}{d\theta}=3\sin^2\theta\cos\theta$，$\dfrac{dx}{d\theta}=-3\sin\theta\cos^2\theta$）

$\dfrac{dy}{dx}$ は θ の関数になる。

$\dfrac{dy}{dx}=\dfrac{\dfrac{dy}{d\theta}}{\dfrac{dx}{d\theta}}$ の式は，見かけ上，分子・分母を $d\theta$ で割った形だね。

第 6 章● 微分法の公式を復習しよう！

1. 微分係数の定義式

$$f'(a)=\lim_{h\to 0}\frac{f(a+h)-f(a)}{h}=\lim_{x\to a}\frac{f(x)-f(a)}{x-a}$$

2. 導関数の定義式

$$f'(x)=\lim_{h\to 0}\frac{f(x+h)-f(x)}{h}$$

3. 微分計算の基本公式 (8 つの知識)

(1) $(x^{\alpha})=\alpha x^{\alpha-1}$　(2) $(\sin x)'=\cos x$　(3) $(\cos x)'=-\sin x$

(4) $(\tan x)'=\dfrac{1}{\cos^2 x}$　(5) $(e^x)'=e^x$　(6) $(a^x)'=a^x\cdot\log a$

(7) $(\log|x|)'=\dfrac{1}{x}$　(8) $\{\log|f(x)|\}'=\dfrac{f'(x)}{f(x)}$

4. 微分計算の公式

(1) $(f\cdot g)'=f'\cdot g+f\cdot g'$　(2) $\left(\dfrac{g}{f}\right)'=\dfrac{g'\cdot f-g\cdot f'}{f^2}$

5. 合成関数の微分

$$\frac{dy}{dx}=\frac{dy}{dt}\cdot\frac{dt}{dx}$$

6. 逆関数の微分

$$\frac{dy}{dx}=\frac{1}{\dfrac{dx}{dy}}$$

7. 対数微分法

$y=f(x)$ の両辺の絶対値の自然対数をとって，$\log|y|=\log|f(x)|$ とし，さらにこの両辺を x で微分する。

8. 媒介変数表示された関数の導関数

$$\frac{dy}{dx}=\frac{\dfrac{dy}{dt}}{\dfrac{dx}{dt}}\quad(t：\text{媒介変数})$$

第７章
CHAPTER

7 微分法の応用

- 接線と法線，共接条件
- 関数のグラフの概形
- 方程式・不等式への応用
- 速度と近似式

“微分法の応用”を初めから解こう！ 公式&解法パターン

1. 接線と法線の方程式をマスターしよう。

(1) 曲線 $y=f(x)$ 上の点 $\mathrm{A}(t,\ f(t))$

における**接線**の方程式は，

$y=f'(t)(x-t)+f(t)$

(2) 曲線 $y=f(x)$ 上の点 $\mathrm{A}(t,\ f(t))$

における**法線**の方程式は，

$$y=-\frac{1}{f'(t)}(x-t)+f(t)$$

(ただし，$f'(t)\neq 0$)

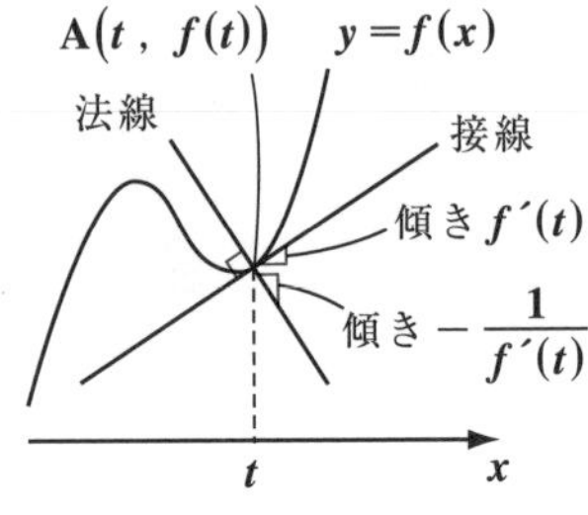

(ex) $y=f(x)=\log x$ について，$f'(x)=\dfrac{1}{x}$ よって，$y=f(x)$ 上の点 $(1,\ 0)$ における接線の方程式は，$f'(1)=\dfrac{1}{1}=1$ より

(0 = log1)

$y=1\cdot(x-1)+0$ $\quad[y=f'(1)\cdot(x-1)+f(1)]$

$\therefore\ y=x-1$ となるんだね。

2. 2曲線の共接条件も押さえよう。

2曲線 $y=f(x)$ と $y=g(x)$ が $x=t$ で接するための条件は，

$$\begin{cases} f(t)=g(t) \\ f'(t)=g'(t) \end{cases}$$

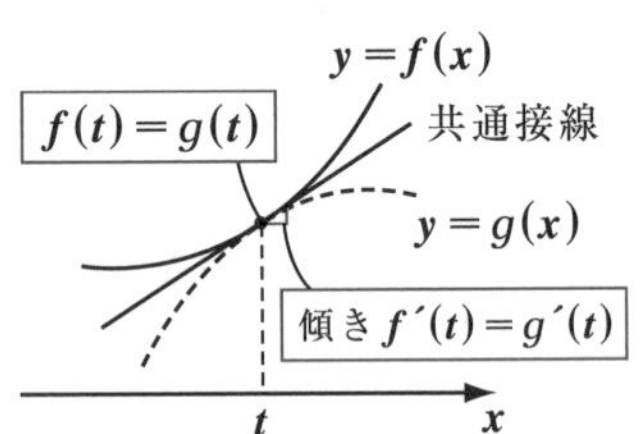

(ex) $y=f(x)=ax$ と $y=g(x)=\log x$ が接するときの a の値を求めよう。

$f'(x)=a$，$g'(x)=\dfrac{1}{x}$ より，$y=f(x)$ と $y=g(x)$ が $x=t$ で接するものとすると，

$at=\log t$ ……① $\qquad a=\dfrac{1}{t}$ ……②

$[f(t)=g(t)]$ $\qquad [f'(t)=g'(t)]$

②より，$at=1$　これを①に代入して，$1=\log t$　$\therefore t=e$ ……③

③を②に代入して，$a=\dfrac{1}{e}$ となるんだね。

3. 平均値(へいきんち)の定理は，グラフを使って理解しよう。

関数 $f(x)$ が閉区間 $[a,\ b]$ で連続，開区間 $(a,\ b)$ で微分可能であるとき，

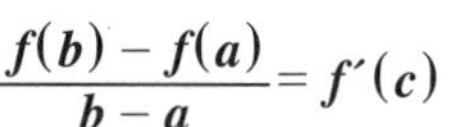

$$\frac{f(b)-f(a)}{b-a}=f'(c)$$

をみたす実数 c が開区間 $(a,\ b)$ の範囲に少なくとも 1 つ存在する。

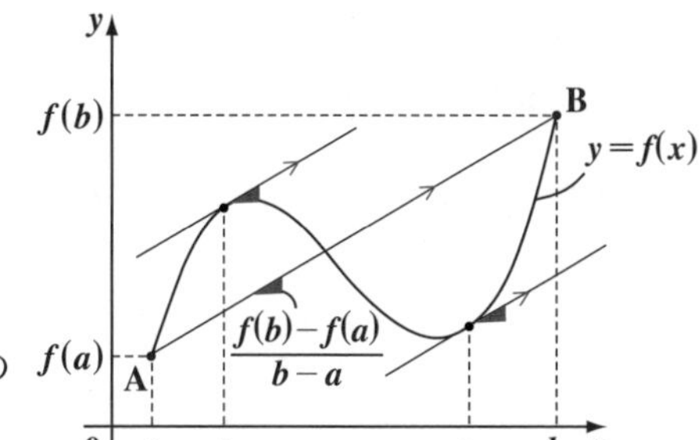

> 右上のグラフのように，連続で滑らかな曲線 $y=f(x)$ 上の 2 点 $A(a,\ f(a))$ と $B(b,\ f(b))$ を結ぶ直線の傾き $\dfrac{f(b)-f(a)}{b-a}$ と同じ傾きをもった接線の接点の x 座標 c が，区間 $a<x<b$ の範囲に少なくとも 1 つ存在する，と言っているんだね。上のグラフでは，c_1 と c_2 の 2 つが存在する場合を示している。

4. 関数のグラフを描こう。

関数 $y=f(x)$ のグラフの概形は，次のようにして求めることができる。

(1) $f'(x)$ が正のとき増加し，負のときは減少する。

(2) $f''(x)$ が正のときは下に凸で，負のときは上に凸のグラフになる。

(3) $\displaystyle\lim_{x\to\infty}f(x)$ や $\displaystyle\lim_{x\to-\infty}f(x)$ など…の極限を調べる。

> しかし，$y=f(x)$ が，偶関数か奇関数か，また，原点などの特定の点を通るか，
>
> 偶関数：$f(-x)=f(x)$，y 軸に対称
>
> 奇関数：$f(-x)=-f(x)$，原点に対称
>
> また，∞ の強弱による極限 $\displaystyle\lim_{x\to\infty}\frac{x^2}{e^x}=0$ や $\displaystyle\lim_{x\to\infty}\frac{x}{\log x}=\infty$ …などを利用して，グラフの概形を直感的に求めることができるものも，たくさんあるんだね。
>
> 詳しく知りたい方は，**「初めから始める数学 III Part2」** で勉強しよう。

5. 微分法を方程式・不等式に利用しよう。

(1) 方程式 $f(x)=k$ …① (k：定数) の実数解の個数は，①を分解してできる曲線 $y=f(x)$ と直線 $y=k$ との共有点の個数に等しいんだね。

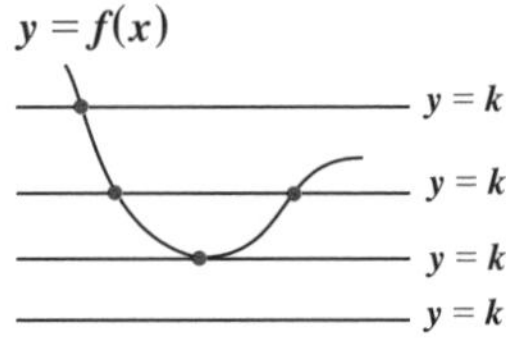

(2) 不等式 $f(x) \geqq k$　(k：定数) を証明するには，関数 $y=f(x)$ の最小値 m が $m \geqq k$ であることを示せばいいんだね。

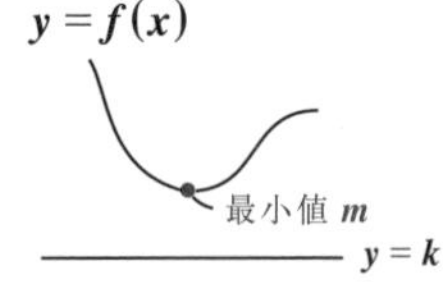

6. x 軸上を運動する動点 P(x) を考えよう。

x 軸上を運動する動点 P の時刻 t における位置を $x=f(t)$ とおくと，動点 P の**速度** v と**加速度** a は次のようになる。

$$\begin{cases} (\text{i})\ 速度\ v=\dfrac{dx}{dt}=f'(t) \\ (\text{ii})\ 加速度\ a=\dfrac{d^2x}{dt^2}=f''(t) \end{cases}$$

7. xy 座標平面上を運動する動点 P(x, y) の公式も頭に入れよう。

xy 座標平面上を運動する動点 P(x, y) の x 座標，y 座標が，時刻 t の関数として，$x=f(t)$，$y=g(t)$ と表されるとき，点 P の

(i) **速度ベクトル** $\vec{v}$ と**速さ** $|\vec{v}|$ は，次式で表される。

$$\begin{cases} \vec{v}=\left(\dfrac{dx}{dt},\ \dfrac{dy}{dt}\right)=(f'(t),\ g'(t)) \\ |\vec{v}|=\sqrt{\left(\dfrac{dx}{dt}\right)^2+\left(\dfrac{dy}{dt}\right)^2}=\sqrt{\{f'(t)\}^2+\{g'(t)\}^2} \end{cases}$$

(ii) **加速度ベクトル** $\vec{a}$ と**加速度の大きさ** $|\vec{a}|$ は，次式で表される。

$$\begin{cases} \vec{a}=\left(\dfrac{d^2x}{dt^2},\ \dfrac{d^2y}{dt^2}\right)=(f''(t),\ g''(t)) \\ |\vec{a}|=\sqrt{\left(\dfrac{d^2x}{dt^2}\right)^2+\left(\dfrac{d^2y}{dt^2}\right)^2}=\sqrt{\{f''(t)\}^2+\{g''(t)\}^2} \end{cases}$$

8. 近似式にも慣れよう。

(1) 極限の公式から導かれる**近似式**をまず頭に入れよう。

(i) $x \fallingdotseq 0$ のとき，$\sin x \fallingdotseq x$

$\displaystyle\lim_{x \to 0} \frac{\sin x}{x} = 1$ より，$x \fallingdotseq 0$ のとき

$\displaystyle\frac{\sin x}{x} \fallingdotseq 1$ から，$\sin x \fallingdotseq x$

(ii) $x \fallingdotseq 0$ のとき，$e^x \fallingdotseq x + 1$

$\displaystyle\lim_{x \to 0} \frac{e^x - 1}{x} = 1$ より，$x \fallingdotseq 0$ のとき

$\displaystyle\frac{e^x - 1}{x} \fallingdotseq 1$ から，$e^x \fallingdotseq x + 1$

(iii) $x \fallingdotseq 0$ のとき，$\log(x+1) \fallingdotseq x$

$\displaystyle\lim_{x \to 0} \frac{\log(x+1)}{x} = 1$ より，$x \fallingdotseq 0$ のとき

$\displaystyle\frac{\log(x+1)}{x} \fallingdotseq 1$ から，$\log(x+1) \fallingdotseq x$

(2) 微分係数の定義式から**近似式**は導かれる。

微分係数 $\displaystyle f'(a) = \lim_{h \to 0} \frac{f(a+h) - f(a)}{h}$ より，

$h \fallingdotseq 0$ のとき，$\displaystyle f'(a) \fallingdotseq \frac{f(a+h) - f(a)}{h}$ となるので，

$h \fallingdotseq 0$ のとき，近似式：$f(a+h) \fallingdotseq f'(a)h + f(a)$ …(＊) が導ける。

さらに，$a = 0$ のとき h を x で置き換えると，

$x \fallingdotseq 0$ のとき，近似式：$f(x) \fallingdotseq f'(0) \cdot x + f(0)$ …(＊＊) も導ける。

(ex) $f(x) = \sin x$ のとき，$f'(x) = (\sin x)' = \cos x$ より，

$f(0) = \sin 0 = 0$，$f'(0) = \cos 0 = 1$

よって，$x \fallingdotseq 0$ のとき，近似式：$\sin x \fallingdotseq 1 \cdot x + 0$

$[f(x) \fallingdotseq f'(0) \cdot x + f(0)]$

すなわち，$\sin x \fallingdotseq x$ が導けるんだね。

(ex) $f(x) = e^x$ のとき，　$f'(x) = (e^x)' = e^x$ より，

$f(0) = e^0 = 1$，$f'(0) = e^0 = 1$

よって，$x \fallingdotseq 0$ のとき，近似式：$e^x \fallingdotseq 1 \cdot x + 1$

$[f(x) \fallingdotseq f'(0) \cdot x + f(0)]$

すなわち，$e^x \fallingdotseq x + 1$ も導けるんだね。大丈夫？

初めからトライ！問題 90	接線と法線	CHECK 1	CHECK 2	CHECK 3

次の問いに答えよ。

(1) 曲線 $y = e^{3x}$ 上の点 $(1,\ e^3)$ における (i) 接線と (ii) 法線の方程式を求めよ。

(2) 曲線 $y = \tan 2x$ 上の点 $\left(\frac{\pi}{6},\ \sqrt{3}\right)$ における (i) 接線と (ii) 法線の方程式を求めよ。

ヒント！ (1), (2) 共に，接線の方程式 $y = f'(t)(x-t)+f(t)$ と，法線の方程式 $y = -\frac{1}{f'(t)}(x-t)+f(t)$ の公式を使って，解いていけばいいんだね。

解答＆解説

(1) 曲線 $y=f(x)=e^{3x}$ とおくと，$f(1)=e^{3\times1}=e^3$ より，点 $(1,\ e^3)$ は
この曲線上の点である。

$f(x)$ を x で微分して，

$f'(x)=(e^{3x})'=e^{3x}\cdot 3=3e^{3x}$

より，$f'(1)=3e^{3\times1}=3e^3$

よって，曲線 $y=f(x)$ 上の点 $(1,\ e^3)$ における

> $3x=t$ とおくと，
> $y=e^t$，$t=3x$ より
> $\frac{dy}{dx}=\frac{dy}{dt}\cdot\frac{dt}{dx}$ $(y=e^t,\ t=3x)$
> $=e^{3x}\cdot 3$ となる。
> (合成関数の微分)

(i) 接線の方程式は，

$$y=3e^3\cdot(x-1)+e^3$$
$$\left[\ y=f'(1)\cdot(x-1)+f(1)\ \right]$$

$y=3e^3x\underbrace{-3e^3+e^3}_{-2e^3}$

$\therefore\ y=3e^3x-2e^3$ である。……………………………………………(答)

(ii) 法線の方程式は，

$$y=-\frac{1}{3e^3}(x-1)+e^3$$
$$\left[\ y=-\frac{1}{f'(1)}(x-1)+f(1)\right]$$

$\therefore\ y=-\frac{1}{3e^3}x+\frac{1}{3e^3}+e^3$ である。……(答)

(2) 曲線 $y=f(x)=\tan 2x$ とおくと，$f\left(\frac{\pi}{6}\right)=\tan\left(2\cdot\frac{\pi}{6}\right)=\tan\frac{\pi}{3}=\sqrt{3}$ より，

$\frac{\pi}{3}$ = 60°

点 $\left(\frac{\pi}{6},\sqrt{3}\right)$ は，この曲線上の点である。

$f(x)$ を x で微分して，

$$f'(x)=(\tan 2x)'=\frac{1}{\cos^2 2x}\cdot 2=\frac{2}{\cos^2 2x}$$

$2x=t$ とおくと，

$y=\tan t$，$t=2x$ より

$$\frac{dy}{dx}=\frac{dy}{dt}\cdot\frac{dt}{dx}=\frac{1}{\cos^2 t}\cdot 2$$

（$y=\tan t$，$t=2x$）

（合成関数の微分）

より，$f'\left(\frac{\pi}{6}\right)=\frac{2}{\cos^2\left(2\cdot\frac{\pi}{6}\right)}=\frac{2}{\frac{1}{4}}=8$

$$\cos^2\frac{\pi}{3}=\left(\frac{1}{2}\right)^2=\frac{1}{4}$$

よって，曲線 $y=f(x)=\tan 2x$ 上の点 $\left(\frac{\pi}{6},\sqrt{3}\right)$ における

(i) 接線の方程式は

$$y=8\cdot\left(x-\frac{\pi}{6}\right)+\sqrt{3}\qquad\therefore\ y=8x+\sqrt{3}-\frac{4}{3}\pi$$ ……………………………(答)

$$\left[\ y=f'\left(\frac{\pi}{6}\right)\cdot\left(x-\frac{\pi}{6}\right)+f\left(\frac{\pi}{6}\right)\ \right]$$

(ii) 法線の方程式は

$$y=-\frac{1}{8}\cdot\left(x-\frac{\pi}{6}\right)+\sqrt{3}$$

$$\left[\ y=-\frac{1}{f'\left(\frac{\pi}{6}\right)}\cdot\left(x-\frac{\pi}{6}\right)+f\left(\frac{\pi}{6}\right)\ \right]$$

$$\therefore\ y=-\frac{1}{8}x+\sqrt{3}+\frac{\pi}{48}$$ ………(答)

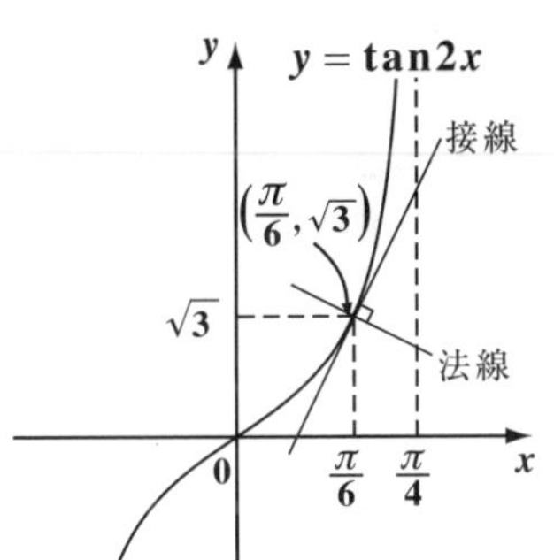

初めからトライ！問題 91	曲線外の点から引いた接線	CHECK 1	CHECK 2	CHECK 3

曲線 $y=f(x)=\log 2x$ に，原点から引いた接線の方程式を求めよ。

ヒント！ (i) まず，曲線 $y=f(x)$ 上の点 $(t,\ f(t))$ における接線の方程式を立て，(ii) 次に，それが原点を通ることから，t の値を求め，(iii) それを接線の方程式に代入して，完成させるんだね。

解答＆解説

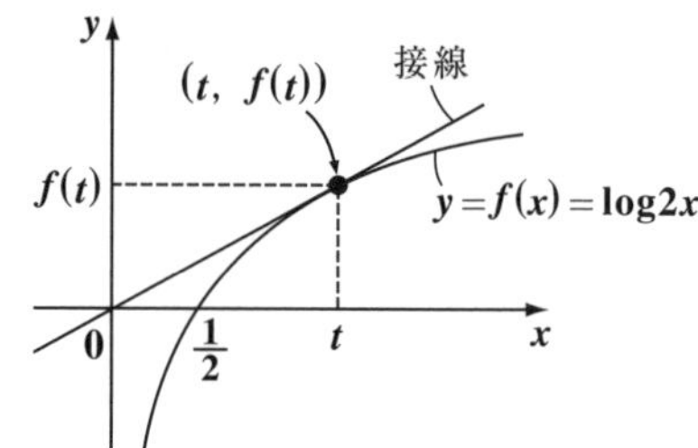

曲線 $y=f(x)=\log 2x$ とおく。

原点は曲線外の点より，これから曲線 $y=f(x)$ に引く接線の方程式を求める。

(i) $f'(x)=(\log 2x)'=\dfrac{(2x)'}{2x}=\dfrac{2}{2x}=\dfrac{1}{x}$

より，$y=f(x)$ 上の点 $(t,\ f(t))$ における接線の方程式は，

$$y=\frac{1}{t}(x-t)+\log 2t \qquad \left[\ y=f'(t)\cdot(x-t)+f(t)\ \right] \text{より，}$$

$$y=\frac{1}{t}x-1+\log 2t \cdots\cdots ①$$

(ii) ①は原点 $(0,0)$ を通るので，これを①に代入して，

$$0=\frac{1}{t}\cdot 0-1+\log 2t \qquad \log 2t=1 \qquad 2t=e$$

$$\therefore\ t=\frac{e}{2} \cdots\cdots ②$$

(iii) ②を①に代入すると，

$$y=\frac{1}{\frac{e}{2}}x-1+\log\left(2\cdot\frac{e}{2}\right)$$

$\log e=1$

よって，求める接線の方程式は，

$y=\dfrac{2}{e}x$ である。 ……………………………………………(答)

初めからトライ！問題 92	2曲線の共接条件	CHECK 1	CHECK 2	CHECK 3

曲線 $y=f(x)=\log x$ と曲線 $y=g(x)=ax^2$ (a：定数) が接するように，a の値を求めよ。

ヒント！ $y=f(x)$ と $y=g(x)$ が $x=t$ で接するための条件は，(i) $f(t)=g(t)$，かつ (ii) $f'(t)=g'(t)$ なんだね。公式通りに解いていこう。

解答＆解説

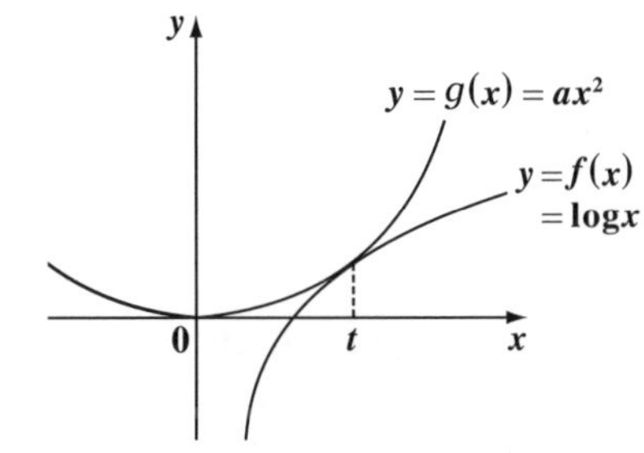

$$\begin{cases} y=f(x)=\log x \cdots\cdots\cdots ① \\ y=g(x)=ax^2 \cdots\cdots\cdots ② \end{cases}$$ とおく。

また，それぞれの導関数 $f'(x)$ と $g'(x)$ は，

$$\begin{cases} f'(x)=(\log x)'=\dfrac{1}{x} \cdots\cdots\cdots ③ \\ g'(x)=(ax^2)'=2ax \cdots\cdots\cdots ④ \end{cases}$$ となる。

ここで，2 曲線 $y=f(x)$ と $y=g(x)$ が，上図のように，$x=t$ で接するものとすると，①，②，③，④より

$$\begin{cases} \log t=at^2 \cdots\cdots\cdots ⑤ & \leftarrow \boxed{f(t)=g(t)} \\ \dfrac{1}{t}=2at \cdots\cdots\cdots ⑥ & \leftarrow \boxed{f'(t)=g'(t)} \end{cases}$$

⑥より，$at^2=\dfrac{1}{2}$ ………⑥′　⑥′を⑤に代入して，

$\log t=\dfrac{1}{2}$　　$\therefore t=e^{\frac{1}{2}}=\sqrt{e}$ ………⑦　← $\boxed{\log_a b=c \Leftrightarrow b=a^c}$

⑦を⑥′に代入すると，

$a\underbrace{(\sqrt{e})^2}_{e}=\dfrac{1}{2}$　　$\therefore a=\dfrac{1}{2e}$ である。……………………………………………(答)

初めからトライ！問題 93　双曲線の接線　CHECK 1　CHECK 2　CHECK 3

双曲線 $\frac{x^2}{2}-\frac{y^2}{2}=1$ ……① 上の点 $A(2, \sqrt{2})$ における接線の方程式を求めよ。

ヒント！ $f(x, y)=1$ の形の関数は，そのまま両辺を x で微分して，導関数 y' を x と y の式の形で求め，それに A の座標を代入すれば，接線の傾きとなる。

解答＆解説

$\frac{x^2}{2}-\frac{y^2}{2}=1$ ……① 上の点 $A(2, \sqrt{2})$ における接線の傾きを求める。

> $x=2$，$y=\sqrt{2}$ を①に代入すると，$\frac{2^2}{2}-\frac{(\sqrt{2})^2}{2}=1$ となって，みたす。よって，A は曲線①上の点だね。

①の両辺を x で微分して，

$$\frac{d}{dx}\left(\frac{x^2}{2}\right)-\frac{d}{dx}\left(\frac{y^2}{2}\right)=0$$

> 1 を x で微分したら，0 となる。

$\frac{d}{dx}\left(\frac{x^2}{2}\right)=\frac{1}{2}\cdot 2x=x$

$\frac{d}{dx}\left(\frac{y^2}{2}\right)=\frac{d}{dy}\left(\frac{y^2}{2}\right)\cdot\frac{dy}{dx}=\frac{1}{2}\cdot 2y\cdot y'=yy'$

$x-yy'=0\quad yy'=x\quad \therefore y'=\frac{x}{y}$ ………② となる。

> 導関数 y' が求まった！

②に点 A の座標 $x=2$，$y=\sqrt{2}$ を代入すると，接線の傾きは，

$y'=\frac{2}{\sqrt{2}}=\sqrt{2}$ となる。

よって，双曲線①上の点 A における接線の方程式は，これが点 $A(2, \sqrt{2})$ を通り，傾き $\sqrt{2}$ の直線より

$y=\sqrt{2}(x-2)+\sqrt{2}$

$y=\sqrt{2}x\underbrace{-2\sqrt{2}+\sqrt{2}}_{-\sqrt{2}}$

$\therefore y=\sqrt{2}x-\sqrt{2}$ である。……(答)

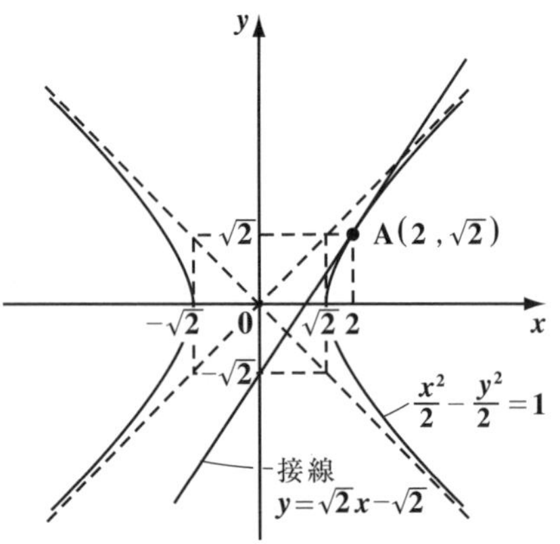

初めからトライ！問題 94 媒介変数表示の曲線の接線 CHECK 1 CHECK 2 CHECK 3

曲線 $C\begin{cases}x=\cos\theta & \cdots\cdots\text{①}\\ y=\sin2\theta & \cdots\cdots\text{②}\end{cases}$ （θ：媒介変数）がある。この曲線 C の $\theta=\dfrac{\pi}{3}$ のときの点 $A\left(\dfrac{1}{2},\ \dfrac{\sqrt{3}}{2}\right)$ における接線の方程式を求めよ。

ヒント！ 媒介変数 θ で表された曲線 C の導関数 $\dfrac{dy}{dx}$ は，$\dfrac{dy}{d\theta}$ を $\dfrac{dx}{d\theta}$ で割って求める。それに $\theta=\dfrac{\pi}{3}$ を代入して，点 A における接線の傾きが分かるんだね。

解答＆解説

曲線 $C\begin{cases}x=\cos\theta & \cdots\cdots\text{①}\\ y=\sin2\theta & \cdots\cdots\text{②}\end{cases}$ 上の点 $A\left(\dfrac{1}{2},\ \dfrac{\sqrt{3}}{2}\right)$ における接線の傾きを求める。①，②を θ で微分して，

$\theta=\dfrac{\pi}{3}$ のとき，
$\begin{cases}x=\cos\dfrac{\pi}{3}=\dfrac{1}{2}\\ y=\sin\left(2\cdot\dfrac{\pi}{3}\right)=\sin\dfrac{2}{3}\pi=\dfrac{\sqrt{3}}{2}\end{cases}$
よって，点 $A\left(\dfrac{1}{2},\ \dfrac{\sqrt{3}}{2}\right)$ は，$\theta=\dfrac{\pi}{3}$ のときの，この曲線 C 上の点だね。

$$\begin{cases}\cdot\ \dfrac{dx}{d\theta}=(\cos\theta)'=-\sin\theta\\ \cdot\ \dfrac{dy}{d\theta}=(\sin2\theta)'=\cos2\theta\times2\\ \qquad=2\cos2\theta\quad\text{より，}\end{cases}$$

$2\theta=t$ とおくと，
$\dfrac{dy}{d\theta}=\dfrac{d\overset{\sin t}{y}}{dt}\cdot\dfrac{d\overset{2\theta}{t}}{d\theta}$

$$\text{接線の傾き}\ \frac{dy}{dx}=\frac{\overset{2\cos2\theta}{\dfrac{dy}{d\theta}}}{\underset{-\sin\theta}{\dfrac{dx}{d\theta}}}=\frac{2\cos2\theta}{-\sin\theta}=-\frac{2\cos2\theta}{\sin\theta}=-\frac{2\overset{-\frac{1}{2}}{\cos\frac{2}{3}\pi}}{\underset{\frac{\sqrt{3}}{2}}{\sin\frac{\pi}{3}}}=\frac{1}{\frac{\sqrt{3}}{2}}=\frac{2}{\sqrt{3}}$$

θ に $\dfrac{\pi}{3}$ を代入

となる。よって，曲線 C 上の点 $A\left(\dfrac{1}{2},\ \dfrac{\sqrt{3}}{2}\right)$ における接線の方程式は，

$$y=\frac{2}{\sqrt{3}}\left(x-\frac{1}{2}\right)+\frac{\sqrt{3}}{2}=\frac{2}{\sqrt{3}}x\boxed{-\frac{1}{\sqrt{3}}+\frac{\sqrt{3}}{2}}\ =\frac{-2+3}{2\sqrt{3}}=\frac{1}{2\sqrt{3}}$$

$\therefore\ y=\dfrac{2\sqrt{3}}{3}x+\dfrac{\sqrt{3}}{6}$ である。 ……………………………………(答)

初めからトライ！問題 95　平均値の定理　CHECK 1　CHECK 2　CHECK 3

実数 a，b $(0<a<b)$ について，次の不等式が成り立つことを，平均値の定理を用いて示せ。

$$\frac{b-a}{b}<\log b-\log a<\frac{b-a}{a}\quad\cdots\cdots(*)$$

ヒント！ $b-a>$ より，$(*)$ の各辺を $b-a$ で割っても，不等号の向きは変わらないので，$\frac{1}{b}<\frac{\log b-\log a}{b-a}<\frac{1}{a}\cdots(*)'$ となる。ここで，$f(x)=\log x$ とおくと，$(*)'$ の中辺 $=\frac{f(b)-f(a)}{b-a}$ の形になる。つまり，平均値の定理が使えるんだね。

解答＆解説

$b>a>0$ より，$b-a>0$　　よって，$(*)$ の各辺を $b-a$ で割って，

$\frac{1}{b}<\frac{\log b-\log a}{b-a}<\frac{1}{a}\cdots\cdots(*)'$ が成り立つことを示せばよい。

ここで，$f(x)=\log x$ とおくと，$f'(x)=(\log x)'=\frac{1}{x}$

$f(x)$ は，$[a,\ b]$ で連続，かつ $(a,\ b)$ で微分可能な曲線なので，平均値の定理が成り立つ。よって，

$\frac{f(b)-f(a)}{b-a}=f'(c)$，つまり $\frac{\log b-\log a}{b-a}=\frac{1}{c}\cdots\cdots$① をみたす c が a と b の間に必ず存在する。

ここで，$0<a<c<b$ より，

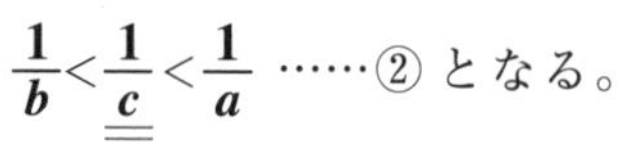

$\frac{1}{b}<\frac{1}{c}<\frac{1}{a}\cdots\cdots$② となる。

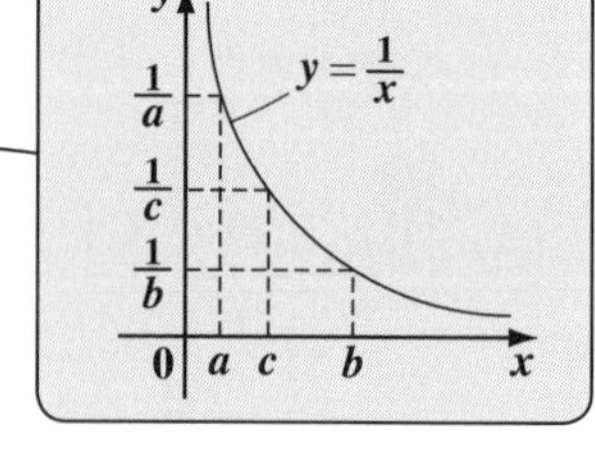

②の $\frac{1}{c}$ に①を代入すると，

$\frac{1}{b}<\frac{\log b-\log a}{b-a}<\frac{1}{a}\cdots\cdots(*)'$，

すなわち $(*)$ の不等式が成り立つ。……………………………………(終)

初めからトライ！問題 96	偶関数のグラフ	CHECK 1	CHECK 2	CHECK 3

関数 $f(x)=\dfrac{x^2}{1+x^2}$ のグラフの概形を描け。

ヒント！ (i) $f(-x)=f(x)$ より，$y=f(x)$ は偶関数 (y 軸対称), (ii) $f(0)=0$ より，原点を通る。(iii) $\displaystyle\lim_{x\to\infty}f(x)=1$ より，$y=f(x)$ のグラフが右のようになることが，予め分かってしまうんだね。

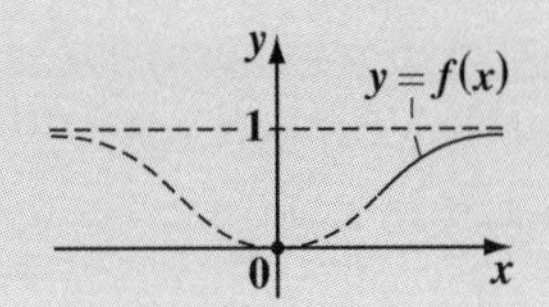

解答＆解説

$y=f(x)=\dfrac{x^2}{1+x^2}$ について，

(i) $f(-x)=\dfrac{(-x)^2}{1+(-x)^2}=\dfrac{x^2}{1+x^2}=f(x)$ より，$y=f(x)$ は偶関数で，y 軸に関して対称なグラフになる。よって，まず，$x\geqq 0$ についてのみ調べればよい。

(ii) $f(0)=\dfrac{0^2}{1+0^2}=0$ より，$y=f(x)$ は原点 $(0,\ 0)$ を通る。

(iii) $\displaystyle\lim_{x\to\infty}f(x)=\lim_{x\to\infty}\frac{x^2}{1+x^2}=\lim_{x\to\infty}\frac{1}{\frac{1}{x^2}+1}=1$ （分子・分母を x^2 で割った）（$\frac{1}{x^2}\to 0$）

(iv) $x\geqq 0$ のとき，

$$f'(x)=\left(\frac{x^2}{1+x^2}\right)'=\frac{2x(1+x^2)-x^2\cdot 2x}{(1+x^2)^2}$$

$$=\frac{2x}{(1+x^2)^2}$$ より，$f'(0)=0$

また，$x>0$ のとき $f'(x)>0$

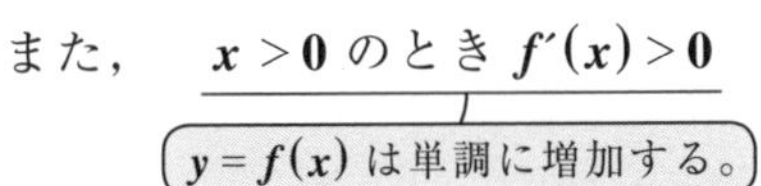

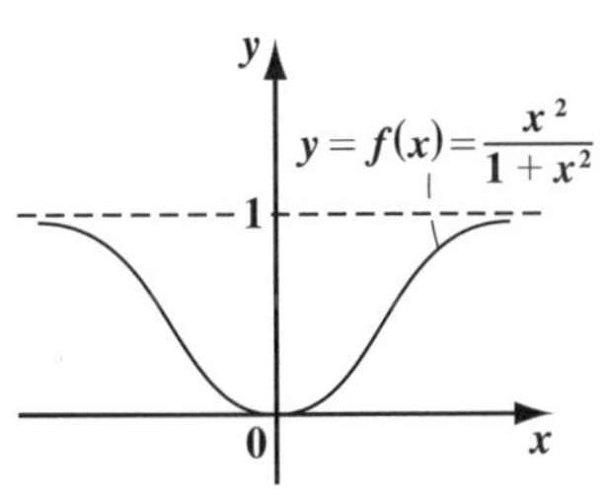

以上 (i) ～ (iv) より，$y=f(x)$ のグラフの概形は右図のようになる。 ……………………(答)

初めからトライ！問題 97	積の形の関数のグラフ	CHECK 1	CHECK 2	CHECK 3

関数 $y=f(x)=-xe^{x+1}$ の増減・凹凸を調べ，このグラフの概形を描け。

ヒント！ (i) $f(0)=0$ より，$y=f(x)$ は原点 $(0,\ 0)$ を通る。
(ii) 常に $e^{x+1}>0$ より，$y=f(x)$ の符号に関する本質的な部分を $\widetilde{f(x)}$ とおくと，$\widetilde{f(x)}=-x$ より，$y=f(x)$ のグラフは第 2，第 4 象限に存在する。
(iii) $\lim_{x\to\infty} f(x)=-\infty$
(iv) $\lim_{x\to-\infty} f(x)=+0$
途中の抜けた部分は，グニャグニャする程複雑な関数ではないので，一山できるはずだ。これで微分しなくても，$y=f(x)$ のグラフの大体の概形は描けてしまうんだね。面白かった？

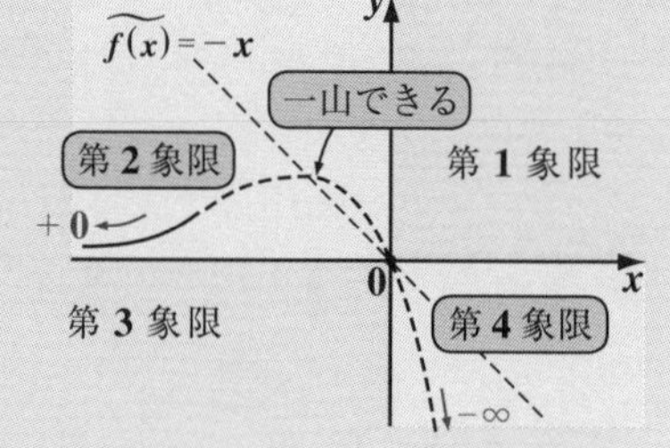

解答&解説

$y=f(x)=-x\cdot \underbrace{e^{x+1}}_{e^x\cdot e}=-ex\cdot e^x$ ← これは，$f(-x)=f(x)$ でも，$f(-x)=-f(x)$ でもないので，偶関数でも奇関数でもない。

について，これを x で微分すると，

$f'(x)=-e\{\underbrace{x'}_{1}\cdot e^x+x\cdot \underbrace{(e^x)'}_{e^x}\}=-e(x+1)e^x=\underbrace{-(x+1)}\,\underbrace{e^{x+1}}_{\oplus}$

$f'(x)$ の符号に関する本質的な部分 → $\widetilde{f'(x)}=\begin{cases}\oplus\\0\\\ominus\end{cases}$

$f'(x)=0$ のとき，$-(x+1)=0$ より

$x+1=0\quad \therefore x=-1$

$x=-1$ の前後で，$f'(x)$ は正から負に転ずるので，$y=f(x)$ は，$x=-1$ で極大値

$f(-1)=-(-1)\cdot e^{-1+1}=1\cdot \underbrace{e^0}_{1}=1$ をとる。

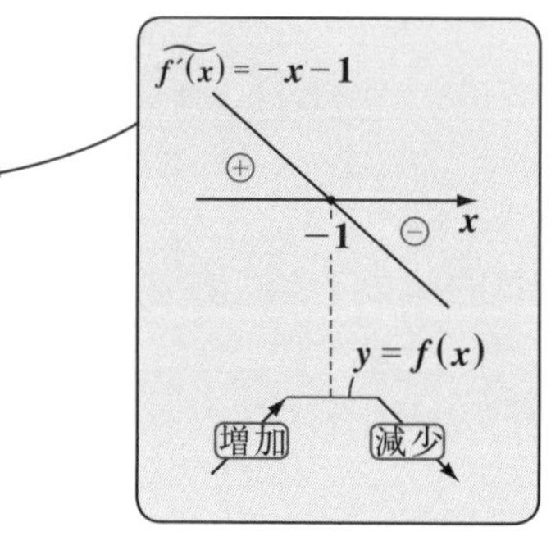

$f'(x) = -e(x+1)e^x$ を，さらに x で微分すると，

$f''(x) = -e\{\underbrace{(x+1)'}_{1} \cdot e^x + (x+1) \cdot \underbrace{(e^x)'}_{e^x}\} = -e\{e^x + (x+1)e^x\}$

$= -e(x+2)e^x = \underbrace{-(x+2)}_{} \underbrace{e^{x+1}}_{\oplus}$

$f''(x)$ の符号に関する本質的な部分 → $\widetilde{f''(x)} = \begin{cases} \oplus \\ 0 \\ \ominus \end{cases}$

$\widetilde{f''(x)} = -x-2$

⊕　⊖　-2　x

上に凸　下に凸　$y = f(x)$

変曲点$(-2,\ 2e^{-1})$

$f''(x) = 0$ のとき，$-(x+2) = 0$ より

$x + 2 = 0 \quad \therefore x = -2$

$x = -2$ の前後で，$f''(x)$ の符号が正から負に転ずるので，点 $(-2,\ \underbrace{2e^{-1}}_{f(-2)})$ が変曲点になる。

以上より，関数 $y = f(x)$ の増減・凸凹表は，右のようになる。次に，

$f(x)$ の増減・凹凸表

x	$\cdots$	-2	$\cdots$	-1	$\cdots$
$f'(x)$	$+$	$+$	$+$	0	$-$
$f''(x)$	$+$	0	$-$	$-$	$-$
$f(x)$	↗	$2e^{-1}$	↗	①	↘

極大値

・$\displaystyle\lim_{x\to\infty} f(x) = \lim_{x\to\infty}(\underbrace{-x}_{-\infty} \cdot e \cdot \underbrace{e^x}_{+\infty}) = -\infty$

・$\displaystyle\lim_{x\to-\infty} f(x) = \lim_{x\to-\infty}(-e \cdot \underbrace{x}_{-\infty} \underbrace{e^x}_{0})$ について， ← これは，$\infty \times 0$ の不定形

$x = -t\,(t = -x)$ とおくと，$x \to -\infty$ のとき $t \to \infty$ となるので，

$\displaystyle\lim_{x\to-\infty} f(x) = \lim_{t\to\infty}\{-e\cdot(-t)\cdot e^{-t}\} = \lim_{t\to\infty} e \cdot \boxed{\frac{t}{e^t}} = +0$ となる。

$\dfrac{\text{中位の}\infty}{\text{強い}\infty} = +0$

以上より，$y = f(x) = -x \cdot e^{x+1}$ のグラフの概形を描くと右図のようになる。 ……………………(答)

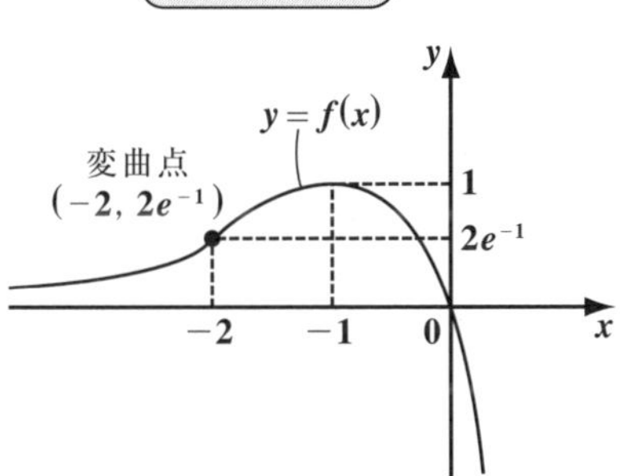

初めからトライ！問題 98	和の形の関数のグラフ	CHECK 1	CHECK 2	CHECK 3

関数 $y=f(x)=\dfrac{x}{2}+\dfrac{2}{x}$ の増減・凹凸を調べ，このグラフの概形を描け。

ヒント！ (i) $f(-x)=-f(x)$ より，$y=f(x)$ は奇関数。原点に対称なグラフになるので，まず，$x>0$ のみを調べればいい。
(ii) $y=f(x)$ の y 座標は，2 つの関数 $y=\dfrac{x}{2}$ と $y=\dfrac{2}{x}$ の y 座標同士の和より，$\displaystyle\lim_{x\to+0}f(x)=\infty$，$\displaystyle\lim_{x\to\infty}f(x)=\infty$ となり，$y=f(x)$ の大体のグラフの概形が右図のようになることが分かるんだね。これも，面白かった？

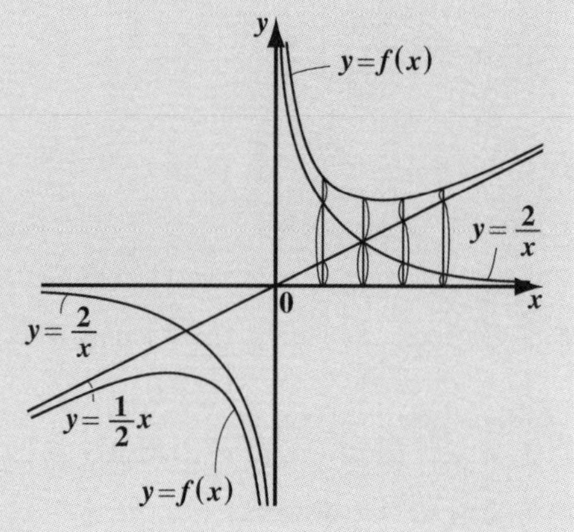

解答＆解説

$f(x)=\dfrac{x}{2}+\dfrac{2}{x}\quad(x\neq 0)$ について，

$f(-x)=\dfrac{-x}{2}+\dfrac{2}{-x}=-\dfrac{x}{2}-\dfrac{2}{x}=-\left(\dfrac{x}{2}+\dfrac{2}{x}\right)=-f(x)$ より，

$y=f(x)$ は奇関数である。よって，$y=f(x)$ のグラフは，原点に関して対称なグラフであるため，まず，$x>0$ についてのみ調べる。

$y=f(x)=\dfrac{x}{2}+\dfrac{2}{x}\quad(x>0)$ について，これを x で微分すると，

$$f'(x)=\left(\frac{1}{2}x+2\cdot x^{-1}\right)'=\frac{1}{2}\cdot 1+2\cdot(-1)\cdot x^{-2}$$

$$=\frac{1}{2}-\frac{2}{x^2}=\frac{x^2-4}{2x^2}=\frac{(x+2)(x-2)}{2x^2}$$

$\widetilde{f'(x)}=\begin{cases}\oplus\\0\\\ominus\end{cases}$ ← $f'(x)$ の符号に関する本質的な部分

$(x+2)$，$2x^2$：$\oplus\ \because(x>0)$

$f'(x)=0$ のとき，$x-2=0$ より，$x=2$

$x=2$ の前後で，$f'(x)$ は負から正に転ずるので，

$y=f(x)$ は，$x=2$ で極小値

$f(2)=\frac{2}{2}+\frac{2}{2}=1+1=2$ をとる。

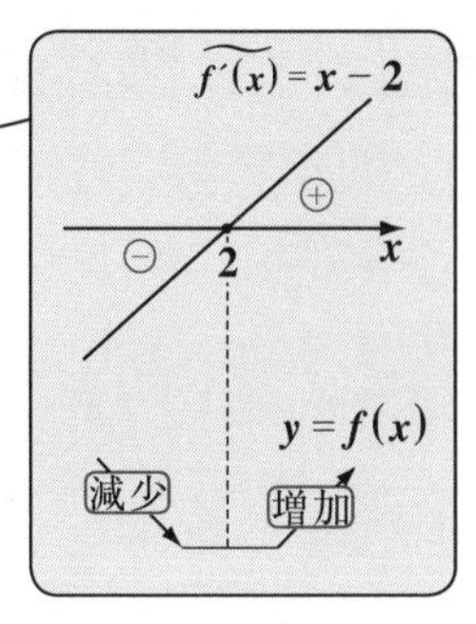

$f'(x)=\frac{1}{2}-2\cdot x^{-2}$ をさらに x で微分すると，

$$f''(x)=0-2\cdot(-2)\cdot x^{-3}=\boxed{\frac{4}{x^3}}>0 \quad (x>0)$$

となって，$x>0$ の範囲のすべての x に対して下に凸のグラフとなる。

以上より，$y=f(x)$ $(x>0)$ の増減・凹凸表を右に示す。次に，

$f(x)$ $(x>0)$ の増減・凹凸表

x	0	…	2	…
$f'(x)$	／	$-$	0	$+$
$f''(x)$	／	$+$	$+$	$+$
$f(x)$	／	↘	2	↗

極小値

$\cdot \lim_{x\to+0} f(x)=\lim_{x\to+0}\left(\frac{x}{2}+\frac{2}{x}\right)=\infty$ （$\frac{x}{2}\to+0$，$\frac{2}{x}\to+\infty$）

$\cdot \lim_{x\to\infty} f(x)=\lim_{x\to\infty}\left(\frac{x}{2}+\frac{2}{x}\right)=\infty$ （$\frac{x}{2}\to+\infty$，$\frac{2}{x}\to+0$）

以上より，$y=f(x)=\frac{x}{2}+\frac{2}{x}$ のグラフが原点に関して対称であることも考慮に入れると，この関数のグラフの概形は右図のようになる。

………(答)

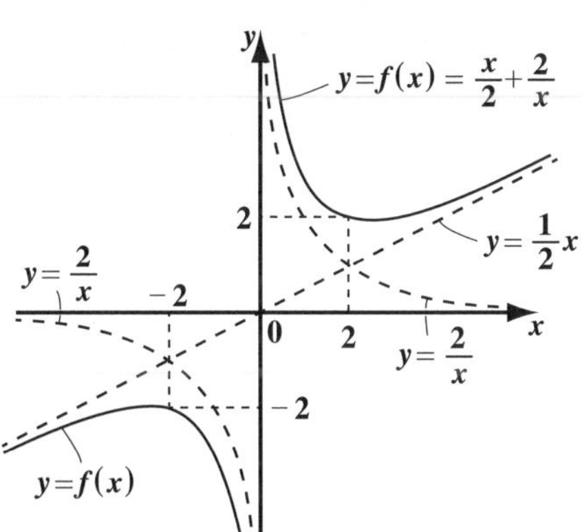

初めからトライ！問題 99	方程式・不等式への応用	CHECK 1	CHECK 2	CHECK 3

(1) 方程式 $\dfrac{x^2+4}{2x}=k$ ……① $(x>0)$ の実数解の個数を，定数 k の値の範囲により調べよ。

(2) 不等式 $\dfrac{x^2+4}{2x}>k$ ……② $(x>0)$ をみたす定数 k の条件を求めよ。

ヒント！ $\dfrac{x^2+4}{2x}=\dfrac{x}{2}+\dfrac{2}{x}$ より，これは，初めからトライ！問題 **98(P156)** の関数 $f(x)$ のことだね。(1), (2) 共に，曲線 $y=f(x)$ と直線 $y=k$ のグラフで考えるといいんだね。

解答&解説

(1) ①は，$\dfrac{x}{2}+\dfrac{2}{x}=k$ ……①′ $(x>0)$ と変形できる。

ここで，$\begin{cases} y=f(x)=\dfrac{x}{2}+\dfrac{2}{x} \cdots\cdots③ \ (x>0) \\ y=k \cdots\cdots\cdots\cdots\cdots\cdots\cdots④ \end{cases}$

と分解すると，③と④のグラフの共有点の個数が，①の方程式の実数解の個数になる。よって

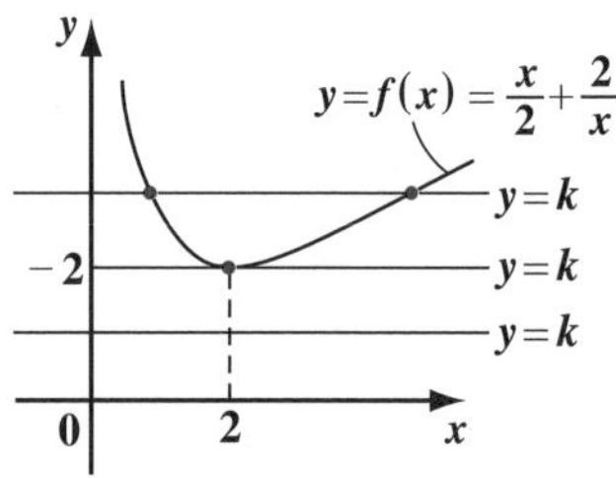

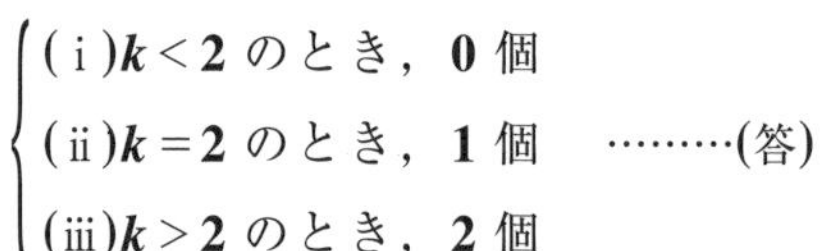

$\begin{cases} \text{(i)}\ k<2 \text{ のとき，} 0 \text{ 個} \\ \text{(ii)}\ k=2 \text{ のとき，} 1 \text{ 個} \\ \text{(iii)}\ k>2 \text{ のとき，} 2 \text{ 個} \end{cases}$ ………(答)

［$y=f(x)$ $(x>0)$ のグラフの概形は，初めからトライ問題 **98** で既に教えたね。］

(2) ②は，$\dfrac{x}{2}+\dfrac{2}{x}>k$ ……②′ $(x>0)$ と変形できる。

同様に，③, ④のように②′を分解すると②′が成り立つには，定数 k が，曲線 $y=f(x)$ $(x>0)$ の最小値 2 より小であればいい。よって，求める条件は，

$k<2$ ………………………………………(答)

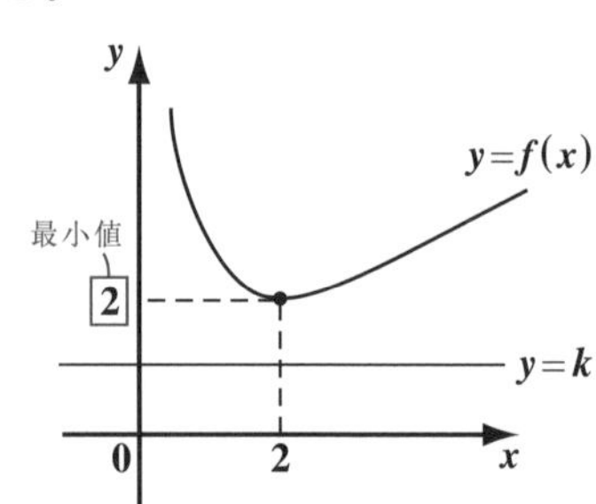

初めからトライ！問題 100 x軸上を動く動点 CHECK 1 CHECK 2 CHECK 3

x 軸上を動く動点 P の位置 x が，次のような時刻 t の関数で表されるとき，速度 v と加速度 a を求めよ。

(1) $x=t-2\sqrt{t}\quad(t\geqq 0)$　　(2) $x=\cos^2 t\quad(t\geqq 0)$

ヒント！ 時刻 t の経過と共に，x 軸上を動く動点 $\mathrm{P}(x)$ の速度 v と加速度 a は公式：$v=\dfrac{dx}{dt}$，$a=\dfrac{d^2x}{dt^2}$ で計算できるんだね。

解答＆解説

(1) x 軸上を運動する動点 P の位置 x が
$x=t-2\cdot t^{\frac{1}{2}}\ (t\geqq 0)$ で表されるとき，
その速度 v と加速度 a は，次のようになる。

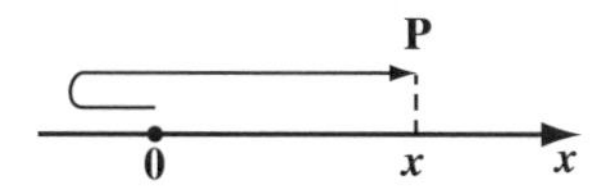

$$\cdot\, v=\frac{dx}{dt}=(t-2\cdot t^{\frac{1}{2}})'=1-2\cdot\frac{1}{2}\cdot t^{-\frac{1}{2}}=1-\frac{1}{\sqrt{t}}\ \cdots\cdots(答)$$

$$\cdot\, a=\frac{d^2x}{dt^2}=(t-2\cdot t^{\frac{1}{2}})''=(1-t^{-\frac{1}{2}})'=\frac{1}{2}t^{-\frac{3}{2}}=\frac{1}{2t\sqrt{t}}\ \cdots\cdots(答)$$

(2) x 軸上を運動する動点 P の位置 x が
$x=\cos^2 t\ (t\geqq 0)$ で表されるとき，その速度 v と加速度 a は，次のようになる。

$$\cdot\, v=\frac{dx}{dt}=(\cos^2 t)'=2\cos t\cdot(-\sin t)$$

$$=-2\sin t\cdot\cos t=-\sin 2t\ \cdots\cdots(答)$$

$\sin 2t$（2倍角の公式）

$\cos t=u$ とおくと，
$x=u^2$，$u=\cos t$ より
$\dfrac{dx}{dt}=\dfrac{dx}{du}\cdot\dfrac{du}{dt}$ （$x=u^2$，$u=\cos t$）
$=2u\cdot(-\sin t)$

$$\cdot\, a=\frac{d^2x}{dt^2}=(\cos^2 t)''=(-\sin 2t)'$$

$$=-\cos 2t\cdot 2=-2\cos 2t\ \cdots\cdots(答)$$

これも，$2t=u$ とおいて合成関数の微分にもち込めばいいんだね。

初めからトライ！問題 101　速度・加速度ベクトル　CHECK 1　CHECK 2　CHECK 3

xy 座標平面上を運動する動点 $\mathbf{P}(x, y)$ が

$x = e^t \cdot \cos t$ ……①

$y = e^t \cdot \sin t$ ……②　$(t：時刻, t \geqq 0)$ で表されるとき,

動点 P の速度 $\vec{v}$, 速さ $|\vec{v}|$, 加速度 $\vec{a}$, 加速度の大きさ $|\vec{a}|$ を求めよ。

ヒント！ 速度ベクトル $\vec{v}$ と加速度ベクトル $\vec{a}$ は, 公式：$\vec{v} = \left(\dfrac{dx}{dt}, \dfrac{dy}{dt}\right)$, $\vec{a} = \left(\dfrac{d^2x}{dt^2}, \dfrac{d^2y}{dt^2}\right)$ を使って, 求めよう。$|\vec{v}|$ と $|\vec{a}|$ は, これらのベクトルの大きさなので, $|\vec{v}| = \sqrt{\left(\dfrac{dx}{dt}\right)^2 + \left(\dfrac{dy}{dt}\right)^2}$, $|\vec{a}| = \sqrt{\left(\dfrac{d^2x}{dt^2}\right)^2 + \left(\dfrac{d^2y}{dt^2}\right)^2}$ と計算すればいい。

解答＆解説

$$\begin{cases} x = e^t \cdot \cos t \cdots\cdots ① \\ y = e^t \cdot \sin t \cdots\cdots ② \end{cases} (t \geqq 0)$$ について,

(i) 速度 $\vec{v}$ を求める。

公式：$(f \cdot g)' = f' \cdot g + f \cdot g'$

$$\cdot \frac{dx}{dt} = (e^t \cdot \cos t)' = \underbrace{(e^t)'}_{e^t} \cdot \cos t + e^t \cdot \underbrace{(\cos t)'}_{-\sin t} = e^t(\cos t - \sin t)$$

$$\cdot \frac{dy}{dt} = (e^t \cdot \sin t)' = \underbrace{(e^t)'}_{e^t} \cdot \sin t + e^t \cdot \underbrace{(\sin t)'}_{\cos t} = e^t(\cos t + \sin t)$$

$$\therefore \vec{v} = \left(\frac{dx}{dt}, \frac{dy}{dt}\right) = \left(e^t(\cos t - \sin t),\ e^t(\cos t + \sin t)\right) \cdots\cdots(答)$$

(ii) 速さ $|\vec{v}|$ を求める。

$$|\vec{v}| = \sqrt{\left(\frac{dx}{dt}\right)^2 + \left(\frac{dy}{dt}\right)^2} = \sqrt{e^{2t} \cdot \underbrace{(\cos t - \sin t)^2}_{\cos^2 t - 2\sin t \cos t + \sin^2 t} + e^{2t} \cdot \underbrace{(\cos t + \sin t)^2}_{\cos^2 t + 2\sin t \cos t + \sin^2 t}}$$

$$= \sqrt{e^{2t}(\underbrace{\cos^2 t + \sin^2 t}_{1}) + e^{2t}(\underbrace{\cos^2 t + \sin^2 t}_{1})}$$

$$= \sqrt{2e^{2t}} = \sqrt{2}\, e^t \cdots\cdots(答)$$

(iii)加速度 $\vec{a}$ を求める。

$$\cdot\ \frac{d^2x}{dt^2} = (e^t\cos t)'' = \{\underbrace{e^t(\cos t - \sin t)}_{\frac{dx}{dt}}\}'$$

$$= \underbrace{(e^t)'}_{e^t} \cdot (\cos t - \sin t) + e^t \cdot \underbrace{(\cos t - \sin t)'}_{(-\sin t - \cos t)}$$

$$= e^t(\cancel{\cos t} - \sin t) + e^t(-\sin t - \cancel{\cos t}) = -2e^t\sin t$$

公式：
$(f\cdot g)' = f'\cdot g + f\cdot g'$

$$\cdot\ \frac{d^2y}{dt^2} = (e^t\sin t)'' = \{\underbrace{e^t(\cos t + \sin t)}_{\frac{dy}{dt}}\}'$$

$$= \underbrace{(e^t)'}_{e^t} \cdot (\cos t + \sin t) + e^t \cdot \underbrace{(\cos t + \sin t)'}_{(-\sin t + \cos t)}$$

$$= e^t(\cos t + \cancel{\sin t}) + e^t(\cancel{-\sin t} + \cos t) = 2e^t\cos t$$

$$\therefore\ \vec{a} = \left(\frac{d^2x}{dt^2},\ \frac{d^2y}{dt^2}\right) = (-2e^t\sin t,\ 2e^t\cos t)$$ ……………………………(答)

(iv)加速度の大きさ $|\vec{a}|$ を求める。

$$|\vec{a}| = \sqrt{\left(\frac{d^2x}{dt^2}\right)^2 + \left(\frac{d^2y}{dt^2}\right)^2} = \sqrt{\underbrace{(-2e^t\sin t)^2}_{4e^{2t}\sin^2 t} + \underbrace{(2e^t\cos t)^2}_{4e^{2t}\cos^2 t}}$$

$$= \sqrt{4e^{2t}(\underbrace{\sin^2 t + \cos^2 t}_{1})}$$

$$= \sqrt{4e^{2t}} = 2e^t$$ ……………………………(答)

初めからトライ！問題 102　近似式　CHECK 1　CHECK 2　CHECK 3

$x \fallingdotseq 0$ のときの近似式 $f(x) \fallingdotseq f'(0)\cdot x + f(0)$ ……$(*)$ を用いて，
$x \fallingdotseq 0$ のとき，$(1+x)^n \fallingdotseq 1+nx$ ……$(**)$ が成り立つことを示せ。
また，$(**)$ を用いて，$\sqrt{104}$ の近似値を求めよ。

ヒント！ $h \fallingdotseq 0$ のとき，近似式 $f(a+h) \fallingdotseq f'(a)\cdot h + f(a)$ が成り立つ。この式の a を 0 とし，また，h を x に置き換えたものが，$x \fallingdotseq 0$ のときの $(*)$ の近似式なんだね。また，$\sqrt{104} = \sqrt{100\cdot\left(1+\frac{4}{100}\right)} = 10\cdot\left(1+\frac{4}{100}\right)^{\frac{1}{2}}$ として計算しよう。

解答＆解説

$f(x) = (1+x)^n$ とおくと，$f(0) = (1+0)^n = 1$

また，$f'(x) = n\cdot(1+x)^{n-1}\cdot 1 = n(1+x)^{n-1}$ より，

$f'(0) = n\cdot(1+0)^{n-1} = n\cdot 1^{n-1} = n$

> $1+x=t$ とおくと，
> $y=t^n$，$t=x+1$ より
> $\frac{dy}{dx} = \frac{d(t^n)}{dt}\cdot\frac{d(x+1)}{dx}$

以上を，$x \fallingdotseq 0$ のときの公式：$f(x) \fallingdotseq f'(0)\cdot x + f(0)$……$(*)$ に代入すると，

$(1+x)^n \fallingdotseq n\cdot x + 1$，すなわち

$x \fallingdotseq 0$ のとき，近似式 $(1+0)^n \fallingdotseq 1+nx$……$(**)$ は成り立つ。…………(終)

次に，$\sqrt{104} = \sqrt{100\cdot\left(1+\frac{4}{100}\right)} = 10\sqrt{1+\frac{4}{100}} = 10\cdot\left(1+\frac{4}{100}\right)^{\frac{1}{2}}$ ……①

（$\frac{4}{100} = x$，$\frac{1}{2} = n$）

となる。ここで，$x = \frac{4}{100}\,(\fallingdotseq 0)$，$n = \frac{1}{2}$ とおくと，$(**)$ より

$\left(1+\frac{4}{100}\right)^{\frac{1}{2}} \fallingdotseq 1 + \frac{1}{2}\cdot\frac{4}{100} = 1 + \frac{2}{100} = 1 + 0.02 = 1.02$ ……②

$\left[\ (1+x)^n \fallingdotseq 1 + n\cdot x\ \right]$

②を①に代入して，$\sqrt{104}$ は近似的に

$\sqrt{104} \fallingdotseq 10 \times 1.02 = 10.2$ と表せる。……………………………………(答)

初めからトライ！問題 103 近似式 CHECK 1 CHECK 2 CHECK 3

$h \fallingdotseq 0$ のときの近似式 $f(a+h) \fallingdotseq f'(a) \cdot h + f(a)$ ……$(*)$ を用いて，

$\sin 31^\circ$ の近似値を求めよ。

ヒント！ $180^\circ = \pi$（ラジアン）だから，$31^\circ = \frac{31}{180}\pi = \frac{30+1}{180}\pi = \frac{\pi}{6} + \frac{\pi}{180}$ となるので，$f(x) = \sin x$ とおくと，$a = \frac{\pi}{6}$，$h = \frac{\pi}{180}$ $(\fallingdotseq 0)$ として，近似公式$(*)$を利用すれば，うまくいくんだね。頑張ろう！

解答＆解説

$f(x) = \sin x$ とおくと，$f'(x) = (\sin x)' = \cos x$

ここで，$180^\circ = \pi$（ラジアン）より，$1^\circ = \frac{\pi}{180}$（ラジアン）

よって，$31^\circ = 31 \times \frac{\pi}{180} = \frac{30+1}{180}\pi = \left(\underbrace{\frac{30}{180}}_{\frac{1}{6}} + \frac{1}{180}\right)\pi = \underbrace{\frac{\pi}{6}}_{a} + \underbrace{\frac{\pi}{180}}_{h \fallingdotseq 0}$

よって，$a = \frac{\pi}{6}$，$h = \frac{\pi}{180}$ $(\fallingdotseq 0)$ とおくと，

$h \fallingdotseq 0$ のとき，近似式 $f(a+h) \fallingdotseq f'(a) \cdot h + f(a)$ ……$(*)$ が成り立つので，

$$\sin 31^\circ = \sin\left(\frac{\pi}{6} + \frac{\pi}{180}\right) \fallingdotseq \cos\frac{\pi}{6} \times \frac{\pi}{180} + \sin\frac{\pi}{6}$$

$$\left[\quad f(a+h) \quad \fallingdotseq f'(a) \cdot \quad h \quad + f(a) \right]$$

$$= \underbrace{\sin\frac{\pi}{6}}_{\frac{1}{2}} + \underbrace{\cos\frac{\pi}{6}}_{\frac{\sqrt{3}}{2}} \times \frac{\pi}{180} = \frac{1}{2} + \frac{\sqrt{3}}{2} \cdot \frac{\pi}{180}$$

よって $\sin 31^\circ$ の近似値は，

$\sin 31^\circ \fallingdotseq \frac{1}{2} + \frac{\sqrt{3}\pi}{360}$ である。 ……………………………………………………(答)

第７章● 微分法の応用の公式を復習しよう！

1. 接線と法線の方程式

$y=f(x)$ 上の点 $(t,\ f(t))$ における

(ⅰ) 接線：$y=f'(t)(x-t)+f(t)$

(ⅱ) 法線：$y=-\dfrac{1}{f'(t)}(x-t)+f(t)$　　(ただし，$f'(t)\neq 0$)

2. 2 曲線 $y=f(x)$ と $y=g(x)$ の共接条件

(ⅰ) $f(t)=g(t)$，かつ (ⅱ) $f'(t)=g'(t)$

3. 平均値の定理

$[a,\ b]$ で連続，かつ $(a,\ b)$ で微分可能な関数 $f(x)$ について，

$\dfrac{f(b)-f(a)}{b-a}=f'(c)$ をみたす実数 c が a と b の間に必ず存在する。

4. 関数のグラフ

$y=f(x)$ のグラフは，$f'(x)$ や $f''(x)$ の符号，および極値を調べることにより描く。

5. 微分法の方程式への応用

方程式 $f(x)=a$ (a：実数定数) の実数解の個数は，2 つの関数 $y=f(x)$ と $y=a$ のグラフの共有点の個数に等しい。

6. 微分法の不等式への応用

不等式 $f(x)\geqq 0$ を証明するには，関数 $y=f(x)$ の最小値 m が $m\geqq 0$ であることを示せばよい。

7. x 軸上を運動する動点 $\mathrm{P}(x)$ の速度，加速度

速度 $v=\dfrac{dx}{dt}$，加速度 $a=\dfrac{d^2x}{dt^2}$

8. xy 座標平面上を運動する動点 $\mathrm{P}(x,\ y)$ の速度，加速度

速度 $\vec{v}=\left(\dfrac{dx}{dt},\ \dfrac{dy}{dt}\right)$，加速度 $\vec{a}=\left(\dfrac{d^2x}{dt^2},\ \dfrac{d^2y}{dt^2}\right)$

第 8 章
CHAPTER

8 積分法

▶ **積分計算（Ⅰ）**
不定積分と定積分の基本

▶ **積分計算（Ⅱ）**
部分積分と置換積分

“積分法”を初めから解こう！ 公式＆解法パターン

1. 不定積分の定義から始めよう。

$F'(x)=f(x)$ のとき，$f(x)$ を x で**不定積分**すると

$\int f(x)dx=F(x)+C$ となる。

($F(x)$：一般には定数項をもたない**原始関数**，C：**積分定数**)

$(ex)(\sin x)'=\cos x$ より，$\int \cos x dx=\sin x+C$ と表せる。

つまり，微分と積分とは，逆の操作と言えるんだね。

2. 積分計算の 8 つの基本公式を覚えよう。

(1) $\int x^{\alpha}dx=\dfrac{1}{\alpha+1}x^{\alpha+1}+C$

(2) $\int \cos x dx=\sin x+C$

(3) $\int \sin x dx=-\cos x+C$

(4) $\int \dfrac{1}{\cos^2 x}dx=\tan x+C$

(5) $\int e^x dx=e^x+C$

(6) $\int a^x dx=\dfrac{a^x}{\log a}+C$

(7) $\int \dfrac{1}{x}dx=\log|x|+C$

(8) $\int \dfrac{f'(x)}{f(x)}dx=\log|f(x)|+C$

（ここで，$\alpha \neq -1$，$a>0$ かつ $a \neq 1$，対数はすべて自然対数とする。）

3. 不定積分の 2 つの性質も重要だ。

(Ⅰ) $\int \{f(x)+g(x)\}dx=\int f(x)dx+\int g(x)dx$

$\int \{f(x)-g(x)\}dx=\int f(x)dx-\int g(x)dx$

2 つの関数の和や差の積分は，項別に積分して，和や差を取ればいい。

(Ⅱ) $\int kf(x)dx=k\int f(x)dx$ (k：実数定数)

係数倍した関数の積分は，係数を別にして積分の後にかける。

$(ex)\ \int\left(\sin x+\frac{1}{\cos^2 x}\right)dx=-\cos x+\tan x+C$

$(ex)\ \int\left(e^x+\frac{1}{x}\right)dx=e^x+\log|x|+C$

4. 定積分の結果は，数値で表される。

関数 $f(x)$ が，積分区間 $a \leqq x \leqq b$ において，原始関数 $F(x)$ をもつとき，その定積分を次のように定義する。

$$\int_a^b f(x)dx=\left[F(x)\right]_a^b=F(b)-F(a)$$

定積分の結果は
数値になる！

($F(x)$：一般に定数項 (積分定数 C) をもたない原始関数を用いる。)

5. 定積分の 2 つの性質も頭に入れよう。

(Ⅰ) $\int_a^b\{f(x)+g(x)\}dx=\int_a^b f(x)dx+\int_a^b g(x)dx$

$\int_a^b\{f(x)-g(x)\}dx=\int_a^b f(x)dx-\int_a^b g(x)dx$

(Ⅱ) $\int_a^b kf(x)dx=k\int_a^b f(x)dx$　(k：実数定数)

$(ex)\ \int_0^1(\underbrace{\sqrt{x}-x\sqrt{x}}_{x^{\frac{1}{2}}-x^{\frac{3}{2}}})dx=\left[\frac{2}{3}x^{\frac{3}{2}}-\frac{2}{5}x^{\frac{5}{2}}\right]_0^1=\frac{2}{3}-\frac{2}{5}=\frac{10-6}{15}=\frac{4}{15}$

6. $\cos mx$，$\sin mx$ の積分公式も計算に役に立つ。

(1) $\int\cos mx dx=\frac{1}{m}\sin mx+C$　　(2) $\int\sin mx dx=-\frac{1}{m}\cos mx+C$

(ただし，m は自然数)

$(ex)\ \int_0^{\frac{\pi}{4}}\cos 2x dx=\left[\frac{1}{2}\sin 2x\right]_0^{\frac{\pi}{4}}=\frac{1}{2}\left[\sin 2x\right]_0^{\frac{\pi}{4}}$

$=\frac{1}{2}\left(\underbrace{\sin\frac{\pi}{2}}_{1}-\underbrace{\sin 0}_{0}\right)=\frac{1}{2}$

7. $(x+p)^n$, $(px+q)^n$ の積分公式も覚えておこう。

(i) $\int (x+p)^n dx = \frac{1}{n+1}(x+p)^{n+1}+C$ ← 定積分の公式 $\int_a^b (x+p)^n dx = \left[\frac{1}{n+1}(x+p)^{n+1}\right]_a^b$

(ii) $\int (px+q)^n dx = \frac{1}{p(n+1)}(px+q)^{n+1}+C$ ← $\int_a^b (px+q)^n dx = \left[\frac{1}{p(n+1)}(px+q)^{n+1}\right]_a^b$

(ただし，$n \neq -1$，$p \neq 0$)

(ii) について，$\{(px+q)^{n+1}\}' = (n+1)(px+q)^n \cdot (px+q)' = p(n+1)(px+q)^n$ と

($px+q$ を t とおいて，合成関数の微分をする。$(n+1)(px+q)^n$ が $\frac{dy}{dt}$，$(px+q)'$ が $\frac{dt}{dx}$)

なるので，$\int (px+q)^n dx = \frac{1}{p(n+1)}(px+q)^{n+1}+C$ の公式が導ける。

8. 部分積分法もマスターしよう。

(1) 不定積分の**部分積分法**の公式は次の通りだ。

(i) $\underbrace{\int f'(x)\cdot g(x)dx}_{\text{複雑な積分}} = f(x)\cdot g(x) - \underbrace{\int f(x)\cdot g'(x)dx}_{\text{簡単な積分}}$

(ii) $\underbrace{\int f(x)\cdot g'(x)dx}_{\text{複雑な積分}} = f(x)\cdot g(x) - \underbrace{\int f'(x)\cdot g(x)dx}_{\text{簡単な積分}}$

(2) 定積分の**部分積分法**の公式も頭に入れよう。

(i) $\int_a^b f'(x)\cdot g(x)dx = [f(x)\cdot g(x)]_a^b - \int_a^b f(x)\cdot g'(x)dx$ ← 簡単化

(ii) $\int_a^b f(x)\cdot g'(x)dx = [f(x)\cdot g(x)]_a^b - \int_a^b f'(x)\cdot g(x)dx$ ← 簡単化

(ex) $\underbrace{\int_0^{\frac{\pi}{2}} x\cdot\cos x dx}_{\text{複雑な積分}} = \int_0^{\frac{\pi}{2}} x\cdot(\sin x)'dx = [x\cdot\sin x]_0^{\frac{\pi}{2}} - \underbrace{\int_0^{\frac{\pi}{2}} 1\cdot\sin x dx}_{\text{簡単な積分}}$

$\therefore \int_0^{\frac{\pi}{2}} x\cdot\cos x dx = \frac{\pi}{2}\cdot\underbrace{\sin\frac{\pi}{2}}_{1} - [-\cos x]_0^{\frac{\pi}{2}}$

$= \frac{\pi}{2} + \underbrace{\cos\frac{\pi}{2}}_{0} - \underbrace{\cos 0}_{1} = \frac{\pi}{2} - 1$ となる。

9. 置換(ちかん)積分法は，3つのステップで積分しよう。

たとえば，$\int_0^1 x(x^2+1)^3\,dx$ を**置換積分**で求めると，次の**3**ステップでできる。

ステップ **1.** $x^2+1=t$ とおく。

ステップ **2.** $x:0\longrightarrow 1$ のとき，$t:\underset{0^2+1}{1}\longrightarrow \underset{1^2+1}{2}$

ステップ **3.** $(x^2+1)'dx=t'dt$ より，$2xdx=1\cdot dt \qquad \therefore xdx=\dfrac{1}{2}dt$

以上より，

$$\int_0^1 (x^2+1)^3\cdot xdx=\int_1^2 t^3\cdot\frac{1}{2}dt$$

$$=\frac{1}{2}\left[\frac{1}{4}t^4\right]_1^2=\frac{1}{8}(2^4-1^4)=\frac{15}{8}$$

10. 定積分で表された関数には，次の2つのタイプがある。

(1) $\int_a^b f(t)\,dt$ の場合，これは定数なので，(a，b：定数)

$\int_a^b f(t)\,dt=A$（定数）とおく。

(2) $\int_a^x f(t)\,dt$ の場合，これは x の関数なので，(a：定数，x：変数)

（ⅰ）x に a を代入して，$\int_a^a f(t)\,dt=0$

（ⅱ）x で微分して，$\left\{\int_a^x f(t)\,dt\right\}'=f(x)$

(ex) $f(x)=\cos x+2\int_0^{\frac{\pi}{2}} f(t)dt$ を求めよう。ここで，$A=\int_0^{\frac{\pi}{2}} f(t)dt$ ……①

A（定数）とおく

とおくと，$f(x)=\cos x+2A$ ……②，つまり $f(t)=\cos t+2A$ ……②′

となる。②′を①に代入して，

$$A=\int_0^{\frac{\pi}{2}}(\cos t+2A)dt=\left[\sin t+2At\right]_0^{\frac{\pi}{2}}=1+\pi A$$

よって，$(1-\pi)A=1$，$A=\dfrac{1}{1-\pi}$ より，これを②に代入して，

$f(x)=\cos x+\dfrac{2}{1-\pi}$ となる。

初めからトライ！問題 104　不定積分　CHECK 1　CHECK 2　CHECK 3

次の不定積分を求めよ。

(1) $\int (3\sqrt{x}+5x\sqrt{x})dx$　　(2) $\int \left(2\sin x - \frac{3}{\cos^2 x}\right)dx$

(3) $\int \left(2e^x - \frac{1}{x}\right)dx$　　(4) $\int \left(2^{x+1}+3^{x+1}\right)dx$

ヒント！ 不定積分の **8** つの基本公式と **2** つの性質を使って，解いていこう。

解答＆解説

(1) $\int \left(3x^{\frac{1}{2}}+5x^{\frac{3}{2}}\right)dx = 3\int x^{\frac{1}{2}}dx + 5\int x^{\frac{3}{2}}dx$ ← ・たし算は項別に積分できる。・係数は別にして，積分後かける。

$= 3\cdot\frac{2}{3}x^{\frac{3}{2}} + 5\cdot\frac{2}{5}x^{\frac{5}{2}} + C$ ← $\int x^{\alpha}dx = \frac{1}{\alpha+1}x^{\alpha+1}+C$

$= 2\left(x^{1+\frac{1}{2}}+x^{2+\frac{1}{2}}\right)+C = 2(x\sqrt{x}+x^2\sqrt{x})+C$ ……………（答）

(2) $\int \left(2\sin x - 3\cdot\frac{1}{\cos^2 x}\right)dx = 2\int \sin x\,dx - 3\int \frac{1}{\cos^2 x}dx$

$= 2\cdot(-\cos x) - 3\cdot\tan x + C$ ← ・$\int \sin x\,dx = -\cos x + C$　・$\int \frac{1}{\cos^2 x}dx = \tan x + C$

$= -2\cos x - 3\tan x + C$ ……………（答）

(3) $\int \left(2e^x - \frac{1}{x}\right)dx = 2\int e^x dx - \int \frac{1}{x}dx$

・$\int e^x dx = e^x + C$　・$\int \frac{1}{x}dx = \log|x| + C$

$= 2e^x - \log|x| + C$ ……………（答）

(4) $\int \left(2\cdot 2^x + 3\cdot 3^x\right)dx = 2\int 2^x dx + 3\int 3^x dx$

$= 2\cdot\frac{2^x}{\log 2} + 3\cdot\frac{3^x}{\log 3} + C$ ← ・$\int a^x dx = \frac{a^x}{\log a} + C$

$= \frac{2^{x+1}}{\log 2} + \frac{3^{x+1}}{\log 3} + C$ ……………（答）

初めからトライ！問題 105 不定積分 CHECK 1 CHECK 2 CHECK 3

次の不定積分を求めよ。

(1) $\displaystyle\int\frac{x}{x^2+4}dx$　　(2) $\displaystyle\int\frac{2x^3-x}{x^4-x^2}dx$　　(3) $\displaystyle\int\frac{4}{x^2-4}dx$

ヒント！ (1), (2) は，そのまま $\displaystyle\int\frac{f'}{f}dx=\log|f|+C$ が使える形のものだけれど，(3) は部分分数に分解して，この形を導こう。

解答＆解説

(1) $\displaystyle\int\frac{x}{x^2+4}dx=\frac{1}{2}\int\frac{2x}{x^2+4}dx$ ← 定数 $\frac{1}{2}$ は，インテグラルの外に出せる。これで公式 $\displaystyle\int\frac{f'}{f}dx=\log|f|+C$ が使える。

$\displaystyle=\frac{1}{2}\log(x^2+4)+C$ ……………………(答)

これは，常に⊕なので，絶対値はいらない！

(2) $\displaystyle\int\frac{2x^3-x}{x^4-x^2}dx=\frac{1}{2}\int\frac{4x^3-2x}{x^4-x^2}dx$ ← $\displaystyle\int\frac{f'}{f}dx=\log|f|+C$ が使える。

$\displaystyle=\frac{1}{2}\log|x^4-x^2|+C$ ……………………(答)

(3) $\displaystyle\int\frac{4}{x^2-4}dx$ について， ← これを，$\displaystyle\frac{2}{x}\int\frac{2x}{x^2-4}dx$ と変形してはダメ！x は，インテグラルの外には出せない！

$\displaystyle\frac{1}{x-2}-\frac{1}{x+2}=\frac{x+2-(x-2)}{(x-2)(x+2)}=\frac{4}{x^2-4}$ より，

$\displaystyle\int\frac{4}{x^2-4}dx=\int\left(\frac{1}{x-2}-\frac{1}{x+2}\right)dx$

$\displaystyle=\int\frac{1}{x-2}dx-\int\frac{1}{x+2}dx$ ← 部分分数に分解して，2つの $\displaystyle\int\frac{f'}{f}dx$ の形の式を導いた。

$=\log|x-2|-\log|x+2|+C$

$\displaystyle=\log\left|\frac{x-2}{x+2}\right|+C$ ……………………(答)

初めからトライ！問題 106　定積分　CHECK 1　CHECK 2　CHECK 3

次の定積分の値を求めよ。

(1) $\int_0^{\frac{\pi}{3}}(\sin x+\cos x)dx$　　(2) $\int_0^{\frac{\pi}{4}}\left(\cos x+\frac{2}{\cos^2 x}\right)dx$

(3) $\int_0^2\left(e^{x+1}-e^{x-1}\right)dx$　　(4) $\int_0^1\left(2^x+2e^x\right)dx$

(5) $\int_1^e\left(\frac{1}{x}+\frac{2x}{x^2+1}\right)dx$　　(6) $\int_3^4\frac{1}{x^2-2x}dx$

ヒント！　定積分も，積分の **8** つの基本公式と **2** つの性質を使って解いていこう。

解答＆解説

(1) $\int_0^{\frac{\pi}{3}}(\underbrace{\sin x+\cos x}_{f(x)})dx=\left[\underbrace{-\cos x+\sin x}_{F(x)}\right]_0^{\frac{\pi}{3}}$

$\cdot\int\sin x dx=-\cos x+C$
$\cdot\int\cos x dx=\sin x+C$

$=\underbrace{-\cos\frac{\pi}{3}+\sin\frac{\pi}{3}}_{F\left(\frac{\pi}{3}\right)}-(\underbrace{-\cos 0+\sin 0}_{F(0)})$　（$\cos\frac{\pi}{3}=\frac{1}{2}$，$\sin\frac{\pi}{3}=\frac{\sqrt{3}}{2}$，$\cos 0=1$，$\sin 0=0$）

$=-\frac{1}{2}+\frac{\sqrt{3}}{2}+1=\frac{\sqrt{3}}{2}+\frac{1}{2}=\frac{\sqrt{3}+1}{2}$ ……………………(答)

(2) $\int_0^{\frac{\pi}{4}}\left(\cos x+2\cdot\frac{1}{\cos^2 x}\right)dx=\left[\sin x+2\tan x\right]_0^{\frac{\pi}{4}}$

$\cdot\int\cos x dx=\sin x+C$
$\cdot\int\frac{1}{\cos^2 x}dx=\tan x+C$

$=\underbrace{\sin\frac{\pi}{4}}_{\frac{\sqrt{2}}{2}}+2\cdot\underbrace{\tan\frac{\pi}{4}}_{1}-(\underbrace{\sin 0}_{0}+2\cdot\underbrace{\tan 0}_{0})$

$=\frac{\sqrt{2}}{2}+2\cdot 1=\frac{4+\sqrt{2}}{2}$ ……………………(答)

(3) $\int_0^2\left(e\cdot e^x-e^{-1}\cdot e^x\right)dx=\int_0^2\underbrace{\left(e-e^{-1}\right)}e^x dx$

定数は，インテグラルの外に出せる。

$$= \left(e - \frac{1}{e}\right)\int_0^2 e^x dx = \left(e - \frac{1}{e}\right)\left[e^x\right]_0^2$$ ← $\int e^x dx = e^x + C$

$$= \left(e - \frac{1}{e}\right)(e^2 - \underbrace{e^0}_{1}) = \left(e - \frac{1}{e}\right)(e^2 - 1)$$

$$= e^3 - e - e + \frac{1}{e} = e^3 - 2e + \frac{1}{e}$$ ……(答)

(4) $\int_0^1 (2^x + 2e^x)dx = \left[\frac{2^x}{\log 2} + 2\cdot e^x\right]_0^1$ ← $\int a^x dx = \frac{a^x}{\log a} + C$

$$= \frac{2^1}{\log 2} + 2\cdot e^1 - \left(\frac{\overset{1}{\boxed{2^0}}}{\log 2} + 2\cdot \overset{1}{\boxed{e^0}}\right) = \frac{1}{\log 2} + 2(e-1)$$ ……(答)

(5) $\int_1^e \left(\frac{1}{x} + \frac{2x}{x^2+1}\right)dx = \left[\log x + \log(x^2+1)\right]_1^e$ ← $\int \frac{f'}{f}dx = \log|f| + C$ 今回は，正の数の範囲の積分なので，絶対値は不要。

$$= \underbrace{\log e}_{1} + \log(e^2+1) - \underbrace{\log 1}_{0} - \underbrace{\log(1^2+1)}_{\log 2}$$

$$= \log(e^2+1) - \log 2 + 1 = \log\frac{e^2+1}{2} + 1$$ ……(答)

(6) $\int_3^4 \frac{1}{x^2 - 2x}dx$ について，

$\frac{1}{x-2} - \frac{1}{x} = \frac{x-(x-2)}{x(x-2)} = \frac{2}{x^2-2x}$ より，

部分分数に分解

$\frac{1}{x^2-2x} = \frac{1}{2}\left(\frac{1}{x-2} - \frac{1}{x}\right)$ となる。

よって，

$$\int_3^4 \frac{1}{x^2-2x}dx = \frac{1}{2}\int_3^4\left(\frac{1}{x-2} - \frac{1}{x}\right)dx = \frac{1}{2}\left[\log(x-2) - \log x\right]_3^4$$

$$= \frac{1}{2}(\log 2 - \log 4 - \underbrace{\log 1}_{0} + \log 3)$$

$$= \frac{1}{2}\log\frac{2\times 3}{4} = \frac{1}{2}\log\frac{3}{2}$$ ……(答)

初めからトライ！問題 107　三角関数の積分　CHECK 1　CHECK 2　CHECK 3

次の定積分の値を求めよ。

(1) $\displaystyle\int_0^{\frac{\pi}{8}} \cos^2 2x\,dx$　　(2) $\displaystyle\int_0^{\frac{\pi}{12}} \sin 3x \cdot \cos 3x\,dx$

(3) $\displaystyle\int_0^{\frac{\pi}{6}} \sin 4x \cdot \cos 2x\,dx$　　(4) $\displaystyle\int_0^{\frac{\pi}{12}} \cos 5x \cdot \cos x\,dx$

ヒント！ いずれも，積分公式 $\int \cos mx\,dx = \frac{1}{m}\sin mx + C$，$\int \sin mx\,dx = -\frac{1}{m}\cos mx + C$ を利用して解こう。さらに，(1) では半角の公式，(2) では 2 倍角の公式，そして (3), (4) では，積→和の公式を使うんだね。頑張ろう。

解答＆解説

(1) $\displaystyle\int_0^{\frac{\pi}{8}} \underbrace{\cos^2 2x}_{\frac{1}{2}(1+\cos 4x)}\,dx = \frac{1}{2}\int_0^{\frac{\pi}{8}} (1+\cos 4x)\,dx$ ←半角の公式：$\cos^2\theta = \frac{1+\cos 2\theta}{2}$

$\displaystyle = \frac{1}{2}\left[x + \frac{1}{4}\sin 4x\right]_0^{\frac{\pi}{8}}$ ←公式：$\int \cos mx\,dx = \frac{1}{m}\sin mx + C$

$\displaystyle = \frac{1}{2}\left\{\frac{\pi}{8} + \frac{1}{4}\underbrace{\sin\frac{\pi}{2}}_{1} - \left(0 + \frac{1}{4}\cdot\underbrace{\sin 0}_{0}\right)\right\}$

$\displaystyle = \frac{1}{2}\left(\frac{\pi}{8} + \frac{1}{4}\right) = \frac{1}{16}(\pi + 2)$ ……（答）

(2) $\displaystyle\int_0^{\frac{\pi}{12}} \underbrace{\sin 3x \cdot \cos 3x}_{\frac{1}{2}\sin 6x}\,dx = \frac{1}{2}\int_0^{\frac{\pi}{12}} \sin 6x\,dx$ ←2 倍角の公式：$\sin 2\theta = 2\sin\theta\cos\theta$

$\displaystyle = \frac{1}{2}\left[-\frac{1}{6}\cos 6x\right]_0^{\frac{\pi}{12}}$ ←公式：$\int \sin mx\,dx = -\frac{1}{m}\cos mx + C$

$\displaystyle = -\frac{1}{12}\left[\cos 6x\right]_0^{\frac{\pi}{12}} = -\frac{1}{12}\left(\underbrace{\cos\frac{\pi}{2}}_{0} - \underbrace{\cos 0}_{1}\right) = \frac{1}{12}$ ……（答）

(3) $\displaystyle\int_0^{\frac{\pi}{6}} \underbrace{\sin 4x \cdot \cos 2x}_{\frac{1}{2}\{\sin(4x+2x)+\sin(4x-2x)\}} dx$

$$\left\{\begin{array}{l}\sin(\alpha+\beta)=\sin\alpha\cos\beta+\cos\alpha\sin\beta \cdots\cdots ①\\ \sin(\alpha-\beta)=\sin\alpha\cos\beta-\cos\alpha\sin\beta \cdots\cdots ②\end{array}\right.$$

① + ②より，

$\sin(\alpha+\beta)+\sin(\alpha-\beta)=2\sin\alpha\cos\beta$

∴積→和の公式

$\sin\alpha\cos\beta=\frac{1}{2}\{\sin(\alpha+\beta)+\sin(\alpha-\beta)\}$

$$=\frac{1}{2}\int_0^{\frac{\pi}{6}}(\sin 6x+\sin 2x)dx$$

$$=\frac{1}{2}\left[-\frac{1}{6}\cos 6x-\frac{1}{2}\cos 2x\right]_0^{\frac{\pi}{6}}$$

$$=\frac{1}{2}\Big(-\frac{1}{6}\underbrace{\cos\pi}_{(-1)}-\frac{1}{2}\underbrace{\cos\frac{\pi}{3}}_{\frac{1}{2}}+\frac{1}{6}\underbrace{\cos 0}_{1}+\frac{1}{2}\underbrace{\cos 0}_{1}\Big)$$

$$=\frac{1}{2}\left(\frac{1}{6}-\frac{1}{4}+\frac{1}{6}+\frac{1}{2}\right)=\frac{1}{2}\times\frac{2-3+2+6}{12}$$

$$=\frac{1}{2}\times\frac{7}{12}=\frac{7}{24}$$ ……………………………………(答)

(4) $\displaystyle\int_0^{\frac{\pi}{12}} \underbrace{\cos 5x \cdot \cos x}_{\frac{1}{2}\{\cos(5x+x)+\cos(5x-x)\}} dx$

$$\left\{\begin{array}{l}\cos(\alpha+\beta)=\cos\alpha\cos\beta-\sin\alpha\sin\beta \cdots\cdots ③\\ \cos(\alpha-\beta)=\cos\alpha\cos\beta+\sin\alpha\sin\beta \cdots\cdots ④\end{array}\right.$$

③ + ④より，

$\cos(\alpha+\beta)+\cos(\alpha-\beta)=2\cos\alpha\cos\beta$

∴積→和の公式

$\cos\alpha\cos\beta=\frac{1}{2}\{\cos(\alpha+\beta)+\cos(\alpha-\beta)\}$

$$=\frac{1}{2}\int_0^{\frac{\pi}{12}}(\cos 6x+\cos 4x)dx$$

$$=\frac{1}{2}\left[\frac{1}{6}\sin 6x+\frac{1}{4}\sin 4x\right]_0^{\frac{\pi}{12}}$$

$$=\frac{1}{2}\Big(\frac{1}{6}\underbrace{\sin\frac{\pi}{2}}_{1}+\frac{1}{4}\underbrace{\sin\frac{\pi}{3}}_{\frac{\sqrt{3}}{2}}-\frac{1}{6}\underbrace{\sin 0}_{0}-\frac{1}{4}\underbrace{\sin 0}_{0}\Big)$$

$$=\frac{1}{2}\left(\frac{1}{6}+\frac{\sqrt{3}}{8}\right)=\frac{1}{12}+\frac{\sqrt{3}}{16}=\frac{4+3\sqrt{3}}{48}$$ ……………………(答)

初めからトライ！問題 108　積分計算　CHECK 1　CHECK 2　CHECK 3

次の定積分の値を求めよ。

(1) $\displaystyle\int_{\frac{1}{3}}^{1}(3x-1)^4dx$　(2) $\displaystyle\int_0^1 x\left(x^2-1\right)^4dx$　(3) $\displaystyle\int_0^1 x^2\sqrt{x^3+1}\,dx$

(4) $\displaystyle\int_1^e \frac{(\log x)^2}{x}dx$　(5) $\displaystyle\int_0^{\frac{\pi}{3}} \frac{\tan^2 x}{\cos^2 x}dx$

ヒント！ いずれも，合成関数の微分を逆手に取って，定積分の値を求める問題なんだね。たとえば，(1) では，この原始関数がほぼ $(3x-1)^5$ になると考えて，これを微分して考えるといいんだね。他も同様だ。

解答＆解説

(1) $\displaystyle\int_{\frac{1}{3}}^{1}(3x-1)^4dx=\frac{1}{15}\left[(3x-1)^5\right]_{\frac{1}{3}}^{1}=\frac{1}{15}(2^5-0^5)=\frac{32}{15}$ ……………………(答)

被積分関数 $f(x)=(3x-1)^4$ より，この原始関数が大体 $(3x-1)^5$ となると見当がつくね。よって，これを合成関数の微分を使って微分すると

$\left\{(3x-1)^5\right\}'=5(3x-1)^4\cdot(3x-1)'=5(3x-1)^4\cdot 3=15(3x-1)^4$ より，

（$3x-1$ を t とおく）　$\left[\dfrac{dy}{dt}\cdot\dfrac{dt}{dx}\right]$ ← 合成関数の微分

$\displaystyle\int(3x-1)^4dx=\frac{1}{15}(3x-1)^5+C$ となる。

(2) $\displaystyle\int_0^1 x\left(x^2-1\right)^4dx=\frac{1}{10}\left[\left(x^2-1\right)^5\right]_0^1=\frac{1}{10}\left\{0^5-(-1)^5\right\}=\frac{1}{10}\times 1=\frac{1}{10}$ …(答)

$\left\{(x^2-1)^5\right\}'=5(x^2-1)^4\cdot(x^2-1)'=5(x^2-1)^4\cdot 2x=10\cdot x(x^2-1)^4$ より，

（x^2-1 を t とおく）

$\displaystyle\int x(x^2-1)^4dx=\frac{1}{10}(x^2-1)^5+C$ だね。

(3) $\int_0^1 x^2(x^3+1)^{\frac{1}{2}}dx = \frac{2}{9}\left[(x^3+1)^{\frac{3}{2}}\right]_0^1 = \frac{2}{9}\left\{(1^3+1)^{\frac{3}{2}} - (0^3+1)^{\frac{3}{2}}\right\}$

$\left\{(\underbrace{x^3+1}_{t\text{とおく}})^{\frac{3}{2}}\right\}' = \frac{3}{2}(x^3+1)^{\frac{1}{2}}\cdot(x^3+1)' = \frac{3}{2}(x^3+1)^{\frac{1}{2}}\cdot 3x^2 = \frac{9}{2}x^2(x^3+1)^{\frac{1}{2}}$ より,

$\int x^2(x^3+1)^{\frac{1}{2}}dx = \frac{2}{9}(x^3+1)^{\frac{3}{2}} + C$

$= \frac{2}{9}\left(2^{\frac{3}{2}} - 1^{\frac{3}{2}}\right) = \frac{2}{9}(2\sqrt{2}-1)$ ……………………………(答)

(4) $\int_1^e (\log x)^2\cdot\frac{1}{x}dx = \frac{1}{3}\left[(\log x)^3\right]_1^e = \frac{1}{3}\left\{(\underbrace{\log e}_{1})^3 - (\underbrace{\log 1}_{0})^3\right\}$

$\left\{(\underbrace{\log x}_{t\text{とおく}})^3\right\}' = 3(\log x)^2\cdot(\log x)' = 3(\log x)^2\cdot\frac{1}{x}$ より,

$\int (\log x)^2\cdot\frac{1}{x}dx = \frac{1}{3}(\log x)^3 + C$

$= \frac{1}{3}(1^3 - 0^3) = \frac{1}{3}$ ……………………………………………(答)

(5) $\int_0^{\frac{\pi}{3}} \tan^2 x\cdot\frac{1}{\cos^2 x}dx = \frac{1}{3}\left[\tan^3 x\right]_0^{\frac{\pi}{3}} = \frac{1}{3}\left(\underbrace{\tan^3\frac{\pi}{3}}_{(\sqrt{3})^3} - \underbrace{\tan^3 0}_{0^3}\right)$

$\left\{(\underbrace{\tan x}_{t\text{とおく}})^3\right\}' = 3\tan^2 x\cdot(\tan x)' = 3\tan^2 x\cdot\frac{1}{\cos^2 x}$ より,

$\int \tan^2 x\cdot\frac{1}{\cos^2 x}dx = \frac{1}{3}\tan^3 x + C$

$= \frac{1}{3}(3\sqrt{3} - 0) = \sqrt{3}$ ……………………………………(答)

初めからトライ！問題 109　部分積分　CHECK 1　CHECK 2　CHECK 3

次の定積分の値を求めよ。

(1) $\displaystyle\int_0^{\frac{\pi}{4}} x\cdot\sin 2x\,dx$　　(2) $\displaystyle\int_1^{e} x^2\cdot\log x\,dx$

(3) $\displaystyle\int_0^{1} x\cdot e^{2x}\,dx$

ヒント！ 2つの関数の積の積分には，部分積分 $\displaystyle\int_a^b f'\cdot g\,dx=\left[fg\right]_a^b-\int_a^b f\cdot g'\,dx$ などの公式が，役に立つんだね。右辺の定積分を簡単化することがコツなんだね。

解答＆解説

(1) $\displaystyle\int_0^{\frac{\pi}{4}} x\cdot\sin 2x\,dx = \int_0^{\frac{\pi}{4}} x\cdot\left(-\frac{1}{2}\cos 2x\right)'dx$

複雑な積分

$-\frac{1}{2}\times(-\sin 2x)\times 2$ $=\sin 2x$ のことだね。

$\displaystyle\int_0^{\frac{\pi}{4}}\left(\frac{1}{2}x^2\right)'\cdot\sin 2x\,dx$

$\displaystyle=\left[\frac{1}{2}x^2\sin 2x\right]_0^{\frac{\pi}{4}}-\int_0^{\frac{\pi}{4}}\frac{1}{2}x^2(\sin 2x)'dx$

$\displaystyle=\left[\frac{1}{2}x^2\sin 2x\right]_0^{\frac{\pi}{4}}-\int_0^{\frac{\pi}{4}}x^2\cos 2x\,dx$

複雑な積分となるので，これは失敗例だ！

$\displaystyle= -\frac{1}{2}\left[x\cos 2x\right]_0^{\frac{\pi}{4}} - \int_0^{\frac{\pi}{4}} \underbrace{x'}_{1}\left(-\frac{1}{2}\cos 2x\right)dx$

部分積分の公式
$\displaystyle\int_a^b f\cdot g'\,dx=\left[fg\right]_a^b-\int_a^b f'\cdot g\,dx$ を使った！

$\displaystyle= -\frac{1}{2}\left(\frac{\pi}{4}\cdot\underbrace{\cos\frac{\pi}{2}}_{0}-0\cdot\cos 0\right)+\frac{1}{2}\int_0^{\frac{\pi}{4}}\cos 2x\,dx$

簡単な積分になった！成功だ！

$\displaystyle= \frac{1}{2}\left[\frac{1}{2}\sin 2x\right]_0^{\frac{\pi}{4}}$　←公式：$\displaystyle\int\cos mx\,dx=\frac{1}{m}\sin mx+C$

$\displaystyle= \frac{1}{4}\left(\underbrace{\sin\frac{\pi}{2}}_{1}-\underbrace{\sin 0}_{0}\right)=\frac{1}{4}\times 1=\frac{1}{4}$ ……………………………(答)

$$(2)\int_1^e x^2\cdot\log x\,dx=\int_1^e\left(\frac{1}{3}x^3\right)'\log x\,dx$$

部分積分の公式
$\int_a^b f'\cdot g\,dx=[f\cdot g]_a^b-\int_a^b f\cdot g'dx$

$$=\frac{1}{3}\left[x^3\log x\right]_1^e-\int_1^e\frac{1}{3}x^3\underbrace{(\log x)'}_{\frac{1}{x}}dx$$

簡単な積分になった！
成功だ！

$$=\frac{1}{3}\left(e^3\cdot\underbrace{\log e}_{1}-\underbrace{1^3\cdot\log 1}_{0}\right)-\frac{1}{3}\int_1^e x^2dx$$

$$=\frac{1}{3}e^3-\frac{1}{3}\left[\frac{1}{3}x^3\right]_1^e=\frac{1}{3}e^3-\frac{1}{9}\left(e^3-1^3\right)$$

$$=\left(\frac{1}{3}-\frac{1}{9}\right)e^3+\frac{1}{9}=\frac{2}{9}e^3+\frac{1}{9}$$ ……………………………………(答)

$$(3)\int_0^1 x\cdot e^{2x}dx=\int_0^1 x\cdot\left(\frac{1}{2}e^{2x}\right)'dx$$

$\frac{1}{2}\cdot\left(e^{2x}\right)'=\frac{1}{2}\cdot e^{2x}\cdot 2=e^{2x}$ のことだ

部分積分の公式
$\int_a^b f\cdot g'dx=[f\cdot g]_a^b-\int_a^b f'\cdot g\,dx$

$$=\frac{1}{2}\left[x\cdot e^{2x}\right]_0^1-\int_0^1\underbrace{x'}_{1}\cdot\frac{1}{2}e^{2x}dx$$

$$=\frac{1}{2}\left(1\cdot e^2-0\cdot e^0\right)-\frac{1}{2}\int_0^1 e^{2x}dx$$

簡単な積分になった！
成功だ！

$$=\frac{1}{2}e^2-\frac{1}{2}\left[\frac{1}{2}e^{2x}\right]_0^1$$

$\int e^{mx}dx=\frac{1}{m}e^{mx}+C$ となることも
覚えておいていいよ。
なぜなら，$(e^{mx})'=me^{mx}$ だからね。

$$=\frac{1}{2}e^2-\frac{1}{4}\left(e^2-\underbrace{e^0}_{1}\right)$$

$$=\left(\frac{1}{2}-\frac{1}{4}\right)e^2+\frac{1}{4}=\frac{1}{4}e^2+\frac{1}{4}$$ ……………………………………(答)

初めからトライ！問題 110	置換積分	CHECK 1	CHECK 2	CHECK 3

次の定積分の値を求めよ。

(1) $\int_0^1 x(x^2-1)^4 dx$　　(2) $\int_0^1 x^2\sqrt{x^3+1}\,dx$

(3) $\int_0^{\frac{\pi}{6}} \sin^3 x\cdot\cos x\,dx$　　(4) $\int_0^{\frac{\pi}{2}} (\cos^2 x+1)\sin x\,dx$

ヒント！ (1) は，$x^2-1=t$，(2) は，$x^3+1=t$，(3) は，$\sin x=t$，(4) は，$\cos x=t$ と置換して，**3** つのステップで，t の簡単な積分計算にもち込むことが，置換積分と呼ばれる手法なんだね。

解答＆解説

(1) $\int_0^1 x(\underbrace{x^2-1}_{これを\,t\,とおく})^4 dx$ について，

これは，初めからトライ！問題**108(2)**(**P176**) と同じ問題だね。

(i) $x^2-1=t$ とおくと，

(ii) $x:0\to1$ のとき，$t:\underbrace{-1}_{0^2-1}\to\underbrace{0}_{1^2-1}$ となり，また

(iii) $\underbrace{(x^2-1)'}_{2x}\cdot dx=\underbrace{t'}_{1}\cdot dt$　$2xdx=1\cdot dt$ より，$x\,dx=\frac{1}{2}dt$ となる。

3 つのステップ

$$\therefore \int_0^1 \underbrace{(x^2-1)^4}_{t}\cdot\underbrace{xdx}_{\frac{1}{2}dt}=\frac{1}{2}\int_{-1}^0 t^4 dt=\frac{1}{2}\left[\frac{1}{5}t^5\right]_{-1}^0$$

$$=\frac{1}{10}\{0^5-(-1)^5\}=\frac{1}{10}\times1=\frac{1}{10}$$ ………………（答）

(2) $\int_0^1 x^2(\underbrace{x^3+1}_{これを\,t\,とおく})^{\frac{1}{2}} dx$ について，

これは，初めからトライ！問題**108(3)**(**P176**) と同じ問題だね。

(i) $x^3+1=t$ とおくと，(ii) $x:0\to1$ のとき，$t:1\to2$

(iii) $\underbrace{3x^2}_{(x^3+1)'}\cdot dx=\underbrace{1}_{t'}\cdot dt$ より，$x^2dx=\frac{1}{3}dt$ となる。

$$\therefore \int_0^1 \underbrace{(x^3+1)}_{t}^{\frac{1}{2}} \cdot \underbrace{x^2dx}_{\frac{1}{3}dt} = \int_1^2 t^{\frac{1}{2}} \cdot \frac{1}{3}dt = \frac{1}{3}\int_1^2 t^{\frac{1}{2}}dt = \frac{1}{3}\cdot\frac{2}{3}\left[t^{\frac{3}{2}}\right]_1^2$$

$$= \frac{2}{9}\left(2^{\frac{3}{2}} - 1^{\frac{3}{2}}\right) = \frac{2}{9}\left(2\sqrt{2}-1\right)$$ ……………………(答)

(3) $\int_0^{\frac{\pi}{6}} \underbrace{\sin^3 x}_{} \cdot \cos x dx$ について，

$\sin x$ の式，$f(\sin x)$ のこと

$\int_a^b f(\sin x)\cdot\cos x dx$ のとき

$\sin x = t$ とおくと，うまくいく！

(i) $\sin x = t$ とおくと，

(ii) $x : 0 \to \frac{\pi}{6}$ のとき，$t : \underset{\sin 0}{0} \to \underset{\sin\frac{\pi}{6}}{\frac{1}{2}}$　(iii) $\underset{(\sin x)'}{\cos x} \cdot dx = \underset{t'}{1} \cdot dt$ となる。

$$\therefore \int_0^{\frac{\pi}{6}} \underbrace{\sin^3 x}_{t^3} \cdot \underbrace{\cos x dx}_{dt} = \int_0^{\frac{1}{2}} t^3 dt = \frac{1}{4}\left[t^4\right]_0^{\frac{1}{2}}$$

$$= \frac{1}{4}\left\{\left(\frac{1}{2}\right)^4 - 0^4\right\} = \frac{1}{4}\times\frac{1}{16} = \frac{1}{64}$$ ……………………(答)

(4) $\int_0^{\frac{\pi}{2}} \underbrace{(\cos^2 x + 1)}_{} \sin x dx$ について，

$\cos x$ の式，$f(\cos x)$ のこと

$\int_a^b f(\cos x)\cdot\sin x dx$ のとき

$\cos x = t$ とおくと，うまくいく！

(i) $\cos x = t$ とおくと，

(ii) $x : 0 \to \frac{\pi}{2}$ のとき，$t : \underset{\cos 0}{1} \to \underset{\cos\frac{\pi}{2}}{0}$

(iii) $\underset{(\cos x)'}{-\sin x} \cdot dx = \underset{t'}{1} \cdot dt$ より，$\sin x dx = -1 \cdot dt$ となる。

$$\therefore \int_0^{\frac{\pi}{2}} \underbrace{(\cos^2 x + 1)}_{(t^2+1)} \underbrace{\sin x dx}_{-1\cdot dt} = -\int_1^0 (t^2+1)dt$$

公式：

$-\int_b^a f(t)dt = \int_a^b f(t)dt$

となる。

$$= \int_0^1 (t^2+1)dt = \left[\frac{1}{3}t^3 + t\right]_0^1$$

$$= \frac{1}{3}\cdot 1^3 + 1 - \left(\frac{1}{3}\cdot 0^3 + 0\right) = \frac{1}{3} + 1 = \frac{4}{3}$$ ……………………(答)

初めからトライ！問題 111　定積分で表された関数　CHECK 1　CHECK 2　CHECK 3

関数 $f(x)$ は，$f(x)=x+2\int_0^1 e^t f(t)dt$ ……① をみたす。

このとき，関数 $f(x)$ を求めよ。

ヒント！ ①の定積分は，$t:0\to1$ の定積分だから，当然これはある定数となる。よって，$\int_0^1 e^t f(t)dt=A$（定数）とおいて，解けばいいんだね。

解答＆解説

$f(x)=x+2\underbrace{\int_0^1 e^t f(t)dt}_{A(\text{定数})\text{とおく}}$ ……①について，$A=\int_0^1 e^t f(t)dt$ ……②とおくと，

①は，$f(x)=x+2A$ ……①′，すなわち

$f(t)=t+2A$ ……①″ となる。←（変数は，x でも，t でも何でもいい。）

①″ を②に代入すると，

$$A=\int_0^1 e^t\cdot(t+2A)dt$$

$$=\int_0^1 (e^t)'\cdot(t+2A)dt$$

（部分積分 $\int_0^1 f'\cdot g\,dt=[f\cdot g]_0^1-\int_0^1 f\cdot g'dt$）

$$=\left[e^t\cdot(t+2A)\right]_0^1-\int_0^1 e^t\cdot\underbrace{(t+2A)'}_{1}dt$$

$$=e^1\cdot(1+2A)-\overbrace{e^0}^{1}\cdot(0+2A)-\int_0^1 e^t dt$$

（簡単になった！成功!!）

$$=e(1+2A)-2A-\left[e^t\right]_0^1=(2e-2)A+e-(e^1-\overbrace{e^0}^{1})$$

よって，$A=(2e-2)A+1$ より，$(3-2e)A=1$

$\therefore A=\dfrac{1}{3-2e}$ ……③となる。よって，③を①′に代入して，

求める関数 $f(x)$ は，$f(x)=x+\dfrac{2}{3-2e}$ となる。 ……………………………（答）

初めからトライ！問題 112 定積分で表された関数 CHECK 1 CHECK 2 CHECK 3

関数 $f(x)$ は，$\int_a^x t\cdot f(t)\,dt = 2x^2\cos x - x^2$ ……①をみたす。

このとき，a の値と，関数 $f(x)$ を求めよ。(ただし，$0 < a \leqq \pi$，$x \neq 0$ とする。)

ヒント！ ①の定積分は，x の関数となるので，この解法パターンは，(i) ①の両辺に $x=a$ を代入して，a の値を求め，(ii) ①の両辺を x で微分して，$f(x)$ を求めればいいんだね。頑張ろう！

解答&解説

$\int_a^x t\cdot f(t)\,dt = 2x^2\cos x - x^2$ ……①について，

(i) ①の両辺に $x=a$ $(0 < a \leqq \pi)$ を代入すると，

$\underbrace{\int_a^a t\cdot f(t)\,dt}_{0} = 2a^2\cos a - a^2$ $\qquad \underbrace{a^2}_{\oplus}(2\cos a - 1) = 0$

ここで，$a^2 > 0$ より，両辺を a^2 で割って，

$2\cos a - 1 = 0 \qquad \cos a = \frac{1}{2}$

$0 < a \leqq \pi$ より，$a = \frac{\pi}{3}$ ……………(答)

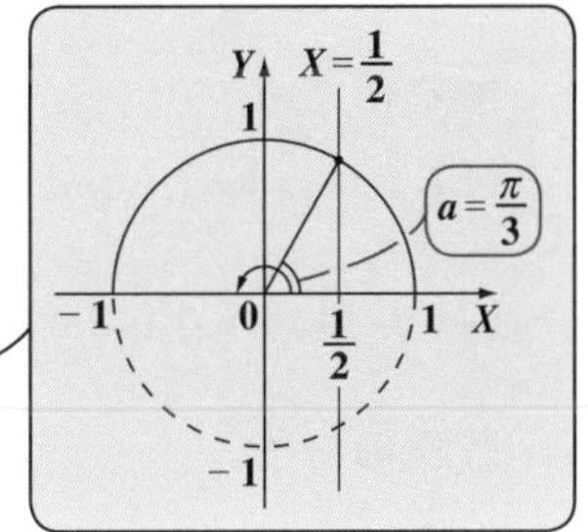

(ii) 次に，①の両辺を x で微分して，

$\underbrace{\left\{\int_a^x t\cdot f(t)\,dt\right\}'}_{x\cdot f(x)} = (2x^2\cos x - x^2)'$ より，

$x\cdot f(x)$ ← $\left\{\int_a^x g(t)\,dt\right\}' = g(x)$ となるからね。

$x\cdot f(x) = 2\cdot 2x\cdot\cos x + 2x^2\cdot(-\sin x) - 2x$

↑ $(f\cdot g)' = f'\cdot g + f\cdot g'$ より

$x\cdot f(x) = 4x\cos x - 2x^2\sin x - 2x$

ここで，$x \neq 0$ より，両辺を x で割ると，求める関数 $f(x)$ は，

$f(x) = 4\cos x - 2x\sin x - 2$ となる。 ……………………………(答)

第 8 章● 積分法の公式を復習しよう！

1．積分計算の基本公式

(1) $\int x^{\alpha}\,dx = \frac{1}{\alpha+1}x^{\alpha+1}+C$　　(2) $\int \cos x\,dx = \sin x + C$　など。

2．積分の基本性質

$\int \{f(x) \pm g(x)\}\,dx = \int f(x)\,dx \pm \int g(x)\,dx$　（複号同順）など。

3．定積分の定義

$\int_a^b f(x)dx = \left[F(x)\right]_a^b = F(b) - F(a)$　　$(F'(x) = f(x))$

4．$\cos mx$，$\sin mx$ の積分公式

(1) $\int \cos mx\,dx = \frac{1}{m}\sin mx + C$　(2) $\int \sin mx\,dx = -\frac{1}{m}\cos mx + C$

5．部分積分法

(1) $\int f'(x)\cdot g(x)\,dx = f(x)\cdot g(x) - \int f(x)\cdot g'(x)\,dx$

(2) $\int f(x)\cdot g'(x)\,dx = f(x)\cdot g(x) - \int f'(x)\cdot g(x)\,dx$

6．置換積分法

$\int_a^b f(x)\,dx$ について，

(ⅰ) $f(x)$ の中の（ある x の式の固まり）$= t$ とおく。

(ⅱ) $x : a \to b$ に対して，$t : c \to d$ を求める。

(ⅲ) dx と dt の関係を求める。

以上のステップにより，t での積分に置き換える。

7．定積分で表された関数

(1) $\int_a^b f(t)\,dt$ の場合，これを定数 A とおく。

(2) $\int_a^x f(t)\,dt$ の場合，(ⅰ) $x = a$ を代入する。(ⅱ) x で微分する。

第 9 章
CHAPTER

9 積分法の応用

▶ 面積計算
区分求積法，定積分と不等式

▶ 体積計算
回転体の体積

▶ 曲線の長さ（道のり）の計算

"積分法の応用"を初めから解こう！ 公式＆解法パターン

1. 面積計算では上下関係が重要だ。

(1) 2 曲線で挟まれる図形の面積は定積分で計算できる。

$a \leqq x \leqq b$ の範囲で，2 曲線 $y = f(x)$ と $y = g(x)$

$[f(x) \geqq g(x)]$ とで挟まれる図形の面積 S は，

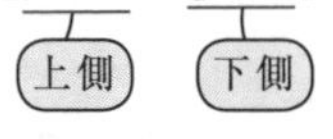

面積 $S = \int_a^b \{f(x) - g(x)\}dx$ となる。

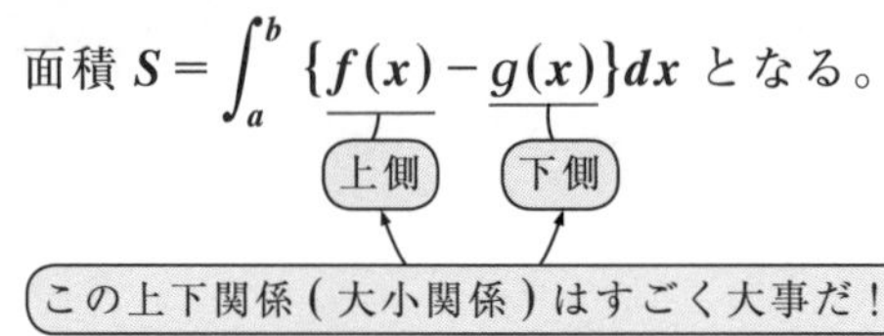

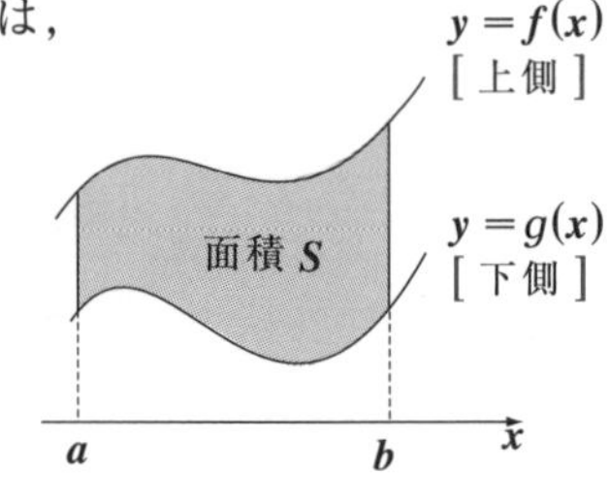

(2) 曲線と x 軸で挟まれる図形の面積は次の公式で求めよう。

（ⅰ）$f(x) \geqq 0$ のとき

$y = f(x)$ は x 軸の上側にあるので，

面積 $S_1 = \int_a^b f(x)\,dx$

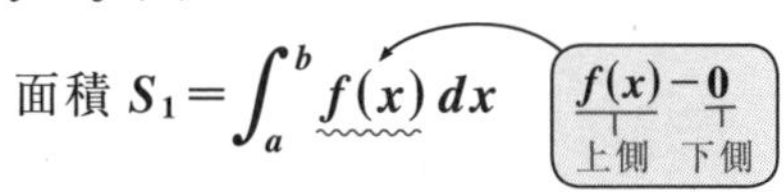

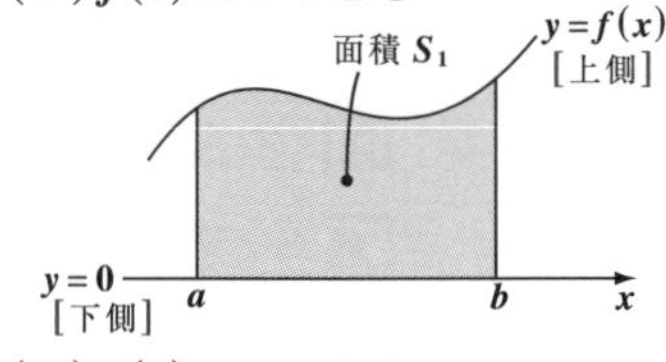

（ⅱ）$f(x) \leqq 0$ のとき

$y = f(x)$ は x 軸の下側にあるので，

面積 $S_2 = -\int_a^b f(x)\,dx$

$0 - f(x)$（上側 − 下側）

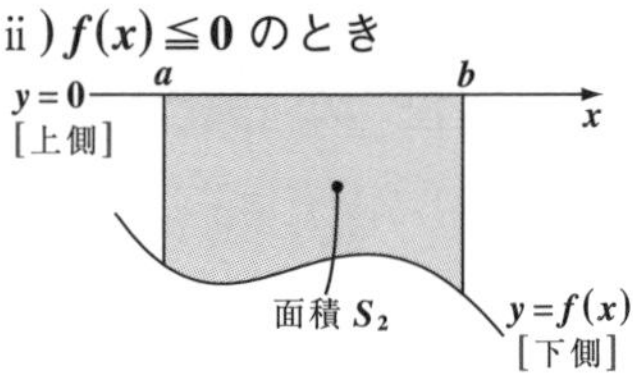

(3) 媒介変数表示された曲線の面積計算には工夫がいる。

媒介変数表示された曲線 $x = f(\theta)$，$y = g(\theta)$ と x 軸で挟まれる図形の面積 S は，まず，$y = h(x)$ の形で与えられているものとして，$S = \int_a^b y\,dx$ とし，これを θ での積分に切り替えて，

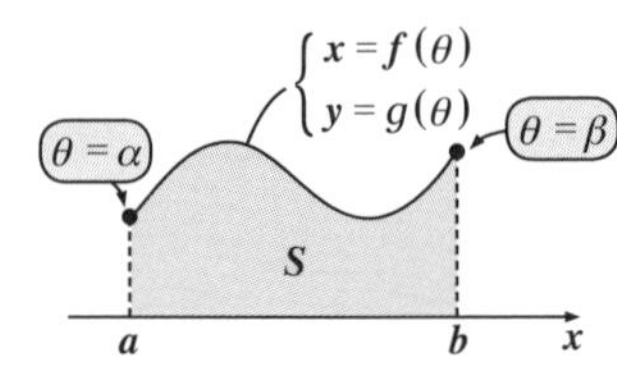

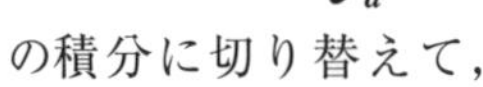

$S = \int_\alpha^\beta y \frac{dx}{d\theta}\,d\theta$ として計算すればいいんだね。

$(ex)\,y=\sin 2x\ (0 \leqq x \leqq \pi)$ と x 軸とで囲まれる図形の面積 S は,

$$S = 2\int_0^{\frac{\pi}{2}} \sin 2x\,dx \quad \left[\,2 \times \text{(0 から } \tfrac{\pi}{2} \text{ の山形の図形)}\,\right]$$

$$= 2\left[-\frac{1}{2}\cos 2x\right]_0^{\frac{\pi}{2}} = -\left[\cos 2x\right]_0^{\frac{\pi}{2}} = -(\underbrace{\cos\pi}_{-1} - \underbrace{\cos 0}_{1}) = 2$$ となる。

2. 区分求積法(くぶんきゅうせきほう)も，面積計算の応用として，覚えよう。

区間 $0 \leqq x \leqq 1$ で，$y=f(x)$ と x 軸とで挟まれる図形を n 等分し，右図のような n 個の長方形を作り，k 番目の長方形の面積を S_k とおくと，

$S_k = \dfrac{1}{n}\cdot f\left(\dfrac{k}{n}\right)$ となる。

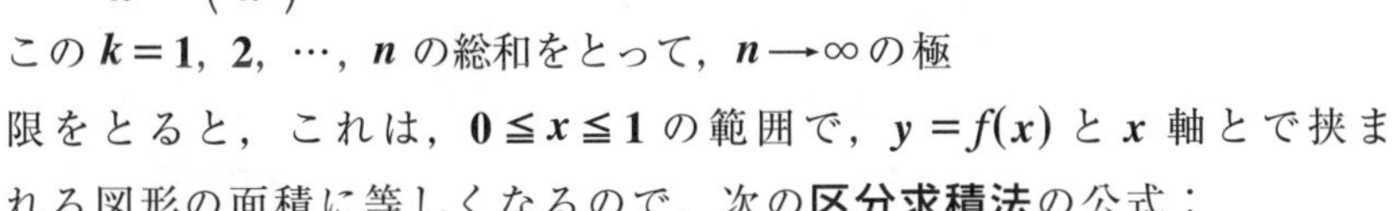

この $k=1,\ 2,\ \cdots,\ n$ の総和をとって，$n \to \infty$ の極限をとると，これは，$0 \leqq x \leqq 1$ の範囲で，$y=f(x)$ と x 軸とで挟まれる図形の面積に等しくなるので，次の**区分求積法**の公式：

$$\lim_{n\to\infty}\frac{1}{n}\sum_{k=1}^{n} f\left(\frac{k}{n}\right) = \int_0^1 f(x)\,dx$$ が成り立つ。

3. 定積分と不等式にもチャレンジしよう。

$f(x) \geqq g(x)$ ならば右図から,

$$\int_a^b f(x)\,dx \geqq \int_a^b g(x)\,dx$$ が成り立つ。

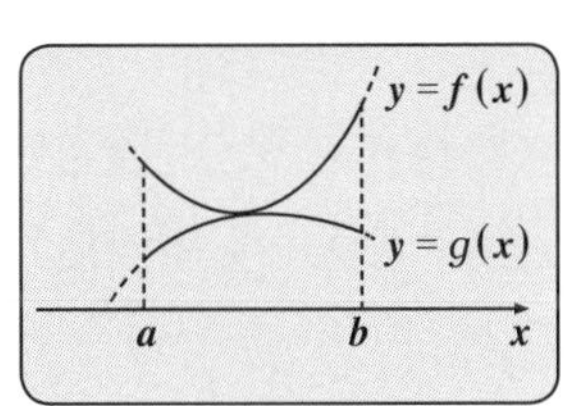

4. 体積計算は断面積を求めて積分すればいい。

$a \leqq x \leqq b$ の範囲に存在する立体を x 軸に垂直な平面で切った切り口の断面積が $S(x)$ で表されるとき，この立体の体積 V は，

$$V = \int_a^b S(x)\,dx$$ となる。

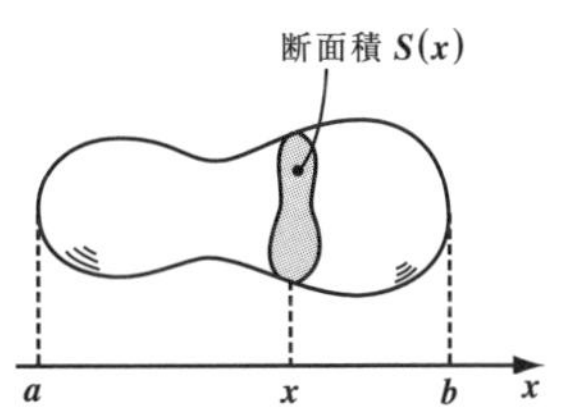

5. 回転体の積分公式もマスターしよう。

(1) $y=f(x)$ $(a \leqq x \leqq b)$ を x 軸のまわりに回転してできる回転体の体積 V_x

$$V_x=\pi\int_a^b y^2dx=\pi\int_a^b\{f(x)\}^2dx$$

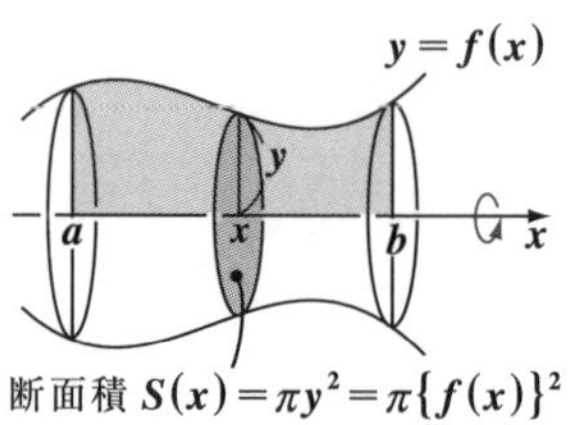

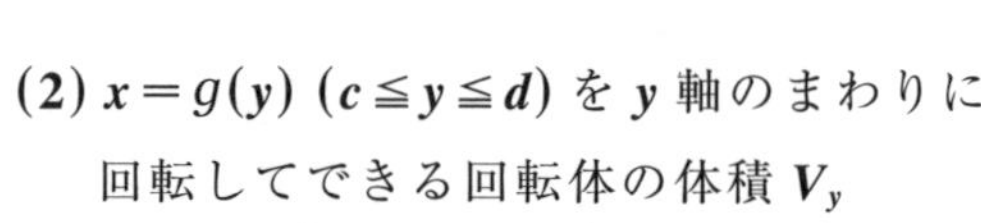

(2) $x=g(y)$ $(c \leqq y \leqq d)$ を y 軸のまわりに回転してできる回転体の体積 V_y

$$V_y=\pi\int_c^d x^2dx=\pi\int_c^d\{g(y)\}^2dy$$

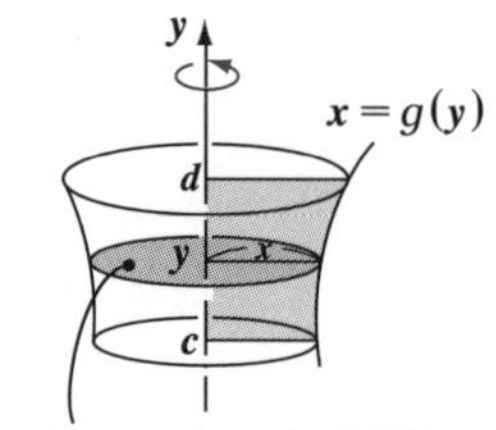

(ex) $0 \leqq x \leqq 1$ の範囲で，曲線 $y=e^x$ と x 軸とで挟まれる図形を x 軸のまわりに回転してできる回転体の体積 V を求めると，

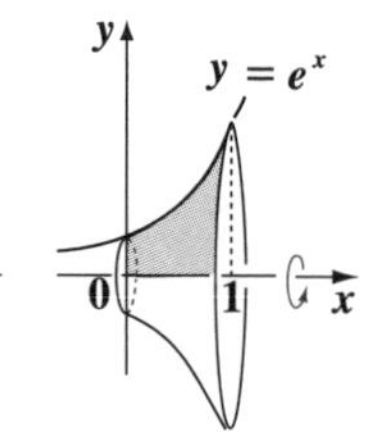

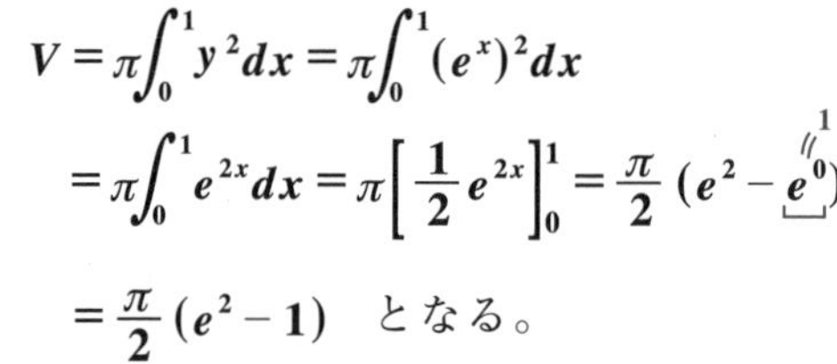

$$V=\pi\int_0^1 y^2dx=\pi\int_0^1(e^x)^2dx$$

$$=\pi\int_0^1 e^{2x}dx=\pi\left[\frac{1}{2}e^{2x}\right]_0^1=\frac{\pi}{2}(e^2-\underbrace{e^0}_{1})$$

$$=\frac{\pi}{2}(e^2-1)$$ となる。

6. 曲線の長さ L の公式も頭に入れよう。

(1) $a \leqq x \leqq b$ の範囲の曲線 $y=f(x)$ の長さ L は，

$$L=\int_a^b\sqrt{1+(y')^2}\,dx=\int_a^b\sqrt{1+\{f'(x)\}^2}\,dx$$ となる。

(2) $\alpha \leqq t \leqq \beta$ の範囲で，媒介変数表示された曲線 $\begin{cases}x=f(t)\\y=g(t)\end{cases}$ の長さ L は，

$$L=\int_\alpha^\beta\sqrt{\left(\frac{dx}{dt}\right)^2+\left(\frac{dy}{dt}\right)^2}\,dt$$ で，計算することができる。

7. x 軸上を動く動点 P について考えよう。

時刻$t=t_1$のとき位置x_1にあった動点Pが，時刻$t=t_2$のとき位置x_2にあるとき（ただし，$t_1 \leqq t_2$），動点 P の位置x_2，この間に動いた道のりLは，次のようになる。

時刻 t_2 における動点 P の位置 x_2 は右図より，

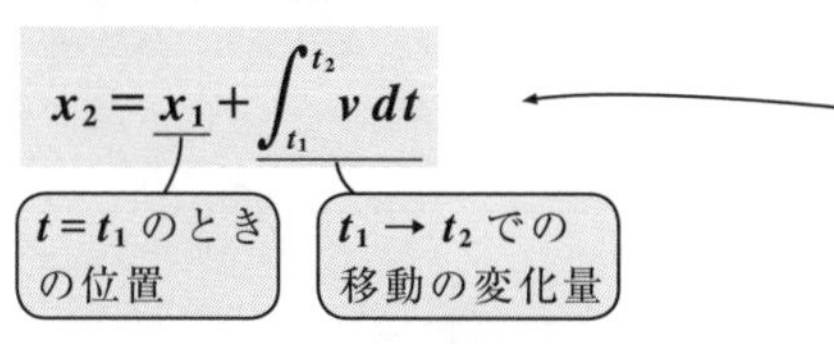

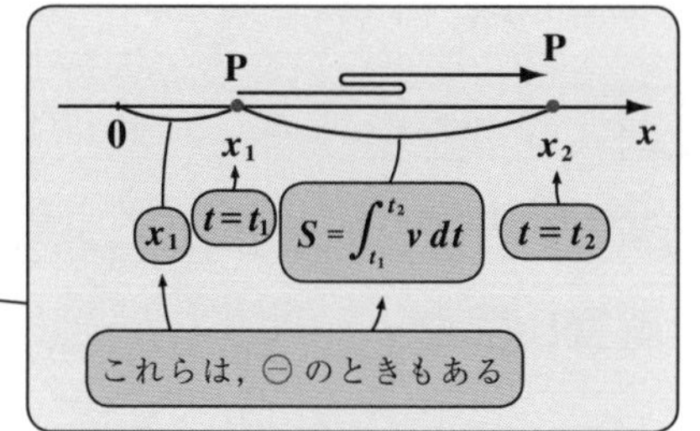

となるんだね。これに対して，

時刻 t_1 から t_2 の間に，動点 P が実際に動いた道のりを L とおくと，

$$L = \int_{t_1}^{t_2} |v|dt$$

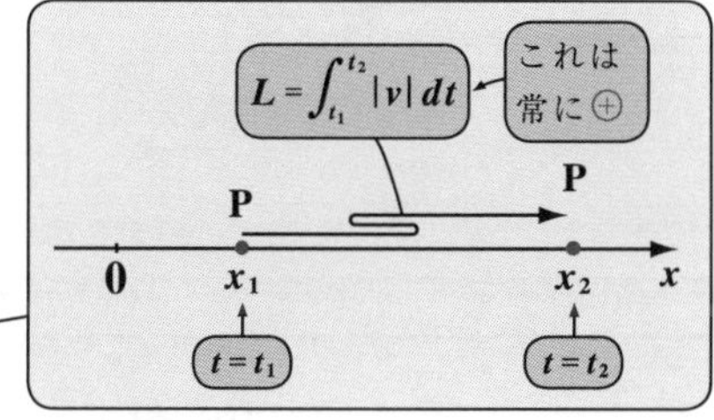

となる。

8. xy 平面上を動く動点 P の道のり L も求めよう。

xy 平面上を動く動点 $P(x, y)$ が，

$$\begin{cases} x = f(t) \\ y = g(t) \end{cases} \quad (t：時刻) で表されるとき，$$

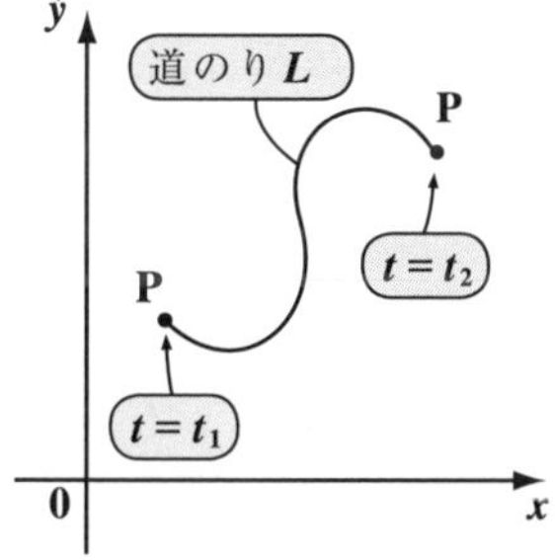

P の**速度** $\vec{v}$ と**速さ** $|\vec{v}|$ は，

$$\begin{cases} 速度 \quad \vec{v} = \left(\dfrac{dx}{dt}, \dfrac{dy}{dt}\right) \\ 速さ \quad |\vec{v}| = \sqrt{\left(\dfrac{dx}{dt}\right)^2 + \left(\dfrac{dy}{dt}\right)^2} \end{cases}$$ となる。

∴動点 P が，時刻 t_1 から t_2 の間に実際に移動する道のりを L とおくと，

$$L = \int_{t_1}^{t_2} |\vec{v}|\,dt = \int_{t_1}^{t_2} \sqrt{\left(\frac{dx}{dt}\right)^2 + \left(\frac{dy}{dt}\right)^2}\,dt$$ となる。

物理的には，t は時刻を表すが，数学的には，媒介変数 t で表された曲線の長さ L の公式とまったく同じなんだね。

初めからトライ！問題 113　面積計算　CHECK 1　CHECK 2　CHECK 3

$0 \leqq x \leqq \frac{3}{4}\pi$ の範囲で，曲線 $y = f(x) = \cos 2x$ と x 軸とで挟まれる図形の面積 S を求めよ。

ヒント！ $0 \leqq x \leqq \frac{\pi}{4}$ のとき，$y = f(x) \geqq 0$ であるけれど，$\frac{\pi}{4} \leqq x \leqq \frac{3}{4}\pi$ のとき，$y = f(x) \leqq 0$ となる。このことに気を付けて，面積 S を求めよう。

解答＆解説

$y = f(x) = \cos 2x \left(0 \leqq x \leqq \frac{3}{4}\pi\right)$

これから，$0 \leqq 2x \leqq \frac{3}{2}\pi$ となる。

のグラフより，

(i) $0 \leqq x \leqq \frac{\pi}{4}$ のとき，$f(x) \geqq 0$

(ii) $\frac{\pi}{4} \leqq x \leqq \frac{3}{4}\pi$ のとき，$f(x) \leqq 0$

上側 $y = f(x) \geqq 0 \left(0 \leqq x \leqq \frac{\pi}{4}\right)$

下側 $y = f(x) \leqq 0 \left(\frac{\pi}{4} \leqq x \leqq \frac{3}{4}\pi\right)$

となるので，$0 \leqq x \leqq \frac{3}{4}\pi$ の範囲で，$y = f(x)$ と x 軸とで挟まれる図形の面積 S は，

$$S = \int_0^{\frac{\pi}{4}} \underbrace{f(x)}_{0\text{以上}} dx - \int_{\frac{\pi}{4}}^{\frac{3}{4}\pi} \underbrace{f(x)}_{0\text{以下}} dx = \int_0^{\frac{\pi}{4}} \cos 2x\, dx - \int_{\frac{\pi}{4}}^{\frac{3}{4}\pi} \cos 2x\, dx$$

$$= \frac{1}{2}\Big[\sin 2x\Big]_0^{\frac{\pi}{4}} - \frac{1}{2}\Big[\sin 2x\Big]_{\frac{\pi}{4}}^{\frac{3}{4}\pi} = \frac{1}{2}\Big(\underbrace{\sin\frac{\pi}{2}}_{1} - \underbrace{\sin 0}_{0}\Big) - \frac{1}{2}\Big(\underbrace{\sin\frac{3}{2}\pi}_{-1} - \underbrace{\sin\frac{\pi}{2}}_{1}\Big)$$

$$= \frac{1}{2} - \frac{1}{2}\cdot(-1-1) = \frac{1}{2} + \frac{1}{2}\times 2 = \frac{1}{2} + 1 = \frac{3}{2}$$ ……(答)

$y = f(x)$ のグラフより，$S = 3\cdot\int_0^{\frac{\pi}{4}} f(x)dx = 3\cdot\int_0^{\frac{\pi}{4}} \cos 2x dx = 3\cdot\frac{1}{2} = \frac{3}{2}$ と求めてもいいね。

初めからトライ！問題 114	面積計算	CHECK 1	CHECK 2	CHECK 3

$0 \leqq x \leqq 2$ の範囲で，曲線 $y = f(x) = \sqrt{x} - 1$ と x 軸とで挟まれる図形の面積 S を求めよ。

ヒント！ $0 \leqq x \leqq 1$ のとき，$y = f(x) \leqq 0$ であり，$1 \leqq x \leqq 2$ のとき，$y = f(x) \geqq 0$ となることに気を付けて，面積 S を計算すればいいんだね。

解答＆解説

曲線 $y = f(x) = \sqrt{x} - 1 \quad (0 \leqq x \leqq 2)$

これは，$y = \sqrt{x} \to y + 1 = \sqrt{x}$ と変換したものだから，曲線 $y = \sqrt{x}$ を y 軸方向に -1 だけ平行移動したものだね。

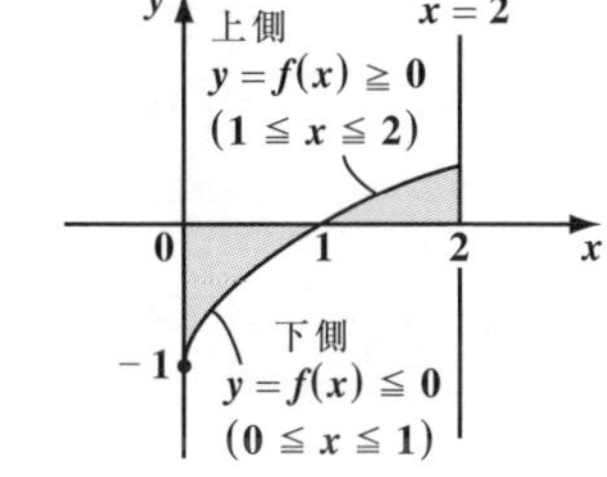

のグラフより，

(i) $0 \leqq x \leqq 1$ のとき，$f(x) \leqq 0$

(ii) $1 \leqq x \leqq 2$ のとき，$f(x) \geqq 0$ となる。

よって，$0 \leqq x \leqq 2$ の範囲で，曲線 $y = f(x) = \sqrt{x} - 1$ と x 軸とで挟まれる図形の面積 S は，

$$S = -\int_0^1 \underbrace{f(x)}_{0\text{ 以下}} dx + \int_1^2 \underbrace{f(x)}_{0\text{ 以上}} dx = -\int_0^1 (\underbrace{\sqrt{x}}_{x^{\frac{1}{2}}} - 1)\,dx + \int_1^2 (\underbrace{\sqrt{x}}_{x^{\frac{1}{2}}} - 1)\,dx$$

[0 1 の図 ＋ 1 2 の図]

$$= -\left[\frac{2}{3}x^{\frac{3}{2}} - x\right]_0^1 + \left[\frac{2}{3}x^{\frac{3}{2}} - x\right]_1^2$$

$$= -\left(\frac{2}{3} - 1\right) + \left(\frac{2}{3}\cdot 2\sqrt{2} - 2\right) - \left(\frac{2}{3} - 1\right)$$

$$= \frac{1}{3} + \frac{4\sqrt{2}}{3} - 2 + \frac{1}{3} = \frac{4\sqrt{2} - 4}{3} = \frac{4}{3}(\sqrt{2} - 1) \quad \cdots\cdots\cdots(\text{答})$$

初めからトライ！問題 115	面積計算	 CHECK 1	CHECK 2	CHECK 3

曲線 $C: y=f(x)=\log x$ と直線 $L: y=g(x)=ax$ (a：定数) が，$x=t$ で接するものとする。このとき，次の問いに答えよ。

(1) a と t の値を求めよ。

(2) $\int \log x dx = x\log x - x + C$ ……(＊) が成り立つことを示せ。

(3) 曲線 C と直線 L と x 軸とで囲まれる図形の面積 S を求めよ。

ヒント！ (1) 曲線 $C: y=f(x)$ と直線 $L: y=g(x)$ が $x=t$ で接するとき，2 曲線の共接条件 (i) $f(t)=g(t)$，かつ (ii) $f'(t)=g'(t)$ が利用できるね。(2) $\int \log x dx$ は，$\int x' \cdot \log x dx$ として，部分積分にもち込めばいいよ。(3) は，実際に図を描いて，作戦を立てるといいんだね。頑張ろう！

解答＆解説

(1) 曲線 $C: y=f(x)=\log x$ ……①，直線 $L: y=g(x)=ax$ ……②

とおいて，$f'(x)$ と $g'(x)$ を求めると

$$f'(x)=(\log x)'=\frac{1}{x} \qquad g'(x)=(ax)'=a$$

ここで，$C: y=f(x)$ と，$L: y=g(x)$ が $x=t$ で接するものとすると，2 曲線の共接条件より，次式が成り立つ。

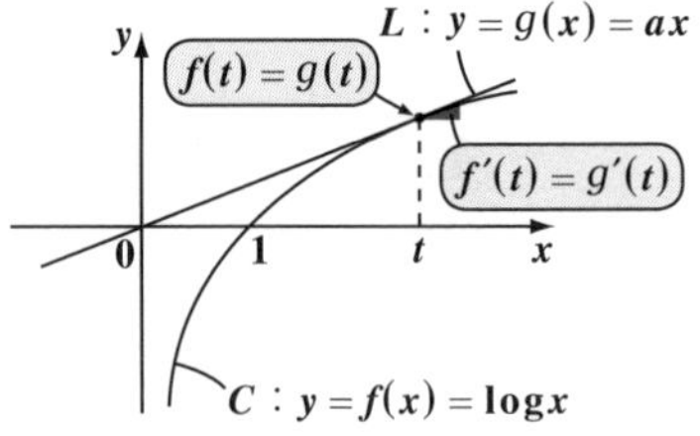

$$\begin{cases} \log t = at \text{ ……③} & [f(t)=g(t)] \\ \dfrac{1}{t} = a \text{ ………④} & [f'(t)=g'(t)] \end{cases}$$

④より，$at=1$ ……④′　④′を③に代入して，

$\log t = 1 \quad \therefore t=e^1=e$ ……⑤　⑤を④に代入して，

$$a=\frac{1}{e}$$

以上より，$a=\dfrac{1}{e}$，$t=e$ である。……………………………………(答)

(2) 不定積分 $\int f(x)dx$ について，$\int 1\cdot f(x)dx = \int x'\cdot f(x)dx$ として部分積分を行うと，

$$\int f(x)dx = \int \log x dx = \int x'\cdot \log x dx$$

部分積分
$\int f'\cdot g\,dx = f\cdot g - \int f\cdot g' dx$

$$= x\log x - \int x\cdot \underbrace{(\log x)'}_{\frac{1}{x}} dx$$

$$= x\log x - \int 1\cdot dx = x\log x - x + C$$

以上より，$\int \log x dx = x\log x - x + C$ ……(＊) は成り立つ。 ………(終)

この結果は，積分公式 $\int \log x dx = x\log x - x + C$ として，頭に入れよう！

(3) 曲線 C と直線 L と x 軸とで囲まれる図形の面積 S は，右図より，

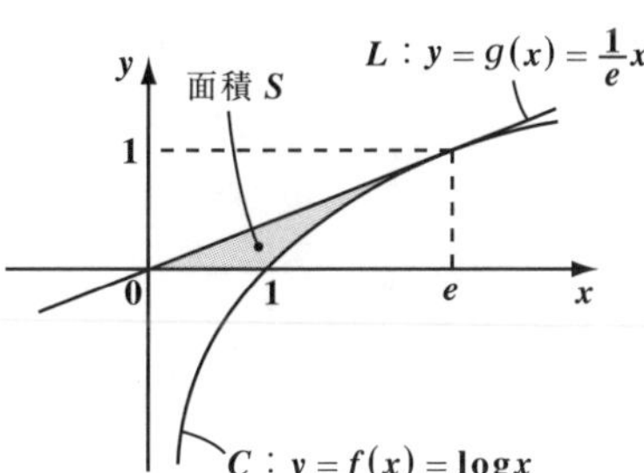

$$S = \frac{1}{2}\cdot e\cdot 1 - \int_1^e \log x dx$$

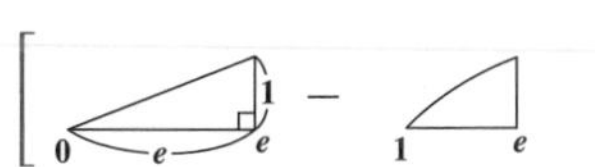

$$= \frac{e}{2} - \left[x\log x - x\right]_1^e$$

公式 $\int \log x dx = x\log x - x + C$ を用いた。

$$= \frac{e}{2} - (e\underbrace{\log e}_{1} - e) + (1\cdot\underbrace{\log 1}_{0} - 1)$$

$$= \frac{e}{2} - (e - e) - 1 = \frac{e}{2} - 1 = \frac{e-2}{2}$$ である。…………………………(答)

初めからトライ！問題 116　面積計算　

曲線C_1：$y=f(x)=a\sqrt{x}$ ……① （a：正の定数）と曲線C_2：$y=g(x)=e^x$ ……②

が，$x=t$ において共通の接線をもつものとする。

(1) a と t の値を求めよ。

(2) 曲線 C_1 と曲線 C_2 と y 軸によって囲まれる図形の面積 S を求めよ。

ヒント！ (1) 問題文ではよく「曲線 $y=f(x)$ と曲線 $y=g(x)$ が，$x=t$ において共通の接線をもつ」という表現が使われるんだけれど，これは「曲線 $y=f(x)$ と曲線 $y=g(x)$ が，$x=t$ で接する」ということと同じなんだね。だから，2 曲線の共接条件 (i) $f(t)=g(t)$，かつ (ii) $f'(t)=g'(t)$ を使って解けばいいんだね。(2) は，実際に図を描いて，作戦を立てるといいね。

解答＆解説

(1) 曲線 C_1：$y=f(x)=a\sqrt{x}$ ……①

（a：正の定数）

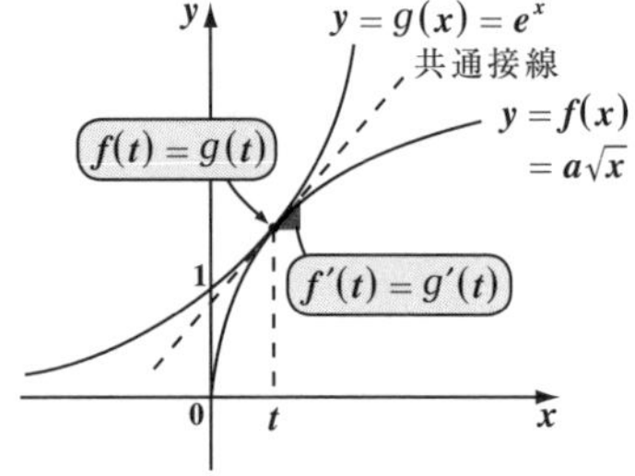

曲線 C_2：$y=g(x)=e^x$ ……②

のそれぞれの導関数$f'(x)$ と

$g'(x)$ を求めると，

$$f'(x)=\left(ax^{\frac{1}{2}}\right)'=a\cdot\frac{1}{2}\cdot x^{-\frac{1}{2}}$$

$$=\frac{a}{2\sqrt{x}}$$

$g'(x)=(e^x)'=e^x$ となる。

ここで，曲線 C_1 と曲線 C_2 が $x=t$ で接するので，2 曲線の共接条件より，次式が成り立つ。

$$\begin{cases} a\sqrt{t}=e^t \quad \cdots\cdots③ & [f(t)=g(t)] \\ \dfrac{a}{2\sqrt{t}}=e^t \quad \cdots\cdots④ & [f'(t)=g'(t)] \end{cases}$$

③，④より e^t を消去して，

$a\sqrt{t}=\dfrac{a}{2\sqrt{t}}$　　この両辺を $a(>0)$ で割って，

$\sqrt{t}=\dfrac{1}{2\sqrt{t}}$　　両辺に $\sqrt{t}$ をかけて，

$t=\dfrac{1}{2}$ ……⑤となる。　⑤を③に代入して，

$a\sqrt{\dfrac{1}{2}}=e^{\frac{1}{2}}$ より，$a\cdot\dfrac{1}{\sqrt{2}}=\sqrt{e}$　　$\therefore\ a=\sqrt{2e}$

以上より，$a=\sqrt{2e}$，$t=\dfrac{1}{2}$ である。……………………………………………(答)

(2) 曲線 C_1 と曲線 C_2 と y 軸とで囲まれる図形の面積 S は，

$$S=\int_0^{\frac{1}{2}}\{\underbrace{g(x)}_{\text{上側}}-\underbrace{f(x)}_{\text{下側}}\}dx$$

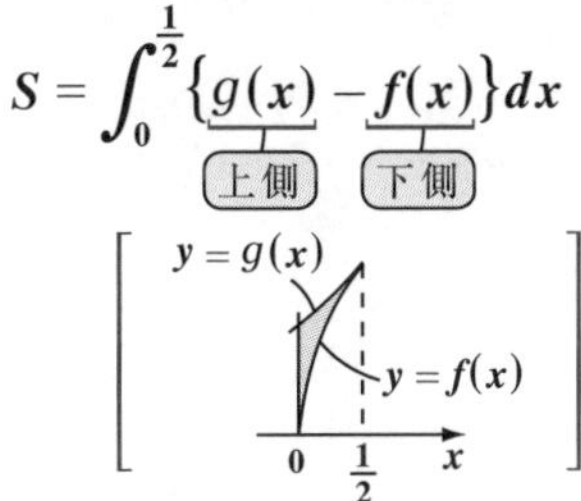

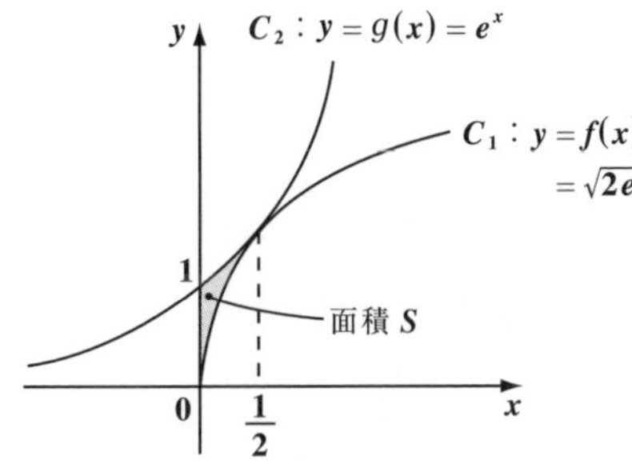

$$=\int_0^{\frac{1}{2}}\left(e^x-\sqrt{2ex}\right)dx=\int_0^{\frac{1}{2}}\left(e^x-\sqrt{2e}\cdot x^{\frac{1}{2}}\right)dx$$

$$=\left[e^x-\sqrt{2e}\cdot\frac{2}{3}x^{\frac{3}{2}}\right]_0^{\frac{1}{2}}$$

$$=\underbrace{e^{\frac{1}{2}}}_{\sqrt{e}}-\frac{2}{3}\sqrt{2e}\cdot\underbrace{\left(\frac{1}{2}\right)^{\frac{3}{2}}}_{\frac{1}{2\sqrt{2}}}-\left(\underbrace{e^0}_{1}-\cancel{\sqrt{2e}\cdot\frac{2}{3}\cdot 0^{\frac{3}{2}}}\right)$$

$$=\sqrt{e}-\frac{\cancel{2}}{3}\cdot\frac{1}{\cancel{2}\cancel{\sqrt{2}}}\cancel{\sqrt{2}}\sqrt{e}-1=\sqrt{e}-\frac{1}{3}\sqrt{e}-1$$

$$=\left(1-\frac{1}{3}\right)\sqrt{e}-1=\frac{2}{3}\sqrt{e}-1=\frac{2\sqrt{e}-3}{3}$$ ……………………………(答)

初めからトライ！問題 117　媒介変数表示の曲線と面積　CHECK 1　CHECK 2　CHECK 3

曲線 $C \begin{cases} x = 3\cos\theta \\ y = 2\sin\theta \end{cases}$ （θ：媒介変数，$0 \leqq \theta \leqq \pi$）と x 軸とで囲まれる図形の面積 S を求めよ。

ヒント！ 媒介変数 θ で表された曲線による面積計算では，まず $y = f(x)$ の形で表されているものとして，面積 $S = \int_a^b y\,dx$ とし，これを θ での積分 $S = \int_\alpha^\beta y \cdot \frac{dx}{d\theta}d\theta$ の形に書き変えて，求めればいいんだね。

解答＆解説

曲線 $C \begin{cases} x = 3\cos\theta \quad \cdots\cdots① \\ y = 2\sin\theta \quad \cdots\cdots② \quad (0 \leqq \theta \leqq \pi) \end{cases}$

と x 軸とで囲まれた図形の面積 S は，

曲線 C が上半だ円

$\frac{x^2}{3^2} + \frac{y^2}{2^2} = 1 \quad (y \geqq 0)$ であることを

考慮して，　θでの積分に置き換える！

$S = \int_{-3}^{3} y\,dx = \int_{\pi}^{0} y \cdot \frac{dx}{d\theta}d\theta$

（y = $2\sin\theta$（②より），$\frac{dx}{d\theta}$ = $(3\cos\theta)' = -3\sin\theta$）

①，②より

$\cos\theta = \frac{x}{3} \cdots ①'$，$\sin\theta = \frac{y}{2} \cdots ②'$

①′，②′ を $\cos^2\theta + \sin^2\theta = 1$ に代入すると，だ円の式

$\frac{x^2}{3^2} + \frac{y^2}{2^2} = 1$ が導ける。

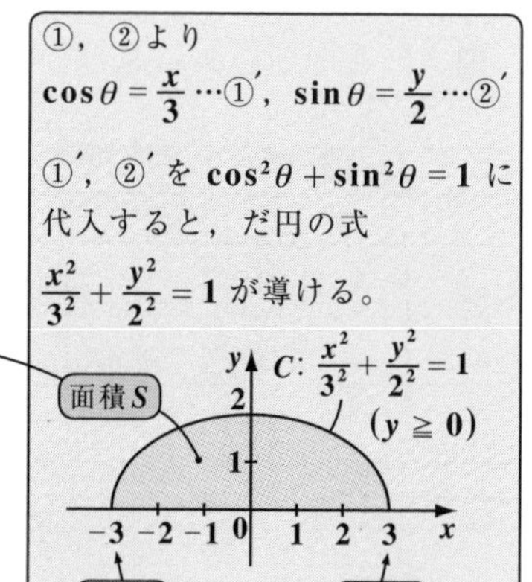

（x：$-3 \to 3$ のとき，θ：$\pi \to 0$ より）

$= \int_{\pi}^{0} 2\sin\theta \cdot (-3\sin\theta)d\theta$

この⊖で積分区間を，$\pi \to 0$ から $0 \to \pi$ に変更できる！

$= 6\int_0^{\pi} \sin^2\theta\,d\theta = 3\int_0^{\pi}(1 - \cos2\theta)d\theta$

（$\sin^2\theta = \frac{1}{2}(1 - \cos2\theta)$ ← 半角の公式）

$= 3\left[\theta - \frac{1}{2}\sin2\theta\right]_0^{\pi} = 3(\pi - 0) = 3\pi$ ……………………………（答）

初めからトライ！問題 118	媒介変数表示の曲線と面積	CHECK 1	CHECK 2	CHECK 3

曲線 C $\begin{cases} x = 2\cos\theta \\ y = \sin 2\theta \end{cases}$ $\left(0 \leqq \theta \leqq \dfrac{\pi}{2}\right)$

と x 軸とで囲まれた図形の面積 S を求めよ。

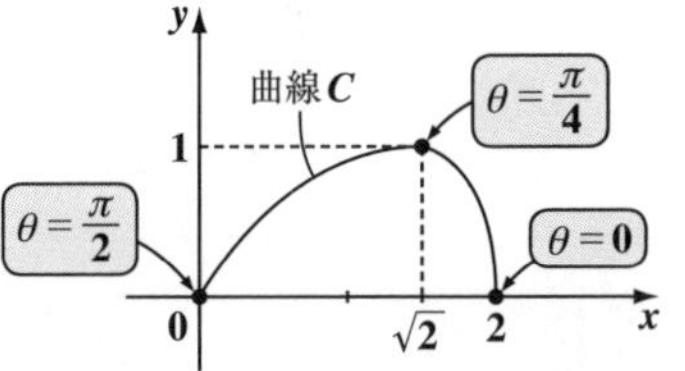

ヒント！ これも媒介変数表示された曲線 C と x 軸とで囲まれた図形の面積 S を求める問題なので，公式：$S = \int_\alpha^\beta y \cdot \dfrac{dx}{d\theta}d\theta$ を使って求めよう！

解答＆解説

曲線 C $\begin{cases} x = 2\cos\theta \cdots\cdots ① \\ y = \sin 2\theta \cdots\cdots ② \end{cases}$ $\left(0 \leqq \theta \leqq \dfrac{\pi}{2}\right)$

と x 軸とで囲まれた図形の面積 S は，曲線 C の y 座標が $y \geqq 0$ であることから，

$$S = \int_0^2 y\,dx = \int_{\frac{\pi}{2}}^0 y \cdot \frac{dx}{d\theta}d\theta$$

［グラフ：C，S，0，2，x］

$x : 0 \to 2$ のとき，$\theta : \dfrac{\pi}{2} \to 0$ より

①，②より，

$\theta : 0 \longrightarrow \dfrac{\pi}{4} \longrightarrow \dfrac{\pi}{2}$

$(x, y) : (2, 0) \to (\sqrt{2}, 1) \to (0, 0)$

$(2\cos 0, \sin 0)$　$\left(2\cos\dfrac{\pi}{4}, \sin\dfrac{\pi}{2}\right)$　$\left(2\cos\dfrac{\pi}{2}, \sin\pi\right)$

これら3点を滑らかに結べば，曲線 C のグラフの概形が上図のようになることが分かるんだね。

ここで，①，②より，

$y = \sin 2\theta = 2\sin\theta\cos\theta$，　$\dfrac{dx}{d\theta} = (2\cos\theta)' = -2\sin\theta$　よって，

（2倍角の公式）

$$-\int_a^b f(\theta)d\theta = \int_b^a f(\theta)d\theta$$

$$S = \int_{\frac{\pi}{2}}^0 2\sin\theta\cos\theta \cdot (-2\sin\theta)\,d\theta = 4\int_0^{\frac{\pi}{2}} \sin^2\theta\cos\theta\,d\theta$$

$$= \frac{4}{3}\left[\sin^3\theta\right]_0^{\frac{\pi}{2}} = \frac{4}{3}\left\{\left(\sin\frac{\pi}{2}\right)^3 - (\sin 0)^3\right\}$$

（$\sin\dfrac{\pi}{2} = 1$，$\sin 0 = 0$）

・$(\sin^3\theta)' = 3\sin^2\theta \cdot \cos\theta$ より，（合成関数の微分）
・$\int \sin^2\theta\cos\theta\,d\theta = \dfrac{1}{3}\sin^3\theta + C$ となる。

$$\therefore S = \frac{4}{3}(1^3 - 0) = \frac{4}{3} \cdots\cdots\cdots(答)$$

初めからトライ！問題 119 区分求積法 CHECK 1 CHECK 2 CHECK 3

次の極限を定積分で表して，その値を求めよ。

$$I=\lim_{n\to\infty}\frac{1}{n^2}\left(\cos\frac{\pi}{n}+2\cos\frac{2\pi}{n}+3\cos\frac{3\pi}{n}+\cdots+n\cdot\cos\frac{n\pi}{n}\right)\ \cdots\cdots①$$

ヒント！ ①を変形して，区分求積法の公式：$\lim_{n\to\infty}\frac{1}{n}\sum_{k=1}^{n}f\left(\frac{k}{n}\right)=\int_0^1 f(x)\,dx$ を使える形にもち込めばいいんだね。頑張ろう！

解答&解説

①を変形して，

$$I=\lim_{n\to\infty}\frac{1}{n}\cdot\frac{1}{n}\left(1\cdot\cos\frac{\pi\cdot1}{n}+2\cdot\cos\frac{\pi\cdot2}{n}+3\cdot\cos\frac{\pi\cdot3}{n}+\cdots+n\cdot\cos\frac{\pi\cdot n}{n}\right)$$

$$=\lim_{n\to\infty}\frac{1}{n}\left\{\frac{1}{n}\cos\left(\pi\cdot\frac{1}{n}\right)+\frac{2}{n}\cdot\cos\left(\pi\cdot\frac{2}{n}\right)+\frac{3}{n}\cdot\cos\left(\pi\cdot\frac{3}{n}\right)+\cdots+\frac{n}{n}\cdot\cos\left(\pi\cdot\frac{n}{n}\right)\right\}$$

$$=\lim_{n\to\infty}\frac{1}{n}\sum_{k=1}^{n}\underbrace{\frac{k}{n}\cos\left(\pi\cdot\frac{k}{n}\right)}_{f\left(\frac{k}{n}\right)}$$

区分求積法の公式
$$\lim_{n\to\infty}\frac{1}{n}\sum_{k=1}^{n}f\left(\frac{k}{n}\right)=\int_0^1 f(x)\,dx$$

$$=\int_0^1\underbrace{x\cdot\cos\pi x}_{f(x)}\,dx$$

よって，この定積分を部分積分法を用いて計算すると，

$$I=\int_0^1 x\left(\frac{1}{\pi}\sin\pi x\right)'dx$$

部分積分法
$$\int_0^1 f\cdot g'\,dx=\left[f\cdot g\right]_0^1-\int_0^1 f'\cdot g\,dx$$

$$=\frac{1}{\pi}\underbrace{\left[x\sin\pi x\right]_0^1}_{1\cdot\sin\pi-0\cdot\sin0=0-0=0}-\frac{1}{\pi}\int_0^1 1\cdot\sin\pi x\,dx$$

$$=\frac{1}{\pi^2}\left[\cos\pi x\right]_0^1=\frac{1}{\pi^2}(\underbrace{\cos\pi}_{-1}-\underbrace{\cos0}_{1})=\frac{1}{\pi^2}(-1-1)=-\frac{2}{\pi^2}\ \cdots\cdots\cdots\cdots(答)$$

初めからトライ！問題 120 区分求積法 CHECK 1 CHECK 2 CHECK 3

次の極限を定積分で表して，その値を求めよ。

(1) $\displaystyle\lim_{n\to\infty}\sum_{k=1}^{n}\frac{\sqrt{k}}{n\sqrt{n}}$ (2) $\displaystyle\lim_{n\to\infty}\frac{1}{n}\sum_{k=1}^{n}\sin\frac{2k}{n}$

ヒント！ いずれも，区分求積法の問題だね。公式：$\displaystyle\lim_{n\to\infty}\frac{1}{n}\sum_{k=1}^{n}f\left(\frac{k}{n}\right)=\int_0^1 f(x)dx$ にもち込んで解けばいいんだね。この要領を覚えたら難しくないはずだ。

解答＆解説

(1) $\displaystyle\lim_{n\to\infty}\sum_{k=1}^{n}\frac{1}{n}\cdot\frac{\sqrt{k}}{\sqrt{n}}=\lim_{n\to\infty}\frac{1}{n}\sum_{k=1}^{n}\underbrace{\sqrt{\frac{k}{n}}}_{f\left(\frac{k}{n}\right)}$

Σ計算では，$k=1, 2, \cdots, n$ と k を変数として動かすが，n は定数扱いなので，Σの外に出しても**OK**だ！

$\displaystyle=\int_0^1 \underbrace{\sqrt{x}}_{f(x)}\,dx$ （区分求積法より）

$\displaystyle=\int_0^1 x^{\frac{1}{2}}dx=\frac{2}{3}\left[x^{\frac{3}{2}}\right]_0^1=\frac{2}{3}\left(\underbrace{1^{\frac{3}{2}}}_{1}-0^{\frac{3}{2}}\right)=\frac{2}{3}$ ……………（答）

(2) $\displaystyle\lim_{n\to\infty}\frac{1}{n}\sum_{k=1}^{n}\underbrace{\sin\left(2\cdot\frac{k}{n}\right)}_{f\left(\frac{k}{n}\right)}=\int_0^1 \underbrace{\sin 2x}_{f(x)}\,dx$ （区分求積法より）

$\displaystyle=-\frac{1}{2}\left[\cos 2x\right]_0^1$

$\displaystyle=-\frac{1}{2}(\cos 2-\underbrace{\cos 0}_{1})$

$\displaystyle=\frac{1}{2}(1-\cos 2)$ ……………………………………（答）

初めからトライ！問題 121　回転体の体積　CHECK 1　CHECK 2　CHECK 3

$0 \leqq x \leqq 2$ の範囲で，曲線 $y = f(x) = \sqrt{x} - 1$ と x 軸とで挟まれる図形を x 軸のまわりに回転してできる回転体の体積 V を求めよ。

ヒント！ 曲線 $y = f(x)$ などの条件はすべて，初めからトライ！問題 **114** (**P191**) と同じだね。ただし，今回は，x 軸のまわりに $y = f(x)$ $(0 \leqq x \leqq 2)$ を回転させてできる回転体の体積の問題なので，$y = f(x)$ の符号 (⊕, ⊖) に気をつかう必要はないんだね。断面積 πy^2 の定積分になるからだ。

解答＆解説

$0 \leqq x \leqq 2$ の範囲で，曲線 $y = f(x) = \sqrt{x} - 1$ と x 軸とで挟まれる図形を x 軸のまわりに回転してできる回転体の体積 V は，右図より，

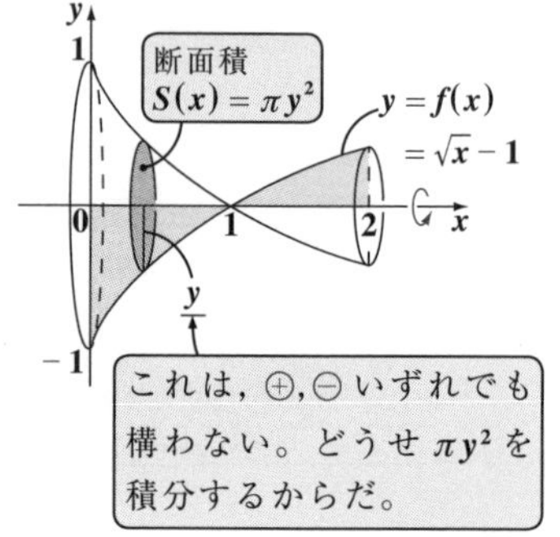

$$V = \pi \int_0^2 \underbrace{y^2}_{(\sqrt{x}-1)^2} dx = \pi \int_0^2 (\sqrt{x} - 1)^2 \, dx$$

2 乗するので，$y = f(x)$ の符号に関係なく，区間 $0 \leqq x \leqq 2$ の範囲で積分できる。

$$= \pi \int_0^2 (x - 2\sqrt{x} + 1) dx = \pi \int_0^2 (x - 2 \cdot x^{\frac{1}{2}} + 1) dx$$

$$= \pi \left[\frac{1}{2}x^2 - \frac{4}{3}x^{\frac{3}{2}} + x \right]_0^2 = \pi \left(\underbrace{\frac{1}{2} \cdot 2^2}_{2} \underbrace{- \frac{4}{3} \cdot 2^{\frac{3}{2}}}_{-\frac{4}{3} \cdot 2\sqrt{2} = -\frac{8\sqrt{2}}{3}} + 2 \right)$$

$$= \pi \left(4 - \frac{8\sqrt{2}}{3} \right) = \frac{4}{3}\pi (3 - 2\sqrt{2})$$ となる。……………………………………(答)

初めからトライ！問題 122 回転体の体積 CHECK 1 CHECK 2 CHECK 3

曲線 $y=\log x$ と y 軸，および 2 直線 $y=1$ と $y=-1$ とで囲まれる図形を y 軸のまわりに回転してできる回転体の体積 V を求めよ。

ヒント！ 今回は，y 軸のまわりの回転体の体積の問題なので，曲線 $y=\log x$ を $x=f(y)$ の形に変形して，πx^2 を，区間 $-1\leqq y\leqq 1$ で，y で積分すればいいんだね。これも，図を描いて考えると，分かりやすいはずだ。

解答＆解説

曲線 $y=\log x$ ……①と，y 軸，および 2 直線 $y=1$ と $y=-1$ とで囲まれる図形を y 軸のまわりに回転してできる回転体の体積 V を求める。

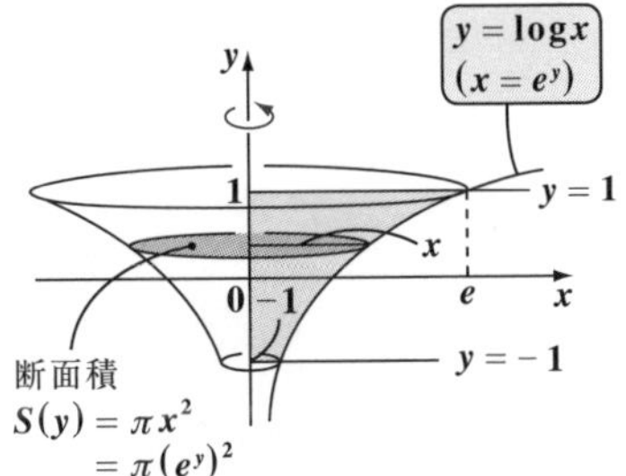

①より，$x=e^y$ ……①′ ← $x=f(y)$ の形にする。

$\log_a b=c \Leftrightarrow b=a^c$ だからね。

よって，求める体積 V は，

$$V=\pi\int_{-1}^{1}x^2dy=\pi\int_{-1}^{1}e^{2y}dy$$

x^2 は $(e^y)^2$ （①′より）

$$=\pi\left[\frac{1}{2}e^{2y}\right]_{-1}^{1}=\frac{\pi}{2}\left[e^{2y}\right]_{-1}^{1}$$

$$=\frac{\pi}{2}\left(e^{2\cdot1}-e^{2\cdot(-1)}\right)=\frac{\pi}{2}\left(e^2-e^{-2}\right)$$

$$=\frac{\pi}{2}\left(e^2-\frac{1}{e^2}\right)=\frac{\pi}{2}\cdot\frac{e^4-1}{e^2}=\frac{\pi\left(e^4-1\right)}{2e^2}$$ となる。 ……………………(答)

初めからトライ！問題 123　回転体の体積　CHECK 1　CHECK 2　CHECK 3

曲線 C_1 : $y=f(x)=\sqrt{2ex}$ と曲線 C_2 : $y=g(x)=e^x$ は, $x=\dfrac{1}{2}$ で接する。
曲線 C_1 と曲線 C_2 と y 軸とで囲まれる図形を $\mathbf{A}$ とおく。
(i) $\mathbf{A}$ を x 軸のまわりに回転してできる回転体の体積 V_1 を求めよ。
(ii) $\mathbf{A}$ を y 軸のまわりに回転してできる回転体の体積 V_2 を求めよ。

ヒント！ 曲線 C_1 : $y=f(x)$ や曲線 C_2 : $y=g(x)$ などの条件はすべて, 初めからトライ！問題 **116(P194)** と同じなんだね。今回は, C_1 と C_2 と y 軸とで囲まれる図形 $\mathbf{A}$ の (i) x 軸のまわりの回転体と, (ii) y 軸のまわりの回転体の体積を求める問題だ。いずれも, 回転体から回転体をくり抜く (差し引く) 形の問題なんだね。

解答＆解説

(i) 曲線 C_1 : $y=f(x)=\sqrt{2ex}$ と曲線 C_2 : $y=g(x)=e^x$ と y 軸とで囲まれる図形 $\mathbf{A}$ を, x 軸のまわりに回転してできる回転体の体積 V_1 は,

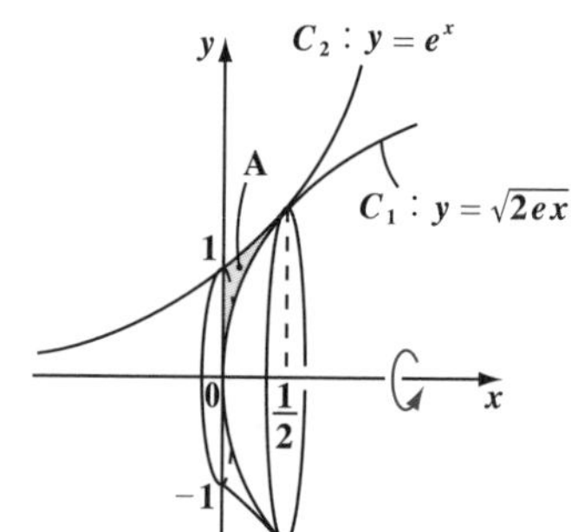

$$V_1=\pi\int_0^{\frac{1}{2}}(e^x)^2dx-\pi\int_0^{\frac{1}{2}}(\sqrt{2ex})^2dx$$

$$=\pi\int_0^{\frac{1}{2}}e^{2x}dx-\pi\int_0^{\frac{1}{2}}2exdx$$

$$=\pi\left[\frac{1}{2}e^{2x}\right]_0^{\frac{1}{2}}-2\pi e\left[\frac{1}{2}x^2\right]_0^{\frac{1}{2}}=\frac{\pi}{2}(e^1-\underbrace{e^0}_{1})-\pi e\left(\frac{1}{4}-0\right)$$

$$=\frac{\pi}{2}(e-1)-\frac{\pi}{4}e=\frac{\pi}{4}(2e-2-e)=\frac{\pi}{4}(e-2)\cdots\cdots(\text{答})$$

(ii) 曲線 C_1：$x = \frac{1}{2e}y^2$ と

$y = \sqrt{2ex}$，$y^2 = 2ex$ $\therefore x = \frac{1}{2e}y^2$

曲線 C_2：$x = \log y$ と y 軸とで

$y = e^x$，$x = \log_e y = \log y$

囲まれる図形 A を，y 軸のまわりに回転してできる回転体の体積 V_2 は，

$C_2 : x = \log y$

$\sqrt{e}$

$C_1 : x = \frac{1}{2e}y^2$

1

A

0

$\frac{1}{2}$

$$V_2 = \pi\int_0^{\sqrt{e}}\left(\frac{1}{2e}y^2\right)^2 dy - \pi\int_1^{\sqrt{e}}(\log y)^2 dy$$

$\sqrt{e}$ 0 － $\sqrt{e}$ 1

$1 = y'$ とおいて，部分積分にもち込む

$$= \frac{\pi}{4e^2}\int_0^{\sqrt{e}} y^4 dy - \pi\int_1^{\sqrt{e}} y' \cdot (\log y)^2 dy$$

$$\left[\frac{1}{5}y^5\right]_0^{\sqrt{e}} = \frac{1}{5}\left[y^5\right]_0^{\sqrt{e}} = \frac{1}{5}\left(e^{\frac{1}{2}}\right)^5 = \frac{1}{5}e^2\sqrt{e}$$

$$\left[y \cdot (\log y)^2\right]_1^{\sqrt{e}} - \int_1^{\sqrt{e}} y \cdot \left\{(\log y)^2\right\}' dy$$

$\left\{(\log y)^2\right\}' = 2 \cdot \log y \cdot \frac{1}{y}$ ← 合成関数の微分

$$= \sqrt{e}(\log\sqrt{e})^2 - 2\int_1^{\sqrt{e}} \log y\, dy$$

$\log\sqrt{e} = \frac{1}{2}$，$\int_1^{\sqrt{e}} \log y\, dy = \left[y \cdot \log y - y\right]_1^{\sqrt{e}}$

公式 $\int \log x\, dx = x\log x - x + C$

$$= \frac{1}{4}\sqrt{e} - 2\left\{(\sqrt{e}\log\sqrt{e} - \sqrt{e}) - (1 \cdot \log 1 - 1)\right\}$$

$\log\sqrt{e} = \frac{1}{2}$，$\log 1 = 0$

$$= \frac{1}{4}\sqrt{e} - 2\left(-\frac{1}{2}\sqrt{e} + 1\right) = \frac{5}{4}\sqrt{e} - 2$$

この積分計算は，結構レベルが高いから，ゆっくりとでいいから，何度も見返しながら，理解していってくれ!!

$$= \frac{\pi}{4e^2} \cdot \frac{1}{5}e^2\sqrt{e} - \pi\left(\frac{5}{4}\sqrt{e} - 2\right) = \pi\left(\frac{1}{20}\sqrt{e} - \frac{5}{4}\sqrt{e} + 2\right)$$

$$= \pi\left(2 - \frac{6}{5}\sqrt{e}\right) = \frac{2}{5}\pi\left(5 - 3\sqrt{e}\right) \text{ ……………………(答)}$$

初めからトライ！問題 124 媒介変数表示の曲線と体積 CHECK 1 CHECK 2 CHECK 3

曲線 C $\begin{cases} x = 3\cos\theta \\ y = 2\sin\theta \end{cases}$ (θ：媒介変数，$0 \leqq \theta \leqq \pi$) と x 軸とで囲まれる図形 $\mathbf{A}$ を x 軸のまわりに回転してできる回転体の体積 V を求めよ。

ヒント！ この曲線 C は，初めからトライ！問題 117(P196) とまったく同じものだ。今回は，x 軸のまわりの回転体の体積の計算なので，まず C が $y = f(x)$ と表されているものとして，$V = \pi\int_{-3}^{3} y^2 dx$ とし，これを θ での積分に置き換えればいいんだね。頑張ろう！

解答&解説

曲線 C $\begin{cases} x = 3\cos\theta & \cdots\cdots① \\ y = 2\sin\theta & \cdots\cdots② \end{cases}$ $(0 \leqq \theta \leqq \pi)$

と x 軸とで囲まれた図形 $\mathbf{A}$ を x 軸のまわりに回転した回転体の体積 V は，

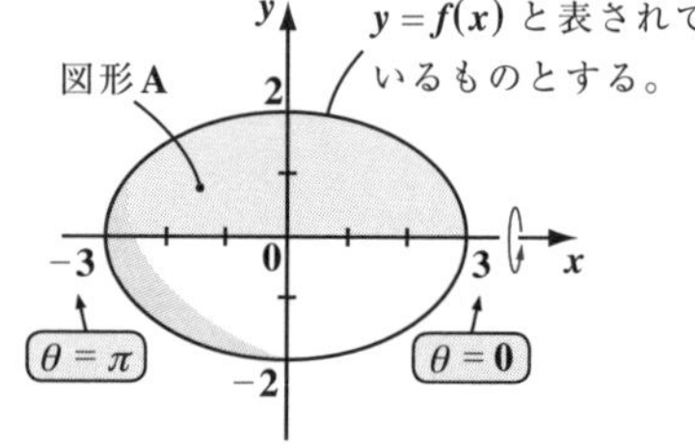

$$V = \pi\int_{-3}^{3} y^2 dx = \pi\int_{\pi}^{0} y^2 \cdot \frac{dx}{d\theta} d\theta$$

まず，$y = f(x)$ と表されているものとして式を立てる。

$y^2 = (2\sin\theta)^2$，$\frac{dx}{d\theta} = (3\cos\theta)' = -3\sin\theta$

次に，θ での積分に置き換える。x：$-3 \to 3$ のとき，θ：$\pi \to 0$

$$= \pi\int_{\pi}^{0} 4\sin^2\theta \cdot (-3\sin\theta) d\theta$$

$\sin^2\theta = (1 - \cos^2\theta)$　この⊖で，積分区間を $0 \to \pi$ に変更できる。

$$= 12\pi\int_{0}^{\pi} (1 - \cos^2\theta)\sin\theta d\theta$$

$\int_0^{\pi} f(\cos\theta)\cdot\sin\theta d\theta$ の形なので，$\cos\theta = t$ と置換しよう。

ここで，$\cos\theta = t$ とおくと，θ：$0 \to \pi$ のとき，t：$1 \to -1$

また，$(\cos\theta)' d\theta = t' \cdot dt$ より $-\sin\theta d\theta = dt$　　$\therefore \sin\theta d\theta = (-1)dt$

$$\therefore V = 12\pi\int_{1}^{-1} (1 - t^2) \cdot (-1)dt = 12\pi\int_{-1}^{1} (1 - t^2)dt$$

偶関数 (y 軸対称)

$$= 2 \times 12\pi\int_0^1 (1 - t^2)dt = 24\pi\left[t - \frac{1}{3}t^3\right]_0^1 = 24\pi\left(1 - \frac{1}{3}\right)$$

$= 16\pi$ ……………………………………(答)

初めからトライ！問題 125	曲線の長さ	CHECK 1	CHECK 2	CHECK 3

曲線 $y=f(x)=\frac{2}{3}x^{\frac{3}{2}}$　$(0 \leqq x \leqq 3)$ の長さ L を求めよ。

ヒント！ 曲線 $y=f(x)$ $(0 \leqq x \leqq 3)$ の長さ L は，公式 $L=\int_0^3\sqrt{1+\{f'(x)\}^2}\,dx$ を用いて計算すればいいんだね。

解答＆解説

曲線 $y=f(x)=\frac{2}{3}x^{\frac{3}{2}}$　$(0 \leqq x \leqq 3)$

の長さ L を求める。

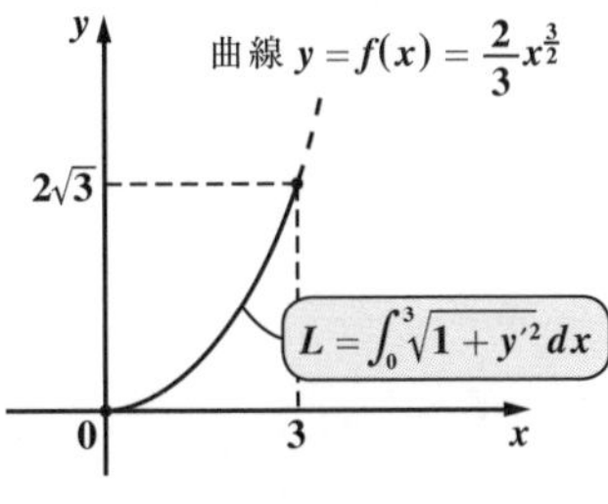

$f'(x)=\left(\frac{2}{3}x^{\frac{3}{2}}\right)'=\frac{2}{3}\cdot\frac{3}{2}x^{\frac{1}{2}}=\sqrt{x}$ より，

$1+\{f'(x)\}^2=1+(\sqrt{x})^2=1+x$ ……①

となる。

よって，求める曲線の長さ L は，

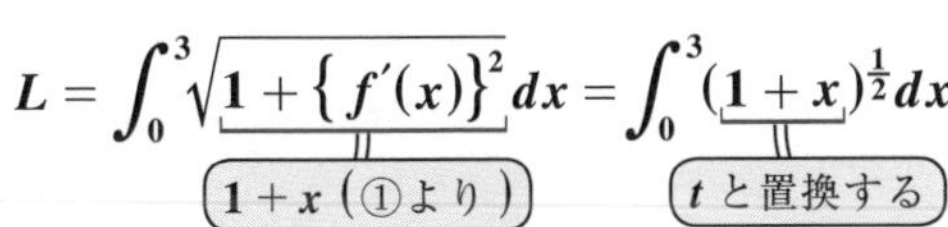

$$L=\int_0^3\sqrt{\underbrace{1+\{f'(x)\}^2}_{1+x\ (①より)}}\,dx=\int_0^3(\underbrace{1+x}_{t\text{と置換する}})^{\frac{1}{2}}dx$$

ここで，$1+x=t$ とおくと，$x:0 \to 3$ のとき，$t:1 \to 4$

また，$(1+x)'dx=t'\cdot dt$ より $1\cdot dx=1\cdot dt$　　$\therefore dx=dt$

以上より，

$$L=\int_1^4 t^{\frac{1}{2}}dt=\frac{2}{3}\left[\ t^{\frac{3}{2}}\ \right]_1^4=\frac{2}{3}(\underbrace{4^{\frac{3}{2}}}_{(\sqrt{4})^3=2^3=8}-\underbrace{1^{\frac{3}{2}}}_{1})=\frac{2}{3}\times(8-1)$$

$$=\frac{2}{3}\times 7=\frac{14}{3}$$ ……………………………………(答)

初めからトライ！問題 126　媒介変数表示の曲線の長さ　CHECK 1　CHECK 2　CHECK 3

曲線 C $\begin{cases} x = e^{\theta}\cos\theta \\ y = e^{\theta}\sin\theta \end{cases}$ （θ：媒介変数，$0 \leqq \theta \leqq 1$）の長さ L を求めよ。

ヒント！ 媒介変数表示された曲線の長さ L は，公式 $L = \int_0^1 \sqrt{\left(\frac{dx}{d\theta}\right)^2 + \left(\frac{dy}{d\theta}\right)^2}\,d\theta$ を使って求めればいいんだね。

解答＆解説

曲線 C $\begin{cases} x = e^{\theta}\cos\theta & \cdots\cdots① \\ y = e^{\theta}\sin\theta & \cdots\cdots② \quad (0 \leqq \theta \leqq 1) \end{cases}$

の長さ L を求める。

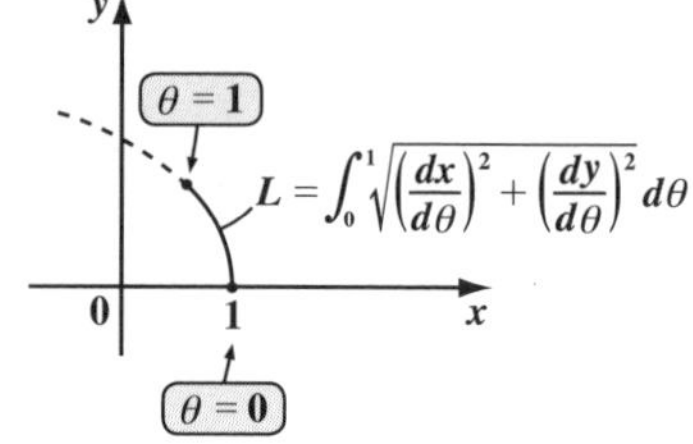

・$\dfrac{dx}{d\theta} = (e^{\theta}\cdot\cos\theta)' = \underbrace{(e^{\theta})'}_{e^{\theta}}\cos\theta + e^{\theta}\underbrace{(\cos\theta)'}_{(-\sin\theta)}$

$= e^{\theta}(\cos\theta - \sin\theta) \cdots\cdots①'$

・$\dfrac{dy}{d\theta} = (e^{\theta}\cdot\sin\theta)' = \underbrace{(e^{\theta})'}_{e^{\theta}}\sin\theta + e^{\theta}\underbrace{(\sin\theta)'}_{\cos\theta}$

$= e^{\theta}(\cos\theta + \sin\theta) \cdots\cdots②'$

$\therefore\ \left(\dfrac{dx}{d\theta}\right)^2 + \left(\dfrac{dy}{d\theta}\right)^2 = e^{2\theta}\underbrace{(\cos\theta - \sin\theta)^2}_{(\underbrace{\cos^2\theta + \sin^2\theta}_{1} - 2\sin\theta\cos\theta)} + e^{2\theta}\underbrace{(\cos\theta + \sin\theta)^2}_{(\underbrace{\cos^2\theta + \sin^2\theta}_{1} + 2\sin\theta\cos\theta)}$ （①′，②′より）

$= e^{2\theta} + e^{2\theta} = 2e^{2\theta} \cdots\cdots③$

以上より，求める曲線の長さ L は，

$L = \int_0^1 \underbrace{\sqrt{\left(\dfrac{dx}{d\theta}\right)^2 + \left(\dfrac{dy}{d\theta}\right)^2}}_{2e^{2\theta}\ (③より)}\,d\theta = \int_0^1 \sqrt{2e^{2\theta}}\,d\theta = \sqrt{2}\int_0^1 e^{\theta}\,d\theta$

$= \sqrt{2}\left[e^{\theta}\right]_0^1 = \sqrt{2}(e^1 - \underbrace{e^0}_{1}) = \sqrt{2}(e - 1)$ である。 ……………………………(答)

初めからトライ！問題 127	位置と道のり	CHECK 1	CHECK 2	CHECK 3

x 軸上を動く動点 $\mathrm{P}(x)$ があり，時刻 $t=0$ のとき，位置 $x=2$ である。
P の速度は $v=\cos\frac{\pi}{2}t\ \ (t\geqq 0)$ である。(i) $t=3$ のときの位置 x と，
(ii) $0\leqq t\leqq 3$ の範囲で，P が動いた道のり L を求めよ。

ヒント！ (i) $t=3$ のときの位置 x は，$x=2+\int_0^3 v\,dt$ で求め，(ii) $0\leqq t\leqq 3$ の範囲で動点 P が動いた道のり L は，$L=\int_0^3|v|dt$ で求めればいいんだね。

解答＆解説

(i) $t=0$ のとき $x=2$ であり，かつ速度 $v=\cos\frac{\pi}{2}t$ より，時刻 $t=3$ における動点 P の位置 x は，

$$x=\underset{t=0\text{ のときの位置}}{\underline{2}}+\int_0^3 v\,dt=2+\int_0^3\cos\frac{\pi}{2}t\,dt=2+\frac{2}{\pi}\left[\sin\frac{\pi}{2}t\right]_0^3$$

$$=2+\frac{2}{\pi}\Big(\underbrace{\sin\frac{3}{2}\pi}_{-1}-\underbrace{\sin 0}_{0}\Big)=2-\frac{2}{\pi}\ \text{である。}$$ ……………………………(答)

(ii) $0\leqq t\leqq 3$ の範囲で，動点 P が動いた道のり L は，

$$L=\int_0^3|v|\,dt=\int_0^3\left|\cos\frac{\pi}{2}t\right|dt$$

$0\leqq t\leqq 1$ のとき $\cos\frac{\pi}{2}t\geqq 0$
$1\leqq t\leqq 3$ のとき $\cos\frac{\pi}{2}t\leqq 0$

$$=\int_0^1\cos\frac{\pi}{2}t\,dt-\int_1^3\cos\frac{\pi}{2}t\,dt$$

$$=3\times\int_0^1\cos\frac{\pi}{2}t\,dt=3\times\frac{2}{\pi}\left[\sin\frac{\pi}{2}t\right]_0^1$$

$$=\frac{6}{\pi}\Big(\underbrace{\sin\frac{\pi}{2}}_{1}-\sin 0\Big)=\frac{6}{\pi}$$ ……………………………(答)

初めからトライ！問題 128　動点Pの道のり　CHECK 1　CHECK 2　CHECK 3

xy 平面上を動く動点 $\mathrm{P}(x,\ y)$ の x, y 座標が,

$$\begin{cases} x = \dfrac{2}{3}t^{\frac{3}{2}} - 2t^{\frac{1}{2}} \cdots\cdots ① \\ y = 2t \cdots\cdots\cdots\cdots\cdots\cdots ② \end{cases}$$

$(t：時刻,\ t > 0)$ で与えられている。

$1 \leqq t \leqq 3$ の範囲で，動点Pが動いた道のり L を求めよ。

ヒント！ xy 平面上の動点Pの道のり L は，公式 $L = \int_1^3 \sqrt{\left(\dfrac{dx}{dt}\right)^2 + \left(\dfrac{dy}{dt}\right)^2}\,dt$ を用いて求めればいい。曲線の長さの公式と本質的に同じものなんだね。

解答＆解説

・①を t で微分すると,

$$\frac{dx}{dt} = \left(\frac{2}{3}t^{\frac{3}{2}} - 2t^{\frac{1}{2}}\right)' = \frac{2}{3}\cdot\frac{3}{2}t^{\frac{1}{2}} - 2\cdot\frac{1}{2}t^{-\frac{1}{2}} = \sqrt{t} - \frac{1}{\sqrt{t}} \cdots\cdots ③$$

・②を t で微分すると,

$$\frac{dy}{dt} = (2t)' = 2 \cdots\cdots ④$$

よって，③，④より $\left(\dfrac{dx}{dt}\right)^2 + \left(\dfrac{dy}{dt}\right)^2$ を求めると,

$$\left(\frac{dx}{dt}\right)^2 + \left(\frac{dy}{dt}\right)^2 = \left(\sqrt{t} - \frac{1}{\sqrt{t}}\right)^2 + 2^2 = t - 2\sqrt{t}\cdot\frac{1}{\sqrt{t}} + \frac{1}{t} + 4$$

$$= t + 2 + \frac{1}{t} = \left(\sqrt{t}\right)^2 + 2\sqrt{t}\cdot\frac{1}{\sqrt{t}} + \left(\frac{1}{\sqrt{t}}\right)^2 = \left(\sqrt{t} + \frac{1}{\sqrt{t}}\right)^2 \cdots\cdots ④ \text{となる。}$$

よって，④を用いると，$1 \leqq t \leqq 3$ の範囲でPが動いた道のり L は,

$$L = \int_1^3 \sqrt{\left(\frac{dx}{dt}\right)^2 + \left(\frac{dy}{dt}\right)^2}\,dt = \int_1^3 \sqrt{\left(\sqrt{t} + \frac{1}{\sqrt{t}}\right)^2}\,dt = \int_1^3 \left(\underbrace{t^{\frac{1}{2}} + t^{-\frac{1}{2}}}_{\oplus}\right)dt$$

$$= \left[\frac{2}{3}t^{\frac{3}{2}} + 2t^{\frac{1}{2}}\right]_1^3 = \frac{2}{3}\cdot 3^{\frac{3}{2}} + 2\cdot 3^{\frac{1}{2}} - \left(\frac{2}{3}\cdot 1^{\frac{3}{2}} + 2\cdot 1^{\frac{1}{2}}\right)$$

$$= \underbrace{\frac{2}{3}\cdot 3\sqrt{3} + 2\sqrt{3}}_{4\sqrt{3}} - \left(\underbrace{\frac{2}{3} + 2}_{\frac{2+6}{3} = \frac{8}{3}}\right) = 4\sqrt{3} - \frac{8}{3} \cdots\cdots(答)$$

第 9 章● 積分法の応用の公式を復習しよう！

1. 面積の積分公式

$a \leqq x \leqq b$ の範囲で，2 曲線 $y = f(x)$ と $y = g(x)$ $[f(x) \geqq g(x)]$ とで挟まれる図形の面積 S は，

$$S = \int_a^b \{\underbrace{f(x)}_{\text{上側}} - \underbrace{g(x)}_{\text{下側}}\}dx$$

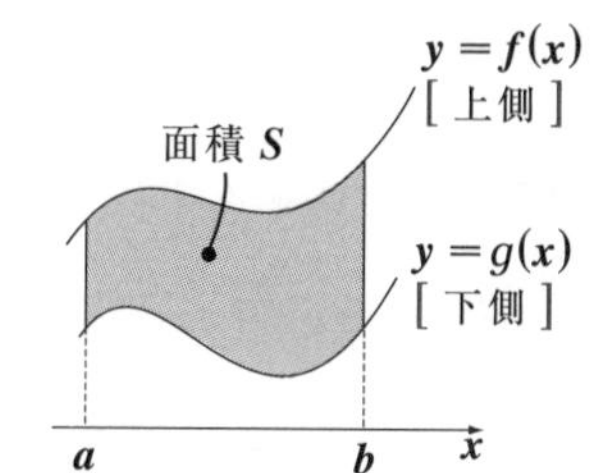

2. 区分求積法

$$\lim_{n \to \infty} \frac{1}{n} \sum_{k=1}^{n} f\left(\frac{k}{n}\right) = \int_0^1 f(x)\,dx$$

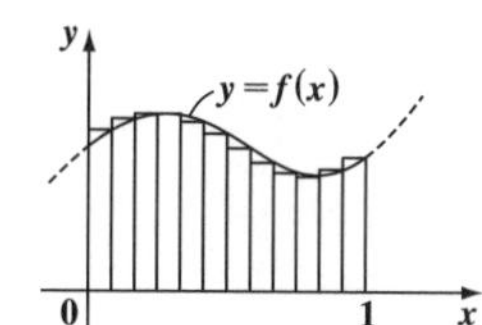

3. 体積の積分公式

$a \leqq x \leqq b$ の範囲にある立体の体積 V は，

$$V = \int_a^b S(x)\,dx$$

($S(x)$: 断面積)

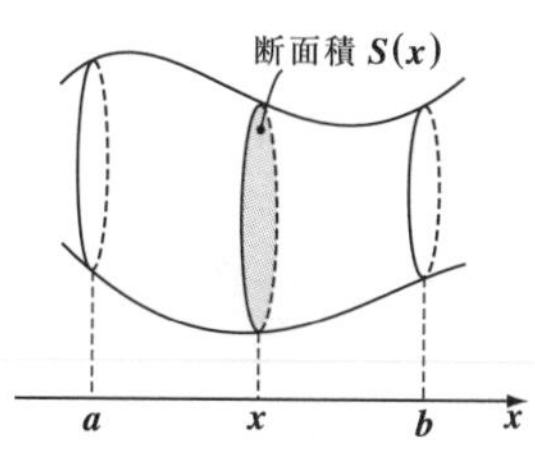

4. 回転体の体積の積分公式

$y = f(x)$ $(a \leqq x \leqq b)$ を x 軸のまわりに回転してできる回転体の体積 V_x は，

$$V_x = \underbrace{\pi \int_a^b y^2}_{S(x)} dx = \underbrace{\pi \int_a^b \{f(x)\}^2}_{S(x)} dx$$

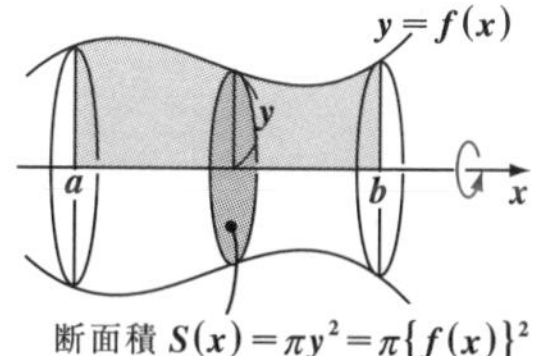

5. 曲線の長さ L

(ｉ) $y = f(x)$ の場合，$L = \int_a^b \sqrt{1 + \{f'(x)\}^2}\,dx$

(ⅱ) $x = f(t)$，$y = g(t)$ の場合，

$$L = \int_\alpha^\beta \sqrt{\left(\frac{dx}{dt}\right)^2 + \left(\frac{dy}{dt}\right)^2}\,dt$$

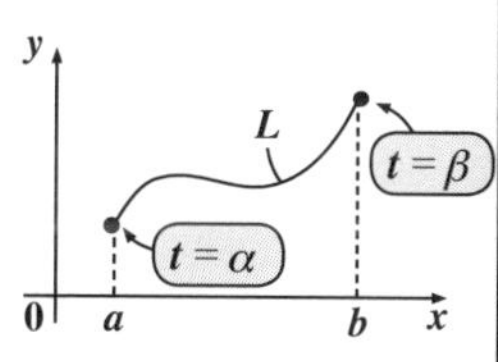

★★★初めから解ける数学Ⅲ問題集★★★ 補充問題（additional questions）

補充問題 1	部分積分の応用	CHECK 1	CHECK 2	CHECK 3

次の定積分の値を求めよ。

(1) $\int_1^e (\log x)^2 dx$　　(2) $\int_0^{\frac{\pi}{2}} x^2 \cdot \cos x\, dx$

(3) $\int_0^1 x^2 \cdot e^{-x} dx$

ヒント！ いずれも部分積分の問題だね。(1) は $\int_0^e x' \cdot (\log x)^2 dx$ として計算しよう。(2)(3) は，部分積分を 2 回行って解く問題だ。計算が結構大変だけれど，頑張ろう！

解答＆解説

(1) $\int_1^e 1 \cdot (\log x)^2 dx = \int_1^e x'(\log x)^2 dx$

$= \left[x \cdot (\log x)^2\right]_1^e - \int_1^e x \cdot 2 \cdot \log x \cdot \frac{1}{x}\, dx$

$= e \cdot (\underbrace{\log e}_{1})^2 - 1 \cdot (\underbrace{\log 1}_{0})^2 - 2\int_1^e \log x\, dx$

$= e \cdot 1^2 - 2\left[x \cdot \log x - x\right]_1^e$

$= e - 2\{e \cdot \underbrace{\log e}_{1} - e - (1 \cdot \underbrace{\log 1}_{0} - 1)\}$

$= e - 2(e - e + 1) = e - 2$ ……………………(答)

部分積分
$\int_1^e f' \cdot g\, dx = \left[f \cdot g\right]_1^e - \int_1^e f \cdot g'\, dx$

$\{(\log x)^2\}' = \frac{d(\log x)^2}{dx} = \frac{dt^2}{dt} \cdot \frac{dt}{dx}$（$\log x$ を t とおく）$= 2t \cdot t' = 2 \cdot \log x \cdot \frac{1}{x}$

$\int \log x\, dx = \int x' \cdot \log x\, dx$
$= x \cdot \log x - \int x \cdot \frac{1}{x}\, dx$
$= x \cdot \log x - x + C$
(これは公式として覚えよう。)

(2) $\int_0^{\frac{\pi}{2}} x^2 \cdot \cos x\, dx = \int_0^{\frac{\pi}{2}} x^2 \cdot (\sin x)' dx$

$= \left[x^2 \cdot \sin x\right]_0^{\frac{\pi}{2}} - \int_0^{\frac{\pi}{2}} 2x \cdot \sin x\, dx$

部分積分
$\int_0^{\frac{\pi}{2}} f \cdot g' dx = \left[f \cdot g\right]_0^{\frac{\pi}{2}} - \int_0^{\frac{\pi}{2}} f' \cdot g\, dx$

$$\int_0^{\frac{\pi}{2}} x^2 \cdot \cos x\,dx = \frac{\pi^2}{4} \cdot \underbrace{\sin\frac{\pi}{2}}_{1} - \cancel{0^2 \cdot \sin 0} - 2\int_0^{\frac{\pi}{2}} x \cdot (-\cos x)'\,dx$$

部分積分をもう 1 回行う。

$$= \frac{\pi^2}{4} - 2\left\{-\left[x \cdot \cos x\right]_0^{\frac{\pi}{2}} + \int_0^{\frac{\pi}{2}} 1 \cdot \cos x\,dx\right\}$$

$$= \frac{\pi^2}{4} - 2 \cdot \left\{\cancel{-\frac{\pi}{2} \cdot \underbrace{\cos\frac{\pi}{2}}_{0}} + \cancel{0 \cdot \cos 0} + \left[\sin x\right]_0^{\frac{\pi}{2}}\right\}$$

$$= \frac{\pi^2}{4} - 2\left(\underbrace{\sin\frac{\pi}{2}}_{1} - \underbrace{\cancel{\sin 0}}_{0}\right) = \frac{\pi^2}{4} - 2 \quad \cdots\cdots\cdots\cdots\text{(答)}$$

(3) $\int_0^1 x^2 \cdot e^{-x}dx = \int_0^1 x^2 \cdot (-e^{-x})'\,dx$

部分積分
$\int_0^1 f \cdot g'dx = \left[f \cdot g\right]_0^1 - \int_0^1 f' \cdot g\,dx$

$$= -\left[x^2 \cdot e^{-x}\right]_0^1 + \int_0^1 2x \cdot e^{-x}\,dx$$

$$= -(1^2 \cdot e^{-1} - \cancel{0^2 \cdot e^0}) + 2\int_0^1 x \cdot (-e^{-x})'\,dx$$

部分積分をもう 1 回行う！

$$= -e^{-1} + 2 \cdot \left\{-\left[x \cdot e^{-x}\right]_0^1 + \int_0^1 1 \cdot e^{-x}\,dx\right\}$$

$$= -\frac{1}{e} + 2\left\{-1 \cdot e^{-1} + \cancel{0 \cdot e^0} - \left[e^{-x}\right]_0^1\right\}$$

$$= -\frac{1}{e} + 2\{-e^{-1} - (e^{-1} - \underbrace{e^0}_{1})\}$$

$$= -\frac{1}{e} + 2\left(-\frac{1}{e} - \frac{1}{e} + 1\right)$$

$$= -\frac{1}{e} - \frac{4}{e} + 2$$

$$= 2 - \frac{5}{e} \quad \cdots\cdots\cdots\cdots\text{(答)}$$

補充問題 2 　回転体の体積 　CHECK 1 　CHECK 2 　CHECK 3

曲線 $C: y=f(x)=\log x$ と直線 $L: y=g(x)=\frac{1}{e}x$ は，$x=e$ で接する。
曲線 C と直線 L と x 軸とで囲まれる図形を $\mathbf{A}$ とおく。
(i) $\mathbf{A}$ を x 軸のまわりに回転してできる回転体の体積 V_1 を求めよ。
(ii) $\mathbf{A}$ を y 軸のまわりに回転してできる回転体の体積 V_2 を求めよ。

ヒント！ 曲線 $C: y=f(x)$ と直線 $L: y=g(x)$ などの条件は，初めからトライ問題 **115**(**P192**) と同じなんだね。今回は C と L と x 軸とで囲まれる図形 $\mathbf{A}$ の (i) x 軸のまわりの回転体と，(ii) y 軸のまわりの回転体の体積を求める問題になっている。いずれも，回転体から回転体をくり抜く (差し引く) 形の問題なんだね。

解答＆解説

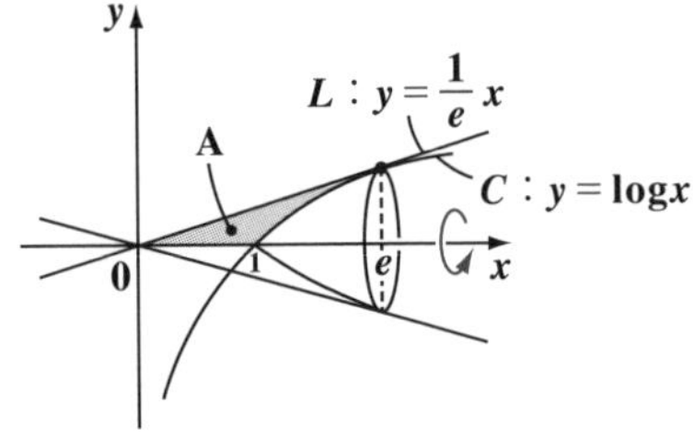

(i) 曲線 $C: y=f(x)=\log x$ と直線 $L: y=g(x)=\frac{1}{e}x$ と x 軸とで囲まれる図形 $\mathbf{A}$ を x 軸のまわりに回転してできる回転体の体積 V_1 は，

$$V_1=\pi\int_0^e\left(\frac{1}{e}x\right)^2dx-\pi\int_1^e(\log x)^2dx$$

[(0 から e の円錐) − (1 から e の回転体)]

$$=\frac{\pi}{e^2}\int_0^e x^2dx-\pi\int_1^e x'\cdot(\log x)^2dx$$

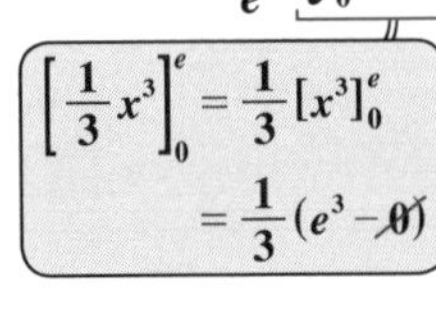

$$\left[\frac{1}{3}x^3\right]_0^e=\frac{1}{3}[x^3]_0^e=\frac{1}{3}(e^3-0)$$

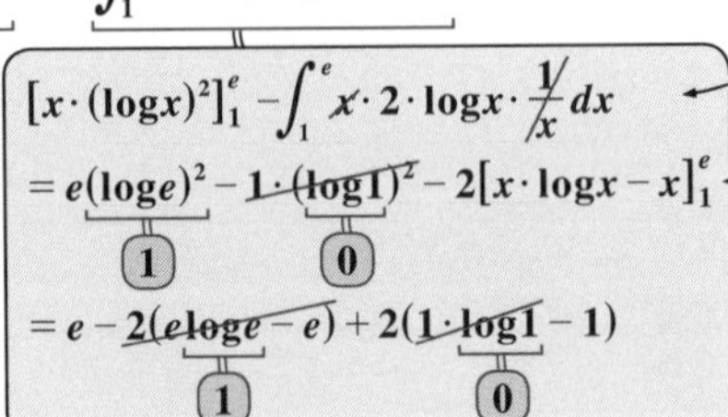

$$[x\cdot(\log x)^2]_1^e-\int_1^e x\cdot 2\cdot\log x\cdot\frac{1}{x}dx$$
$$=e(\log e)^2-1\cdot(\log 1)^2-2[x\cdot\log x-x]_1^e$$
（$\log e=1$，$\log 1=0$）
$$=e-2(e\log e-e)+2(1\cdot\log 1-1)$$
（$\log e=1$，$\log 1=0$）

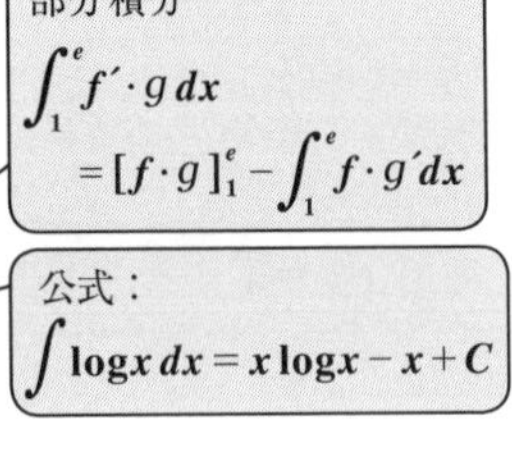

部分積分
$$\int_1^e f'\cdot g\,dx=[f\cdot g]_1^e-\int_1^e f\cdot g'dx$$

公式：
$$\int\log x\,dx=x\log x-x+C$$

よって，

$$V_1=\frac{\pi}{e^2}\times\frac{e^3}{3}-\pi(e-2)=\frac{\pi}{3}(e-3e+6)$$

$$=\frac{\pi}{3}(6-2e)=\frac{2\pi}{3}(3-e)$$ である。……………………………………(答)

(ii) 曲線 C：$x=e^y$ と
($y=\log x$ より)

直線 L：$x=e\cdot y$ と x 軸とで囲ま
($y=\frac{1}{e}x$ より)

れる図形 A を y 軸のまわりに回転してできる回転体の体積 V_2 は，

$$V_2=\pi\int_0^1(e^y)^2dy-\pi\int_0^1(e\cdot y)^2dy$$

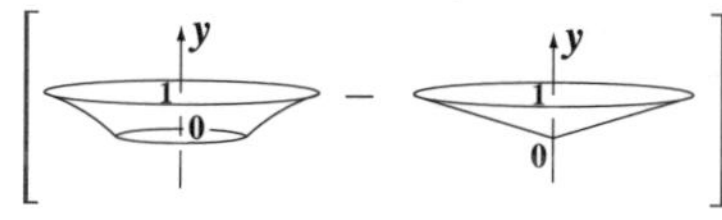

$$=\pi\int_0^1 e^{2y}dy-\pi e^2\int_0^1 y^2dy$$

$\left[\frac{1}{2}e^{2y}\right]_0^1=\frac{1}{2}(e^2-e^0)$

$\left[\frac{1}{3}y^3\right]_0^1=\frac{1}{3}(1^3-0)=\frac{1}{3}$

$$=\pi\cdot\frac{1}{2}(e^2-1)-\pi e^2\cdot\frac{1}{3}=\frac{\pi}{2}e^2-\frac{\pi}{2}-\frac{\pi}{3}e^2$$

$$=\pi\left(\frac{1}{6}e^2-\frac{1}{2}\right)=\frac{\pi}{6}(e^2-3)$$ である。……………………………(答)

補充問題 3	面積と曲線の長さ	CHECK 1	CHECK 2	CHECK 3

曲線 C : $y=f(x)=\dfrac{1}{4}(e^{2x}+e^{-2x})$ について，次の各問いに答えよ。

(1) $-2 \leqq x \leqq 2$ の範囲で，曲線 C と x 軸とで挟まれる図形の面積 S を求めよ。

(2) $0 \leqq x \leqq 3$ における曲線 C の長さ l を求めよ。

ヒント！ $f(-x)=\dfrac{1}{4}(e^{-2x}+e^{2x})=f(x)$ より，曲線 C : $y=f(x)$ は偶関数であり，この概形は右図のようになるのは大丈夫だね。よって (1) では，$S=\int_{-2}^{2}f(x)dx=2\int_0^2 f(x)dx$ として面積 S を求め，(2) では，曲線の長さの公式を用いて，$l=\int_0^3\sqrt{1+\{f'(x)\}^2}\,dx$ から曲線の長さ l を求めよう。

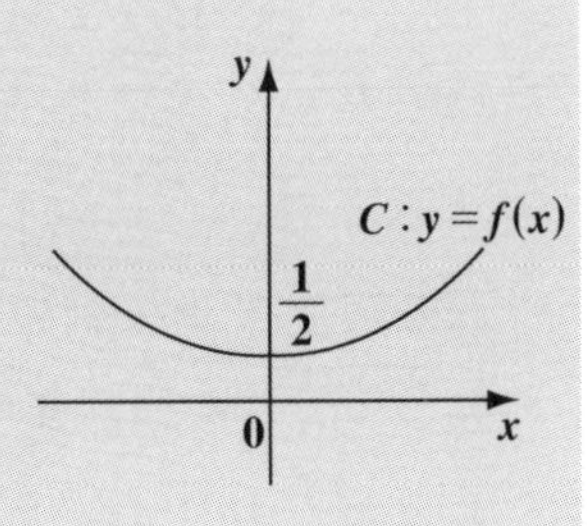

解答＆解説

(1) 曲線 C : $y=f(x)=\dfrac{1}{4}(e^{2x}+e^{-2x})$ ……①

とおくと，

$$f(-x)=\frac{1}{4}(e^{-2x}+e^{2x})=\frac{1}{4}(e^{2x}+e^{-2x})$$

$=f(x)$ より，

$y=f(x)$ は偶関数である。よって，曲線 C は y 軸に関して対称なグラフとなるので，求める面積 S は，

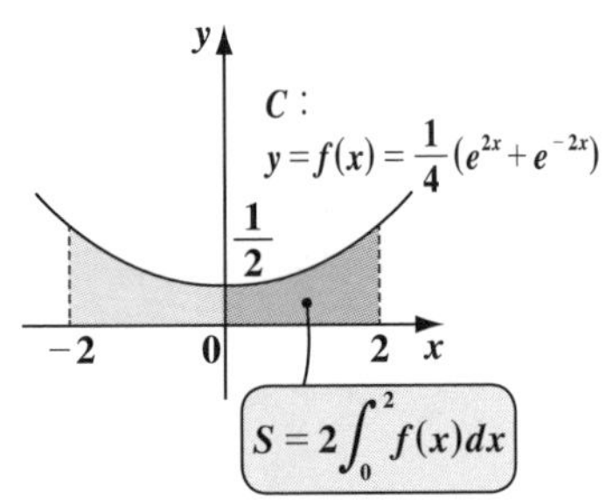

$$S=\int_{-2}^{2}f(x)dx=2\int_0^2 f(x)dx=2\cdot\frac{1}{4}\int_0^2(e^{2x}+e^{-2x})dx$$

$$=\frac{1}{2}\left[\frac{1}{2}e^{2x}-\frac{1}{2}e^{-2x}\right]_0^2 \text{ より，}$$

← 積分公式：$\int e^{ax}dx=\dfrac{1}{a}e^{ax}+C$

$$S=\frac{1}{4}\left[e^{2x}-e^{-2x}\right]_0^2=\frac{1}{4}\{e^4-e^{-4}-\underbrace{(e^0-e^0)}_{1-1=0}\}$$

$$=\frac{1}{4}(e^4-e^{-4})$$ である。……………………………………………………(答)

(2) 次に，①を x で微分して，

$$f'(x)=\frac{1}{4}(e^{2x}+e^{-2x})'$$

$$=\frac{1}{4}(2\cdot e^{2x}-2\cdot e^{-2x})$$

公式：$(e^{ax})'=ae^{ax}$

$$=\frac{1}{2}(e^{2x}-e^{-2x})\ \cdots\cdots②$$ となる。

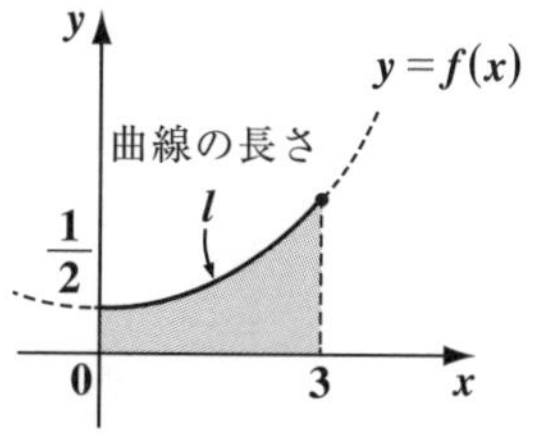

曲線の長さ l

$$l=\int_0^3\sqrt{1+\{f'(x)\}^2}\,dx$$

よって，②より，

$$1+\{f'(x)\}^2=1+\left\{\frac{1}{2}(e^{2x}-e^{-2x})\right\}^2$$

$$=1+\frac{1}{4}(e^{2x}-e^{-2x})^2$$

$(e^{2x}-e^{-2x})^2=e^{4x}-2\cdot e^{2x}\cdot e^{-2x}+e^{-4x}$，$2\cdot e^{2x}\cdot e^{-2x}=2\cdot e^{2x-2x}=2\cdot e^0=2$

$$=1+\frac{1}{4}(e^{4x}-2+e^{-4x})=\frac{1}{4}(e^{4x}\underbrace{-2+4}_{2=2\cdot e^{2x}\cdot e^{-2x}}+e^{-4x})$$

$$=\frac{1}{4}(e^{4x}+2e^{2x}\cdot e^{-2x}+e^{-4x})=\frac{1}{4}(e^{2x}+e^{-2x})^2\ \cdots\cdots③$$ となる。

$a^2+2\cdot a\cdot b+b^2=(a+b)^2$

③より，求める曲線の長さ l は，

$$l=\int_0^3\sqrt{1+\{f'(x)\}^2}\,dx=\int_0^3\sqrt{\frac{1}{4}(e^{2x}+e^{-2x})^2}\,dx=\frac{1}{2}\int_0^3(e^{2x}+e^{-2x})dx$$

$\oplus$

$$=\frac{1}{2}\left[\frac{1}{2}e^{2x}-\frac{1}{2}e^{-2x}\right]_0^3=\frac{1}{4}\left[e^{2x}-e^{-2x}\right]_0^3=\frac{1}{4}(e^6-e^{-6})$$ である。…(答)

スバラシク解けると評判の

初めから解ける数学 III 問題集 改訂 4

マセマ

著　者　馬場 敬之
発行者　馬場 敬之
発行所　マセマ出版社
〒 332-0023 埼玉県川口市飯塚 3-7-21-502
TEL 048-253-1734　FAX 048-253-1729
Email：info@mathema.jp
https://www.mathema.jp

編　集　清代 芳生
校閲・校正　高杉 豊　秋野 麻里子　馬場 貴史
制作協力　久池井 茂　栄 瑠璃子　石神 和幸
松本 康平　奥村 康平　木津 祐太郎
間宮 栄二　町田 朱美
カバーデザイン　児玉 篤　児玉 則子
ロゴデザイン　馬場 利貞
印刷所　中央精版印刷株式会社

平成 26 年　9 月 26 日　初版
平成 28 年 10 月　9 日　改訂 1　4 刷
令和　3 年　3 月 22 日　改訂 2　4 刷
令和　4 年　3 月 18 日　改訂 3　4 刷
令和　5 年　3 月　1 日　改訂 4　初版発行

ISBN978-4-86615-289-9 C7041
落丁・乱丁本はお取りかえいたします。